口絵1 歌才のブナ林

口絵2　ブナの開花の推移　　【第5章】

ローマ数字は開花段階区分（橋詰，1975）を示す。

- Ⅰ：芽鱗が開き始め，雄花の花被が見える。
- Ⅱ：雌花序（矢印）が外部から確認できる（この写真では雌花序は薄い芽鱗にまだ被われている。）雄花序は花梗が伸長し，個々の花序が外部から独立して確認できる。
- Ⅲ：雌花序（矢印）の柱頭が外部に現れる。雄花序が下垂し，葯が見える。
- Ⅳ：雌花序（矢印）の柱頭が外反する。雄花序は葯が開き，花粉が飛散する。
- Ⅴ：雌花序の柱頭が黒褐色を呈し，しおれて不規則に曲がる。雄花序がしおれる。

| 口絵3 | ブナの樹冠部での開花特性調査　【第2, 5章】 |

孤立木に建築工事用の足場を組んで，開花フェノロジー調査や人工受粉試験を行った。枝の先端部に白く見えるのは，人工受粉試験のための交配袋。この個体では，その後，枝単位での加温処理によって花芽分化に及ぼす気温の効果も調べられた。
（1990年4月：北海道立林業試験場道南支場）

| 口絵4 | シードトラップによるブナの落下種子調査　【第1, 2, 3, 5章】 |

ブナ林の林内に樹上から落下してくる花や果実・種子を集めるシードトラップを設置する。雌花の開花する春から果実の成熟する秋までの間，定期的に落下物を回収して数や品質を調べることによって，その年の開花数や果実の落下原因がわかる。このような調査を数年以上続けることによって，ブナの結実豊凶（種子生産量の年変動）にかかわる要因やメカニズムなどが明らかになってきた。（左：恵山の調査地，右：上ノ国の調査地）

口絵5　ブナの主要な種子食性昆虫　【第3章】

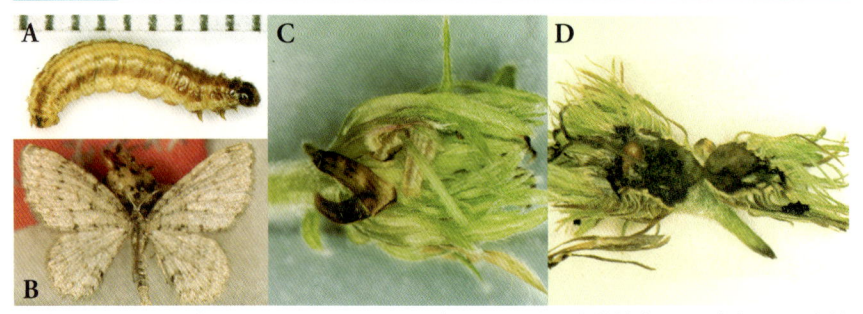

口絵5-1　ナナスジナミシャク　A：ナナスジナミシャクの老熟幼虫，B：成虫，C：未熟な殻斗を食害中の幼虫，D：被害殻斗，果皮は残らず，殻斗の中に糞のみが残る。殻斗の内側が黒く変色する（五十嵐豊氏撮影）

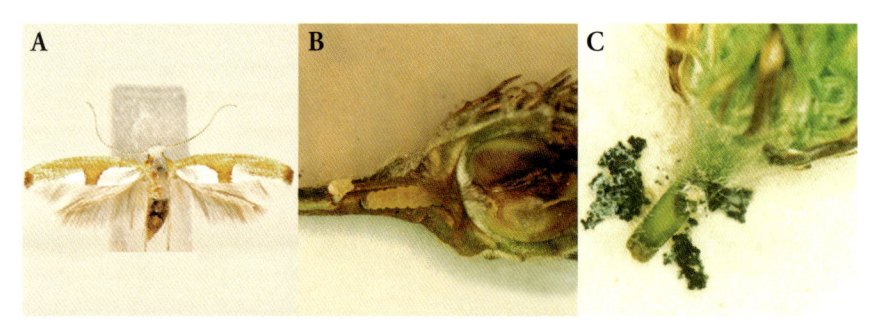

口絵5-2　ブナメムシガ（仮称）　A：成虫，B：食害中の幼虫，C：果柄から排出される糞。幼虫は果柄をストロー状に穿孔して，糞を果柄から排出する。このように，果柄がストロー状になることが，ブナメムシガの食害の見分けるポイントとなる（五十嵐豊氏撮影）

口絵5-3　ブナヒメシンクイ　A：成虫，B：食害中の幼虫，C：果皮にあいたピンホール。殻斗の中には通常2個の種子ができる。ブナヒメシンクイの幼虫は2個の種子を移り住むので，その際に通過した穴が，接合面にピンホールとして残る。接合面にできたこのピンホールが，ブナヒメシンクイの食害の見分けるポイントとなる（五十嵐豊氏撮影）

口絵6　ブナの雌花の子房の横断面　【第4章】

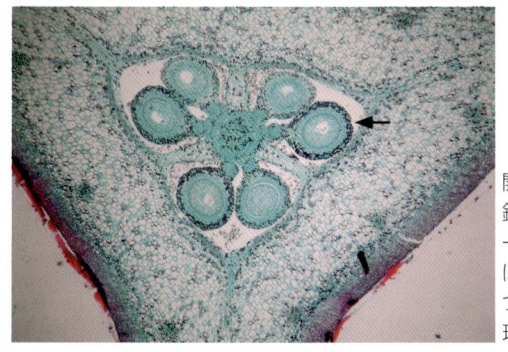

開花1か月後のブナの雌花内部の顕微鏡写真。サフラニンとファーストグリーンによる2重染色。写真内部の黒線は1mmの長さを示す。雌花内部は3つの心室に分かれ各心室に2個ずつ胚珠（矢印）が存在する。

口絵7　ブナ葉の横断面　【第11章】

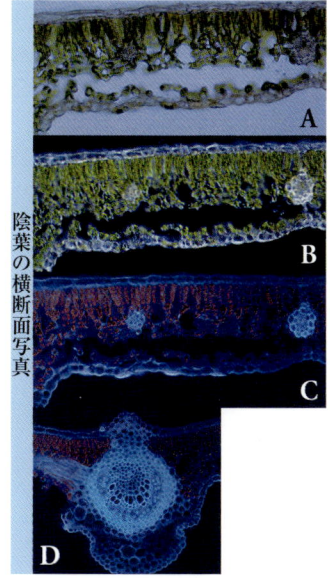

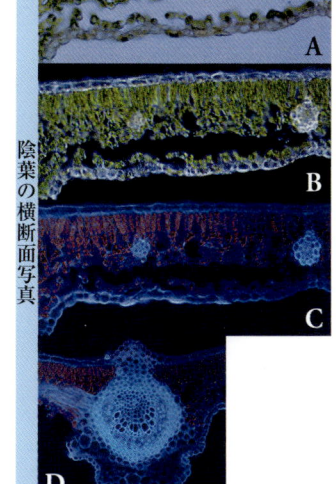

陰葉の横断面写真

陽葉の横断面写真

A：光学顕微鏡写真（上が向軸面，下が背軸面）
B：同じ部位の微分干渉像。主に表皮細胞や維管束周辺の細胞壁が光る。
C：同じ部位の自家蛍光像。赤色は葉緑体。
D：葉脈の横断面の自家蛍光像。ブナの場合，厚膜細胞（水色）が維管束を囲む。

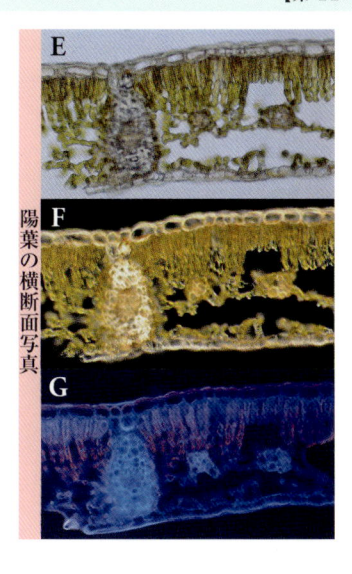

E：光学顕微鏡写真（上が向軸面，下が背軸面）。陰葉より厚く，柵状組織は2層である。
F：同じ部位の微分干渉像。
G：同じ部位の自家蛍光像。葉緑体（赤色）は主に柵状組織に見られる。

（渡邊陽子氏・半智史氏撮影）

| 口絵8 | 晩霜に遭った北限付近のブナ 【第9章】

A：ほとんどすべての葉が霜の害で枯れてしまったブナの木。黒松内町婆沢にて1998年5月16日撮影。
B：写真Aのブナの夏の様子。春に霜害にあったあと，新しく葉を出し直し，夏には青々としていた。黒松内町婆沢にて1998年8月19日撮影。
C：霜に遭って枯れたブナの葉。黒松内町豊幌にて1998年5月11日撮影。
D：霜の害で枯れたブナの実生。子葉も出したばかりの本葉もすっかり枯れている。実生がこのようにまとまって発芽するのは，ネズミが貯食し放置されたものである。黒松内町歌才ブナ林にて1998年5月13日撮影。

口絵9　分布北限域におけるブナ林の分布　　【第9章】

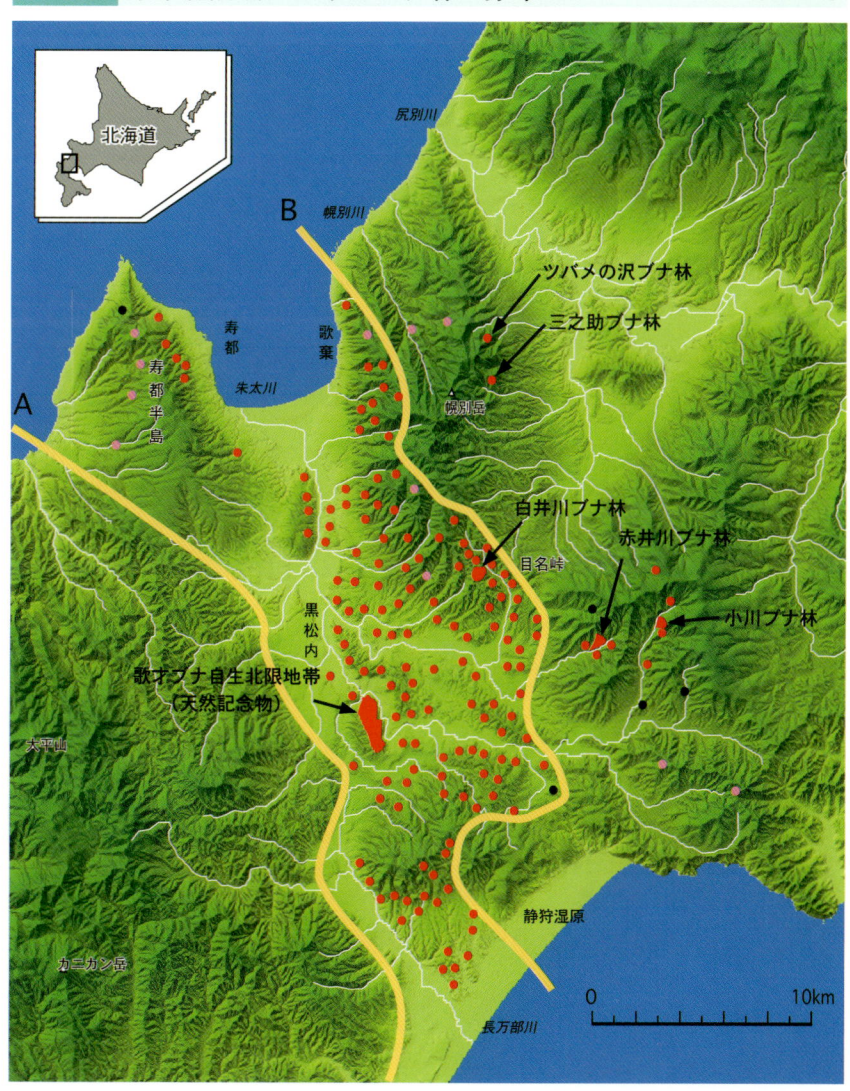

凡例：●ブナ林　●舘脇（1948）による分布地　●舘脇（1948）が分布するとした地点（現在は消失）

A線より西の地域は，ブナの分布が連続的に高い密度で見られる地域。B線は，比較的ブナが連続して分布する前線。この前線の東側の地域にも，孤立したブナ林が分布している。

口絵 10　5年間貯蔵したブナ種子の発芽状況
（2003年5月：北海道立林業試験場・道南支場の苗畑）　【第12章】

ブナは種子の豊作が5～7年に1回程度しかないため，苗木の安定的な生産・供給が難しい。そこで，比較的簡易な方法による種子の貯蔵技術の開発に取り組んだ。
この写真の3つの区画のうち，左の2区画が1997年に採取し5年間貯蔵した種子から発芽した実生。右端の区画は2002年に採取してすぐに播いたもの。5年間貯蔵した種子のうち，「中乾燥」＋「冷凍」による貯蔵種子(左端の区画)は，採取後すぐに播いたものと遜色ない発芽率を示し，健全な実生が得られた。（長坂晶子氏撮影）

口絵 11　ブナの天然更新を促進するためのササの刈り払い作業　【第13章】
（北海道の南西端・松前半島の標高550m）

林床のササを刈り払うことによって，ササの下の天然更新稚樹の成長を促進したり，新たな稚樹の発生を促す。北海道の道有林では「刈出し」作業とも呼ばれる。雪の多いこの地域には高さ2～3mに達するチシマザサが生育しているため，作業にはたいへんな労力を要する。

ブナ林再生の応用生態学

寺澤和彦・小山浩正　編

文一総合出版

Applied Ecology for Restoration of Beech Forests

edited by
Kazuhiko Terazawa & Hiromasa Koyama

Bun-ichi Sogo Shuppan Co.
Tokyo

はじめに

　ブナ属 *Fagus* の樹木は，北半球に約10種が分布する。主な分布地域は，東アジア，ヨーロッパからカスピ海南岸，北アメリカ東部である。日本列島には，ブナ *F. crenata* とイヌブナ *F. japonica* の2種が分布する。このうちブナは，最終氷期終了以降の約1万年間にわたって北日本の多雪地帯を中心に営々と分布を広げ，現在の自生北限である北海道の黒松内低地帯には今から1000年前，あるいはそれ以降に到達したとされる。以来，近年まで，ブナはその地域の森林の圧倒的な優占種として，そこに生息・生育する多様な生き物と共に固有の生態系と美しい景観を形づくってきた。

　一般に，ブナ属樹木の分布する温帯の湿潤な地域は，その温和な自然環境から人間活動の盛んな地域でもある。たとえば，南はスペイン北部・シシリー島・ギリシャから北はスカンジナビア半島南部まで分布するヨーロッパブナ *F. sylvatica* の場合，農耕をはじめとする人間の土地利用により18世紀の終わり頃までには多くの地域でブナ林を含む森林が失われていたとされる。日本のブナ林は，20世紀に入ってから，とくに1950年代以降に伐採が進み，その生態系の多くが失われるとともに質的にも大きく改変された。幸い，森林が人間の生活との関わりにおいて果たすさまざまな役割や生物多様性の保全を重視する社会的ニーズや政策の転換を受けて，現在ではブナ林の減少に歯止めがかかり，むしろその再生への取り組みが各地で始まりつつある。

　さて，ブナ林の再生を進めるうえでしばしば支障となるのが，この樹種の結実特性である。一般に，樹木の結実量には年による変動がある場合が多く，結実の良し悪しは，農作物と同じように豊作や凶作と呼ばれる。ブナの場合，豊作は5〜7年に1回程度しか来ず，その他の年には種子がほとんどならない。しかも，かなり広い範囲のブナ個体間で同調して豊凶の波が生じるので，凶作年にはどこに行っても種子がないということになる。「マスティング」と呼ばれるこのような結実特性は，もちろんブナの進化の歴史の中で適応的に獲得されてきたものであり，冒頭に述べたこの約1万年間のブナの分布拡大ひとつを取り上げても，この結実特性なくしてはありえなかったはずである。ただ，いろいろな手法を用いてブナ林の再生を図ろうとする時には，この結実特性に由来する不確実性や不安定性を克服する必要が出てくる。例えば，天然更新――

母樹から自然に散布された種子が林地で発芽して次世代を担う稚樹群になること——を利用して林の再生を図ろうとする時には，豊作をあらかじめ予測することが稚樹の発生や定着をより確実にする。また，苗木植栽によって林をつくろうとする場合には，種子貯蔵の技術を開発することで豊凶の影響を受けることなく苗木を安定的に生産することが可能になる。

　本書は，最近の研究で明らかになってきたブナの結実特性をさまざまな角度から解説するとともに，その結実特性や遺伝的変異などに関する最近の研究成果を今各地で取り組みの始まりつつあるブナ林再生の現場に生かし，科学的な知見に基づいた健全なブナ林生態系の再生を促すことを目的として企画・編集されたものである。『ブナ林再生の応用生態学』という書名は，そのような意図でつけられている。

　この本は，全部で14の章からなり，それらが大きなテーマごとにまとめられて4つの部を構成している。各部のテーマと，各章の内容は次の通りである。

　第1部「ブナの種子生産の生態学」では，ブナの結実特性——マスティング——に関する最新の研究成果を紹介する。第1章では，なぜブナにはマスティングという特性があるのか，言い換えれば，マスティングという特性を進化させた要因（究極要因）は何かという疑問に答えるため，北海道南部のブナ林で10数年間にわたって調べられた落下種子数のデータを元に，2つの仮説（捕食者飽食仮説と受粉効率仮説）を検証する。第2章では，ブナのマスティングはどのようなメカニズムで生じるのか，すなわち個体間で同調した結実量（雌花の開花量）の年変動がどのような要因（至近要因）によって生じるのかを，第1章と同じブナ林での調査データと野外実験の結果から明らかにする。第3章では，開花から結実に至る過程でブナの種子・果実を捕食する昆虫類の生態を解説する。ガ類を主とする種子食性昆虫は，ブナの結実量にきわめて大きな影響を及ぼし，この樹種のマスティングの進化に深くかかわってきたと考えられている。第4章では，受粉・受精のプロセスに焦点を当て，充実種子の形成にかかわる自家不和合性や近交弱勢などの遺伝的な特性について，主に分子生態学の手法を用いて最近明らかにされてきた知見を示す。

　ブナの結実特性に関する基礎的な研究の成果が紹介される第1部に対して，**第2部「ブナの結実予測技術の開発と発展」**は応用的な研究の成果が中心になる。第1部で紹介されたブナのマスティングの究極要因（第1章）と至近要因（第2章）

の解析は，北海道南部のブナ林での落下種子調査から可能になったわけだが，そもそもこの調査は，ブナ林の更新技術の開発というまさに実用的な目的をもって地元の林業試験場によって1990年に始められたものである。フィールド調査から次第に明らかになってくるブナの結実特性を，ブナ林の更新・再生に関わる現場のニーズ——天然更新の促進や効率的な種子採取など——にどのように生かしていけばよいのか，試行錯誤しながら応用問題に取り組んだ過程を，研究を担当した3人がリレー式につづる。その一連の調査・研究の過程を駅伝競技に例えるなら，たすき——問題意識・データ・アイデア——をつなぎながら3人の走者が走った道のりといえるだろう。第5章では，その第1走者が，一連の調査に取りかかった経緯と，開花フェノロジー調査や未熟落果の原因探索など初期の研究展開を中心にまとめる。第6章では，第2走者が，ブナ林の豊作や凶作を1年前に予測する手法について，そのプロトタイプ（原型）の開発の過程と具体的な方法，現場で活用された事例などを紹介する。第7章では，第3走者が，結実予測の可能な範囲を時空的に広げる発展型手法を着想した経緯と検証の過程，さらにその応用の可能性について述べる。さらに第8章では，同じ第3走者が，落下種子の調査のためにブナ林に通い詰める中で，ふと疑問に感じた現象から発想したブナ林の更新シナリオに関する仮説を紹介する。第2部の全般を通して，地道なフィールド調査から浮き上がる新たな発見に胸を躍らせる研究者の姿を臨場感をもって伝えることをとくに意図した。ちなみに，駅伝の例えに戻るが，第1部の第1章と第2章を共著で執筆した2名は，リレー順で言えば第4走者とその力強いコーチということになる。

　第3部「ブナの遺伝的変異とその保全」では，日本列島におけるブナの遺伝的変異にさまざまな観点からスポットライトを当て，その歴史性や変異・構造の実態を明らかにする。ブナ林の再生を急ぐあまりに種苗の広域移動などが起こり，自然の復元・再生の取り組みにおける「風土性の原則」[*1]が損なわれることを危惧するからである。第9章では，現在私達が目にするブナの分布がどのような歴史を経て形成されたのかについて理解するために，第四紀（約170万年前〜現在）における分布変遷を，花粉分析を主とするこれまでの古生態学的研究からたどる。さらに，現在は北海道の黒松内低地帯にあるブナの分布北限

＊1：矢原徹一・川窪伸光　2002．復元生態学の考え方　種生物学会（編）　保全と復元の生物学　文一総合出版．

について，北限付近における詳細な分布調査や花粉分析などの結果から，その意味を再考する。第10章では，地史的な分布変遷の影響を強く受けて形づくられたブナの遺伝的変異と遺伝的構造について，アロザイムやオルガネラDNAなどの遺伝マーカーを用いた最近の研究成果を，遺伝学に関する専門用語の説明を加えながらわかりやすく解説する。さらに，これらの基礎的知見に基づいて，種苗の広域移動にともなうさまざまな問題を防ぐための種苗配布区域の設定について考察する。第11章では，ブナの分布域のほぼ全域から集められた苗木を用いた比較実験の結果から，個葉の光利用特性やそれに強くかかわる葉の形態・内部構造などにおける地域変異を明らかにするとともに，温度，水分，大気CO_2濃度などその他の環境に対する応答特性の産地間の違いについても述べる。第12章では，これまで難しいとされてきたブナ種子の長期貯蔵について，数年間は発芽率を維持できる貯蔵技術の開発の過程と具体的な方法を述べる。地域固有の遺伝的特性をもつ地元産種苗の植栽によるブナ林再生を安定的に進めるためには，5～7年に1回程度という豊作頻度の少なさを克服する種子貯蔵が不可欠だからである。

　冒頭に述べたように，ブナ林の再生は，最近その機運が盛り上がって具体的な取り組みも始まっているが，どのようにして次世代のブナを育てればよいかという技術論については，実はかなり長い実践と議論の歴史がある。そこで，第4部「ブナの天然林施業と研究」では，ブナの天然更新あるいはその特性を利用した天然林施業に焦点を当て，近代における施業と研究の歴史を振り返る。第13章では，北海道南部におけるブナ林施業を事例として取り上げ，更新作業を主とする施業の経緯，現状と課題などについて，地域の森林管理に直接携わる技術担当者が現場の視点で述べる。第14章では，明治期以降におけるブナ林の取り扱いを概観するとともに，ブナ林の更新過程や天然林施業に関する研究の発展の跡をたどる。このように第4部は，ブナ林再生に向けて市民とともにパートナーシップを築くべき二者——森林施業の現場と研究——の接点を特に意識して構成した。

　このように，本書は，開花・結実を主とするブナの更新特性を中心的なテーマとしながら，生物間相互作用，分子生態，生理生態，植物地理，施業技術など，基礎から応用までの多様な知見と視点を読者に提供する。本書の想定読者層は広い。ブナ林をはじめ幅広く森林の再生，保全，管理などにさまざまな立

場でかかわる人たちや，生態学や林学を学ぶ大学生・大学院生，同分野の研究者，さらに自然や環境に関心のある市民の方たちなどを想定している．本書が，ブナ林の再生からその健全な生態系の復元，さらにはブナ林生態系と人間のより良い関係の構築につながる第一歩となることを望んでいる．

2008年1月7日
寺澤和彦
小山浩正

ブナ林再生の応用生態学

目 次

はじめに　*3*
種子・果実の器官名について　*11*

第1部　ブナの種子生産の生態学

第1章　ブナにおけるマスティングとその適応的意義：
受粉効率仮説と捕食者飽食仮説の検証
………………………………………………今博計・野田隆史　*15*

第2章　ブナにおけるマスティングのメカニズム：
開花量の変動と同調のメカニズムの検証
………………………………………………今博計・野田隆史　*35*

第3章　ブナの種子食性昆虫：加害種の生活史と共存機構
………………………………………………鎌田直人　*53*

第4章　ブナの受粉の分子生態学：自家不和合性と近交弱勢
………………………………………………向井譲　*71*

第2部　ブナの結実予測技術の開発と発展

第5章　ブナの豊凶にかかわる要因の探索：
マスティング研究と結実予測につながる研究プロローグ
………………………………………………寺澤和彦　*83*

第6章　ブナの結実予測技術：その開発と利用………八坂通泰　*105*

第7章　豊凶予測の発展型：どこでもできる予測手法
………………………………………………小山浩正　*127*

第8章　フェノロジカル・ギャップの発見：
　　　　開葉のタイミングと稚樹の分布 ……………… 小山浩正　*143*

第3部　ブナの遺伝的変異とその保全

第9章　ブナの分布の地史的変遷：動的にみた北限
　　　　………………………………………………… 紀藤典夫　*163*

第10章　ブナ集団の遺伝的変異と遺伝的構造：
　　　　地史的分布変遷の影響 ……………………… 戸丸信弘　*187*

第11章　ブナの環境応答特性の地域変異：
　　　　光合成機能と葉の形態・構造 ……………… 小池孝良　*213*

第12章　ブナの種子貯蔵方法の開発：
　　　　地元産種苗の安定供給のために …………… 小山浩正　*235*

第4部　ブナの天然林施業と研究

第13章　北海道南部におけるブナ林施業の過去・現在・未来
　　　　………………………………………………… 常本誠三　*255*

第14章　ブナ林の天然更新に関する施業と研究 …… 寺澤和彦　*279*

　　おわりに　*299*
　　執筆者一覧　*305*
　　索引　*306*

種子・果実の器官名について

本書では，ブナの結実過程や更新特性を中心的なテーマとしているため，多くの章に種子や果実の器官名が頻出する。章間で器官名を統一し，全編を通して共通の器官名を用いることにしたが，その際，形態学的な器官名を用いると，かえって意味を捉えにくくなる場合があることが想定された。そこで，下の図表に示す用語を便宜的に用いることにした。

要点は，(A)「堅果」の用語を使わず，替わりに「種子」をあてたこと，(B)雌花序の発達したものの総体を「果実」と呼ぶことである。

また，表に示したように，1つの雌花序には雌花が2つ含まれる。したがって，本書で「雌花の開花数」と表現される場合には，雌花序の数を2倍した値になっている。同様に，1つの雌花が発達して1つの「種子」となるので，本書で定義した「果実」には通常2つの「種子」が含まれることに留意していただきたい。

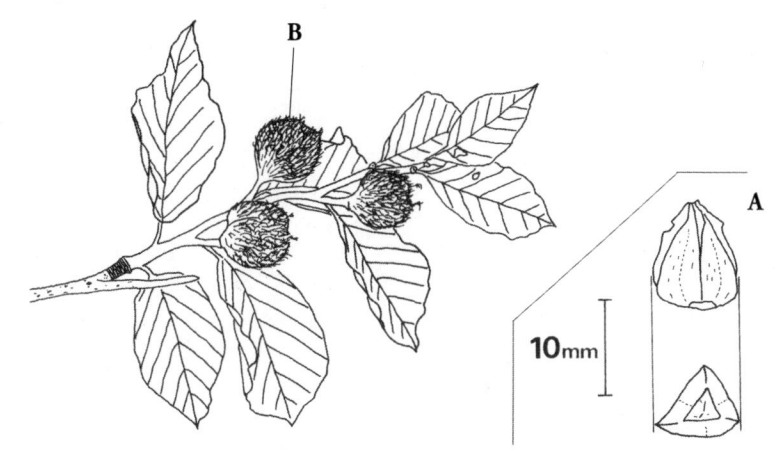

形態学的な器官名			本書で用いる便宜的用語	
花の器官名		発達した器官の名称	発達した器官の名称	
雌花序 (2雌花を含む)	雌花	柱頭	—	—
		花柱	—	—
		子房	果実・堅果(図のA)	種子*(図のA)	果実(図のB) (2種子を含む)
		胚珠	種子	
	総苞		殻斗	殻斗

*ここで言う「種子」には胚を持たない「しいな」も含む。

第1部
ブナの種子生産の生態学

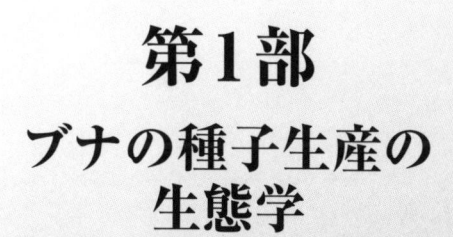

第1章　ブナにおけるマスティングとその適応的意義
── 受粉効率仮説と捕食者飽食仮説の検証 ──

今　博計（北海道立林業試験場）
野田隆史（北海道大学大学院環境科学院）

　ブナは数年に一度，多くの個体が一斉に果実を実らせ，大量の種子をつくる。マスティングと呼ばれるこのような現象は，世界中の多くの植物で知られ，生態学者の興味を引きつけてきた。なぜブナにはマスティングが見られるのだろうか？　10年以上にわたるフィールド調査の結果から，その答えに迫る。

はじめに

　日本の冷温帯林を代表する樹木であるブナ *Fagus crenata* では，5年から7年に1度，一斉に開花・結実し豊作になることが知られている。こうした種子生産の豊凶現象はブナ自身の世代交代に強く影響するほか，種子を餌とする動物などを通して森林の生態系全体に影響が及ぶため，古くから研究者の興味を引いてきた。

　このような種子生産の豊凶を理解するためには，まず，「なぜ（Why）豊凶するのか？」という「現象に対する適応的意義についての問い（究極要因 ultimate factor）」と，「どのようにして（How）豊凶が生じるのか？）という「現象が生じるメカニズムについての問い（至近要因 proximate factor）」に取り組むことが重要である。これら2つの問いに答えることは長年の課題であったが，ブナでは種子生産の長期観測データが揃いはじめ,近年著しく研究が進展した。以下の2つの章では，主に種子生産の豊凶現象の究極要因（第1章）と，至近要因（第2章）についての北海道のブナの研究を紹介する。それらの内容は，究極要因も至近要因も，密接に関連しあっていることを示している。

1. 種子生産の豊凶

　植物個体群の種子生産が空間的に同調しながら大きく年変動する現象は，「種子生産の豊凶」あるいは「成り年現象」と言われてきたが，生態学では英語そのままに「マスティング masting」と呼ばれる。このマスティングは世界中のさまざまな植物にみとめられ（Kelly & Sork, 2002; 表 1.1），特に，ブナ科やマツ科などの林業上の重要性の高い樹種や森林内の優占種では古くから知られていた。

　典型的なマスティングでは，群落で種子生産のある結実年とまったくない非結実年がはっきりと区別できる。しかしこのような現象は，タケ・ササなどの1回繁殖型の植物の一部だけでしか見られない。樹木をはじめとする多回繁殖型の植物では，個体群内に凶作年に種子生産する個体があったり，豊作年でも種子生産をしない個体が混在する場合が多い。また，種子生産の変動幅や同調の強さは，種や個体群によってさまざまである（Koenig *et al.*, 2003）。一般に，植物の種子生産量には多少なりとも年変動が見られるため，そのほとんどはマスティングと見なせるかもしれないが，どの程度の種子生産の変動性や同調性をマスティングと呼ぶかは，各研究者の恣意的な判断に任されているというのが現状である。

　種子による繁殖は，多くの樹種にとって重要な繁殖方法である。そして年々の種子の生産のしかたは重要な意味を持つ。意外かもしれないが，顕著なマスティングには繁殖上，不利な点が多いと考えられている。例えば，林床が暗い森林では，樹木の更新はまれに生じる台風，山火事，洪水などの自然攪乱に依存している（中静, 2004）。このような場合，いつ攪乱が起こるか親木は予測できないので，特定の年にだけ大量の種子をつくるよりも毎年少量の一定数の種子をつくる方が有利である。また，マスティングでは繁殖のインターバルが広がるため，次の繁殖までに親植物が死亡してしまうリスクも高くなる。さらに，豊作年には，同じ年齢の実生が高密度になることから，混み合いによる競争や病気が原因で死にやすくなるデメリットもある。それにもかかわらず，マスティングが見られるのはなぜだろうか。

　植物がマスティングをするのは，花や種子を一度に大量生産することが有利なために，特定の年だけに繁殖を同調させているからだと考えられている。大量生産の経済説 economy of scale と呼ばれるこの理論では，1 回の繁殖時あたり

表 1.1 マスティングの観測事例 (Kelly & Sork, 2002 を改変)
種子生産量が 6 年間以上観測された 570 の調査事例を分類している。

A. 37 科のうち観測事例数が 5 個を超える科

科	観測数	科	観測数	科	観測数
マツ科	279	イネ科	20	リュウゼツラン科	8
ブナ科	95	ヒノキ科	9	クルミ科	7
カバノキ科	46	モクセイ科	9	マキ科	7
マメ科	29	バラ科	9	リンドウ科	6

B. 74 属のうち観測事例数が 10 個を超える属

属	観測数	属	観測数	属	観測数
マツ属	135	カバノキ属	35	アカシア属	16
トウヒ属	66	ナンキョクブナ属	18	トガサワラ属	12
コナラ属	58	*Chionochloa* 属*	17	ツガ属	12
モミ属	43	ブナ属	17	カラマツ属	11

＊ ニュージーランドの高原に生育するイネ科植物

の種子または花粉の生産量が多くなると，繁殖成功度が凹関数的に増加する必要がある。これを満たす状況は，受粉効率，種子散布，種子捕食などが関連して生じると考えられ，幾多の仮説が提案されてきた。このうち，現在，マスティングの適応的意義として強い支持を受けているのは，以下に紹介する受粉効率仮説 pollination efficiency hypothesis と捕食者飽食仮説 predator satiation hypothesis である (Kelly & Sork, 2002)。

1.1. 受粉効率仮説（風媒仮説）

この仮説は，同調して開花することで，受粉効率が向上し結果率（花の数に対する果実の数の比率）が高くなるという利点が得られるという考えである (Smith *et al.*, 1990; Kelly *et al.*, 2001)。この仮説を支持する根拠は，花粉制限 pollen limitation（花粉が足らないために種子をつくることができないこと）が多くの植物ではたらいていることが挙げられる。この場合の花粉の不足は周囲に他個体の花があまり咲いていない場合に起こるので，より多く結実するためには，他の個体と同調して開花した方が有利となる。

この仮説は動物媒植物より風媒植物で強く支持されてきた (Herrera *et al.*, 1998; Kelly & Sork, 2002)。これは動物媒では運ばれる花粉の量が開花量ばかりでなく花粉の運搬者である送粉者の数の制限を受けることによると考えられて

いる。また，受粉効率仮説は，風媒仮説 wind pollination hypothesis とも呼ばれている。これは，豊凶を示す植物に風媒のものが多いことと，風媒花植物では，しばしば開花量や花粉量が高いと結果率が高くなるからである（例えば，Nilsson & Wästljung, 1987; Smith *et al.*, 1990; Shibata *et al.*, 1998）。

1.2. 捕食者飽食仮説

この仮説は，花や種子の生産数を大きく年変動させることには，豊作年には捕食者を飽食させて種子の死亡率を抑えられる利点があるという説（Janzen, 1971; Silvertown, 1980）である。この仮説を支持する根拠は，花や種子が多くの動物たちにとって主要な餌資源となっていることである。こうした動物の存在により，もし，種子の生産数に年変動がなく，その個体数が天敵や気象によって制限されないならば，種子はほぼ毎年食べつくされてしまうだろう。種子捕食から免れ種子の生存率を高めるためには，他の個体と同調して開花・結実すること，そして年変動を大きくすることが有利となる。

捕食者飽食仮説は多くの植物個体群で研究されている。そしてこの仮説を支持する報告例は多い（Shibata *et al.*, 1998; Shibata *et al.*, 2002）。一方，種子捕食者が特定の植物に依存するスペシャリストではなく，幅広い食性を持つジェネラリストである場合では，種子の生産数が少ない年に餌の切り替えが生じるため，飽食効果が見られないこともあり，種子生産数の変動と捕食者との関係はそれほど単純ではないとする報告もある（Kelly & Sork, 2002）。

受粉効率仮説と捕食者飽食仮説は背反仮説ではない。したがって，これらがマスティングの究極要因として同時に作用していることも考えられる。この場合，受粉効率仮説と捕食者飽食仮説は，ともにマスティングの同調性と振幅を増加させることを予測する。その一方で，両仮説はマスティングの振幅に対し，異なる帰結をも予測する。なぜなら，捕食者を飽食させるには，大量開花の前年にまったく開花しないことが最も有効であるのに対して，このような開花戦略には受粉効率を上げるうえで直接的な利点はないと考えられるからである。

2. ブナのマスティング

ブナの種子生産に明瞭な豊凶があることは昔からよく知られていた（渡邊,

1938)．例えば，北日本での70年間（1915～1984年）の結実記録によると，豊作は5年から7年間隔で訪れ，その間はほとんど結実しない凶作や並作年が続くことが明らかになっている（前田，1988）．しかし，こうした記録の多くは種子が成熟した秋の観測にもとづいたものであり，開花数や花から種子成熟に至る過程での中絶 abortion（受粉・受精の失敗，昆虫による食害などによる発達途上での死亡のこと）による数の変化を扱ってこなかった．最近，開花から結実に至る過程が詳しく調べられるなかで，中絶が充実種子数の変動に大きな影響を与えていることが報告されてきた（第3章・第5章）．これを受けて，1990年頃から，開花から結実までの過程をカバーする形での種子数の変動の観測が始まり，ブナのマスティングの実態が少しずつ明らかになってきた（五十嵐，1992; 寺澤ら，1995）．

現在，各地のブナ林で種子生産の継続観測が行われ，マスティングの適応的意義やメカニズムを明らかにするために必要な長期観測データが揃いつつある．観測期間が10年を超える例としては，北海道渡島半島（1990年から継続中; Yasaka et al., 2003; Kon et al., 2005a），青森県八甲田山と秋田・岩手県境の八幡平（1988～1997年; Igarashi & Kamata, 1997），岩手県カヌマ沢（1990年から継続中; Suzuki et al., 2005），岩手県雫石（1993年から継続中; 杉田，2005），栃木県高原山（1989年から継続中; 小川，2003），茨城県小川群落保護林（1987年から継続中; Shibata et al., 2002），埼玉県秩父山地（1984年から継続中; 梶ら，2001）などがある（図1.1）．

それではこうした長期データの蓄積によって，ブナにおけるマスティングの適応的意義はどこまで明らかになったのだろうか．まずは，北海道渡島半島のブナ林での種子生産を見てみよう．

3. ブナの開花結実過程

北海道渡島半島はブナの分布北限地域であり，ブナが優占する林が広がっている．この地域の5つのブナ天然林を対象に，ブナのマスティングの研究が1990年から始まった（寺澤ら，1995; 第5章）．毎年，開花前から種子散布終了まで樹冠下に複数個の種子トラップを設置し，落下してくる雄花序，雌花序，種子などの繁殖器官を定期的に回収・記録している．この方法には，種子生産

図 1.1 種子生産数の観測期間が 10 年を越えるブナ林の位置

北海道渡島半島では 1990 年から 5 か所のブナ林で観測を続けている。

量を単位面積あたりの落下種子数として定量的に把握できるうえ，未発達の種子が落下した原因を知ることもできるという利点がある。

ブナの花は風媒花で，自家不和合性（他家受粉でないと種子ができにくい性質）である（第 4 章）。そのため，しばしば胚のない種子（しいな）が形成される。一方，受粉した種子もしばしば昆虫による被食を受ける。ちなみに渡島半島ではブナヒメシンクイとナナスジナミシャクの虫害率が高く，2 種で虫害の 9 割近くを占めている（今，未発表）。受粉の失敗と虫害が原因で，雌花が健全な充実種子になる割合は低い。

種子トラップにより回収された雌花に由来する器官を（1）充実種子（2）虫害種子（3）しいな（4）未成熟種子，の 4 つに分別することで，雌花の開花数（以後，開花数），充実率，虫害率，受粉失敗率が以下のようにして算出できる（Kon *et al.*, 2005a）。

雌花の開花数＝充実種子＋虫害種子＋しいな＋未成熟種子
充実率＝充実種子／雌花の開花数
虫害率＝虫害種子／雌花の開花数
受粉失敗率[*1]＝（しいな＋未成熟種子）／（充実種子＋しいな＋未成熟種子）

このようにして求められた開花数，充実率，虫害率，及び受粉失敗率の長期

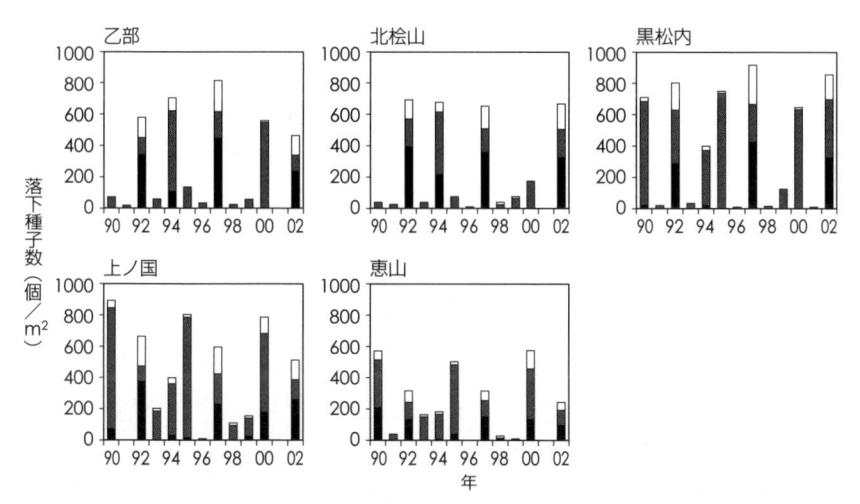

図1.2 渡島半島のブナ林における開花数（種子生産数）の変動（Kon et al., 2005b）
1990～2002年の調査による。　■ 充実種子　■ 虫害種子　□ しいな＋未成熟種子

変化から，渡島半島におけるブナのマスティングについてさまざまなことが明らかになった。13年の調査期間では，渡島半島の全地域で豊作になったのが1992年，1997年，2002年の3回で，5年に1回の間隔で生じていた（図1.2）。しかし，より狭い範囲で同調して結実する場合もあり，同調範囲は必ずしも決まっていないことがわかった（例えば1990年：津軽海峡側，1994年：日本海側北部，2000年：津軽海峡側）。それでは次に，13年間の種子生産データをもとに，先に紹介した2つの仮説（受粉効率仮説と捕食者飽食仮説）を検証することにしよう。

4. 受粉効率仮説の検証

受粉効率仮説は大量開花年には効率よく受粉できるというものであるが，こ

＊1：ここでは虫害種子には受粉種子と未受粉種子の両方が含まれると仮定されている。これは，主な種子捕食者（ナナスジナミシャクとブナヒメメシンクイ）による食害は，受粉後の5月中旬から7月下旬に生じる（Igarashi & Kamata, 1997）ことと，この時期にはまだ受粉種子としいなには形態的差異はみとめられないため，食害も無差別に生じていると考えられるからである。また，未熟な段階で落下した種子は，受粉または受精の失敗によると見なし，受粉失敗率が求められている。

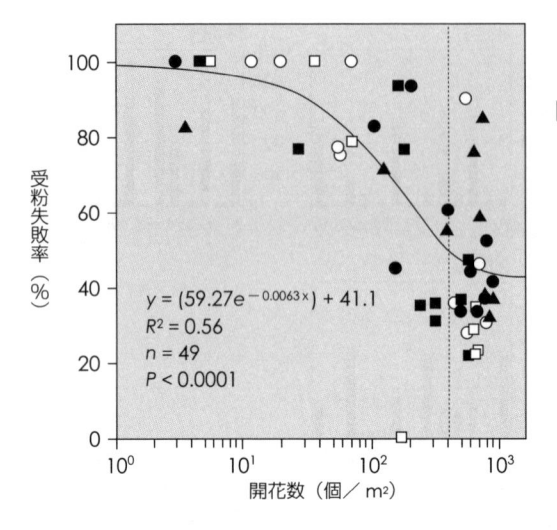

図 1.3 ブナ林における雌花の開花数と受粉失敗率の関係
(Kon et al., 2005a)

■ 恵山　● 上ノ国　○ 乙部　□ 北桧山　▲ 黒松内

破線は 5 林分の 13 年間の平均開花数（398 個／m²）を示し，解析では，虫害率が高く，受粉失敗率の算出ができなかった年のデータを除いている。開花数が多くなることで受粉失敗率が急激に減少していることがわかる。

グラフ内の式: $y = (59.27e^{-0.0063x}) + 41.1$, $R^2 = 0.56$, $n = 49$, $P < 0.0001$

の仮説を満たす前提条件としては，雄花と雌花の数の年変動が同調していることが必要である。ブナの場合，この条件は満たされていると見なせる。その根拠は，渡島半島を含むさまざまな地域のブナ林において，雄花序と雌花の両者の年生産量の間に有意な正の相関がみとめられていることである（Saito et al., 1991; 八坂・寺澤, 1996; 杉田, 2005）。

受粉効率仮説を検証するため，雌花の開花数と受粉失敗率の関係を調べた。その結果，ブナでは雌花の開花数が多い年ほど受粉失敗率が低くなる傾向がみとめられ（図 1.3），受粉効率仮説が支持された。

ブナにおける受粉効率仮説の検証は，岩手県雫石（杉田, 2005），茨城県小川群落保護林（Shibata et al., 2002）でも行われているが，どちらの林でも，開花数と受粉率との間には有意な相関がみとめられていない。このように渡島半島とは相反する結果が生じた原因としては，本研究では虫害種子には受粉種子と未受粉種子の両方が含まれていると仮定したのに対して，他地域の研究では虫害種子は受粉種子とするなど，受粉率の算出方法が異なっていることが関係しているのかもしれない。ブナでは種子の虫害率が高く，また昆虫の種類により加害方法がさまざまなため，シードトラップによる調査では真の受粉率を知ることは非常に難しい。しかしながら，受粉効率仮説の正確な検証のためには，真の受粉率の算出が必要であり，今後の検討課題である。

渡島半島のブナ林の解析結果は，ブナのマスティングの究極要因として受粉

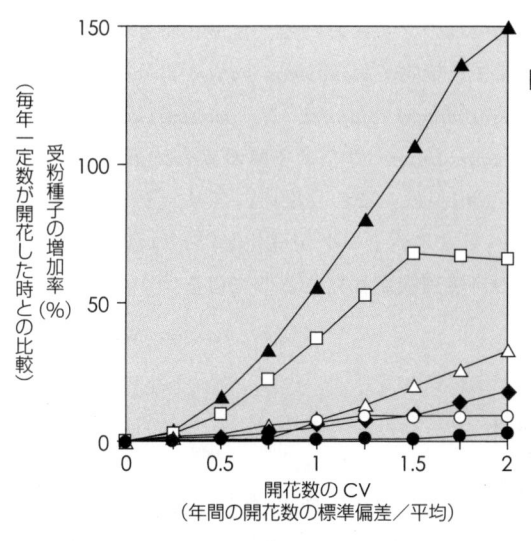

図1.4 マスティング植物6種における，開花数の年変動（CV）の増大が受粉率の増加に与える影響 (Kelly et al., 2001 の図にブナのデータを加えて作成)

▲ ナンキョクブナ属 N. solandri
□ ナンキョクブナ属 N. menziesii
△ リムノキ属 D. cupressinum
◆ カバノキ属 B. alleghaniensis
○ ブナ
● イネ科 C. pallens

開花数の変動による受粉率向上のメリットは，毎年一定数が開花した時（CV=0）の受粉率との比較で評価している。

縦軸：受粉種子の増加率（毎年一定数が開花した時との比較）(%)
横軸：開花数のCV（年間の開花数の標準偏差／平均）

効率仮説を支持するものであった。では現在の開花数の変動には受粉の成功においてどの程度のメリットがあるのだろうか。このことは Kelly et al. (2001) のモデルを用いることで評価可能である。

このモデルでは，開花数の年変動が大きくなることで受粉率がどの程度高まるのかを，毎年一定数が開花すると仮定した場合の受粉率と比べることで評価する。個体が同調して大量開花することによって受粉率が向上する場合（例えば図1.3のような関係が見られる場合）には，何年かに一度の大量開花年が生じるような年変動の大きな開花をする方が，毎年一定数の開花をする場合よりも，長期間で平均すると受粉率が高くなると考えられる。そして，開花数の年変動の増大にともなう受粉率の増加の程度が大きい植物ほど，マスティングによる受粉率向上のメリットが大きいと考えられる。また，このモデルによる評価の結果，受粉率向上のメリットが低いと見なされた植物については，受粉率向上以外の自然選択，例えば捕食者飽食など，によりマスティングが進化している可能性があると見なせる。そこで，このモデルに前述の渡島半島のデータをあてはめ，ブナにおける受粉率向上のメリットについて検討してみた。

その結果が図1.4である（計算の仕方は本章の6.2.を参照されたい）。ブナの受粉率は年間開花量の変動係数 CV（標準偏差／平均）が大きくなるに従って増加したが，その増加率を他のマスティングをする植物と比較すると決して

高くはないことがわかった．渡島半島のブナにおける大量開花時と平均開花量の受粉率の比は，自家和合性のイネ科植物 *Chionochloa pallens* よりは高いものの，ナンキョクブナ属の2樹種 *Nothofagus solandri*, *N. menziesii* よりは低く，マキ科リムノキ属の *Dacrydium cupressinum*，カバノキ属の *Betula alleghaniensis* と同程度であった．Kelly *et al*. (2001) は，この程度の，メリットが相対的に低い植物では受粉率の向上によってマスティングが進化したとは考えられず，捕食者飽食など受粉率向上以外の自然選択が存在するのではないかと指摘している．

5. 捕食者飽食仮説の検証

ブナの種子はさまざまな動物に捕食されるが，種子の死亡原因としては，樹上（散布前）での昆虫による捕食が最も重要である（第3章）．そのためブナでは，マスティングは散布前の種子食性昆虫に対する防御戦略であるというのが有力な仮説である．そこで，ここでは散布前の種子について捕食者飽食仮説の検証を行った．

捕食者飽食仮説の最も単純な証拠は，雌花の開花数（種子生産数）が多い年に種子の捕食率が低くなるという関係である．しかし，種子の捕食率は同じ開花数であっても前年の開花数の多寡によって異なると考えられる．なぜなら，当年の種子食性昆虫の密度は親世代に当たる前年の密度に影響されるはずだからだ．したがって，捕食者飽食仮説の厳密な検証には，開花数の前年比（当年の開花数／前年の開花数）と虫害率の関係を調べ，開花数が少ない年に捕食者の個体数が減少しているかを確かめることが必要とされている (Silvertown, 1980)．

渡島半島のブナでは開花数の前年比が高いほど虫害率が低くなる傾向がみとめられ，捕食者飽食仮説を支持していた（図1.5）．同様の関係は，青森県八甲田山と秋田・岩手県境の八幡平（鎌田, 1996; 第3章），岩手県雫石（杉田, 2005）など東北地方のブナ林や，栃木県高原山のブナ・イヌブナ林（小川, 2003）でも報告されている．これらのことは，散布前の種子を食べる昆虫をターゲットとした捕食者飽食仮説を支持する．

ブナの種子を食べる昆虫の種類数は多く，現在までに35種類が明らかにさ

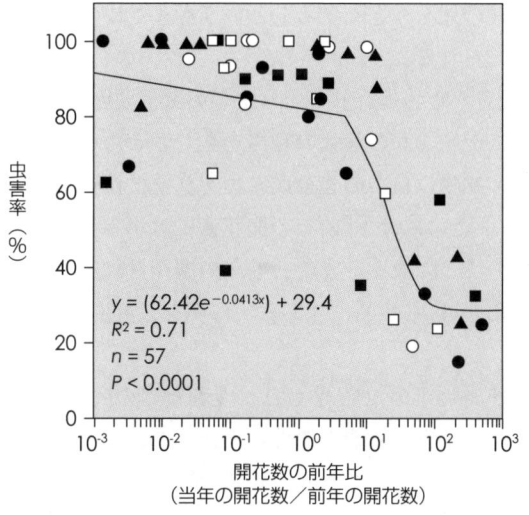

図1.5 ブナ林における雌花の開花数の前年比と虫害率の関係（Kon et al., 2005a）

■ 恵山　● 上ノ国　○ 乙部
□ 北桧山　▲ 黒松内

開花数の前年比が10倍を超えるあたりから虫害率が急激に減少していることがわかる。

$y = (62.42e^{-0.0413x}) + 29.4$
$R^2 = 0.71$
$n = 57$
$P < 0.0001$

れているが（第3章），このうち，種子の生存に最も強い影響を与えているのはブナヒメシンクイであると考えられている（Igarashi & Kamata, 1997; 第3章）。本種は一化性（1年に1世代）で，ブナ種子だけを食べるスペシャリストである。渡島半島においても，ブナヒメシンクイがブナの主要な種子食者であることから，本種による捕食を回避する自然選択がブナにマスティングをもたらした可能性が高いと考えられるが，この仮説の検証は残念ながら渡島半島のデータからはできない。なぜなら渡島半島の調査では虫害種子数が昆虫種ごとに求められていなかったからである。しかし，渡島半島でも2002年からは加害種ごとに虫害種子数を記録し始めため，この仮説の検証も可能になる日が来るかもしれない。

6. 受粉効率 vs 捕食者飽食

4節と5節から，ブナのマスティングには「受粉効率の向上」「種子捕食者からの逃避」の2つの適応的意義があることがわかった。そして，これら2つの究極要因は，ブナのマスティングの異なる特徴に対して選択圧を及ぼすことが示唆された。つまり，「受粉効率の向上」は，「ある年に花を大量生産する」というマスティングの特徴を進化させ，一方，「種子捕食者からの逃避」は，「前

年の開花量に対する当年の開花量の比を大きくする」というもう1つのマスティングの特徴を進化させたと考えられる。

「受粉効率の向上」「種子捕食者からの逃避」という2つの究極要因は,「大きな開花量の年変動」というマスティングの最大の特徴を生じさせたと考えられる。なぜなら,ブナに限らず,植物は自らの光合成産物を繁殖に投資するため,「ある年に花を大量生産する」ためには,「前年の開花量に対する当年の開花量の比を大きくする」しかないことになる。また,前年の開花量に対する当年の開花量の比を大きくする」ことは,必然的に「ある年に花を大量生産する」ことにつながるからである。

では,「大きな開花量の年変動」を生じさせるうえで,「受粉効率の向上」「種子捕食者からの逃避」のうちどちらがより重要なのだろうか。これまでマスティングにかかわる仮説検証のほとんどは,どちらかの仮説だけを対象にしたものであり,受粉効率と捕食者からの逃避のメリットを同時に評価したものは限られていた (Nilsson & Wästljung, 1987; Kelly & Sullivan, 1997; Kelly et al., 2001)。以下では,渡島半島のブナを対象に,マスティングの最大の特徴である「大きな開花量の年変動」を生じさせるうえで「受粉効率の向上」「種子捕食者からの逃避」のどちらがより重要であるかを,変動主要因分析と開花数の経年配分モデル (Kelly & Sullivan, 1997) を用いて比較した結果を紹介する (Kon et al., 2005a)。

6.1. 変動主要因分析

変動主要因分析は,もともとは害虫などの個体数変動が生じる要因を明らかにするために開発された解析手法であるが,ブナのデータに適用すれば,結果失敗率(開花した雌花が充実種子に至るまでの死亡率)の年変動をもたらす要因として受粉失敗率と虫害率のどちらが重要であるかを知ることができる。

変動主要因分析では,i 年の受粉失敗率 (k_{1i}) と虫害率 (k_{2i}) はそれぞれ (1) 式と (2) 式によって求められ,結果失敗率 (K_i) は k_{1i} と k_{2i} の合計として表現できる。

$$k_{1i} = -\log(N_{pi}/N_{fi}) \qquad (1)$$
$$k_{2i} = -\log(N_{vi}/N_{pi}) \qquad (2)$$

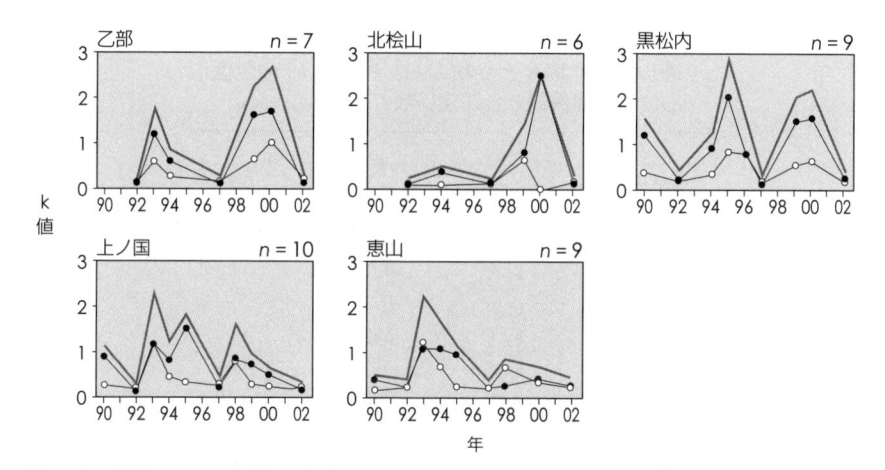

図 1.6 開花してから種子が成熟するまでの期間を通した死亡率 K と受粉失敗率 k_1 と虫害率 k_2 の関係（Kon et al., 2005a）
　―― 死亡率 K　―〇― 受粉失敗率 k_1　―●― 虫害率 k_2
変動主要因分析では，開花数が0個/m² の年や虫害率が高く受粉種子数に欠損値のある年のデータは除外している。

ここで N_{fi}, N_{pi}, N_{vi} はそれぞれ i 年の雌花の開花数，受粉種子数，充実種子数である。

この分析により以下の2つのことがわかる。1つめは，受粉失敗率（k_{1i}）と虫害率（k_{2i}）のどちらが死亡要因として重要であるかである。これは，単純に，k_{1i} と k_{2i} のどちらの値が大きいかを比較することで判断できる。2つめは，結果失敗率（K）の年変動の原因として，受粉失敗率（k_{1i}）と虫害率（k_{2i}）のどちらが重要であるかである。これは，k_{1i} と k_{2i} のどちらに，K の年変動が強く同調するかで判断できる。

解析の結果，渡島半島の5か所の調査林分すべてで，ほとんどの年において虫害率（k_{2i}）が受粉失敗率（k_{1i}）を上回った（図 1.6）。このことは，繁殖失敗の主要因は虫害率であることを意味する。また，渡島半島の5か所の調査林分すべてで虫害率（k_{2i}）の年変動に対して結果失敗率（K）が強く同調していた（図 1.6，表 1.2）。このことは，ブナの繁殖成功度の年変動を決定する要因として虫害率が受粉失敗率より重要であることを意味する。

以上の変動主要因の解析から，単年度ごとの繁殖成功度に対しては，虫害がより重要なことがわかった。このことから，マスティングの究極要因として虫

表 1.2 開花してから種子が成熟するまでの期間を通した死亡率 K と受粉率 k_1, 虫害率 k_2 の関係における回帰係数 b と決定係数 R^2 (Kon et al. 2005a)

林分	関係	b	R^2
全林分*	k_1-K	0.281	0.57
	k_2-K	0.719	0.90
恵山	k_1-K	0.473	0.78
	k_2-K	0.527	0.82
上ノ国	k_1-K	0.382	0.65
	k_2-K	0.618	0.83
乙部	k_1-K	0.307	0.95
	k_2-K	0.693	0.99
北桧山	k_1-K	0.020	0.01
	k_2-K	0.980	0.94
黒松内	k_1-K	0.258	0.82
	k_2-K	0.742	0.97

＊5林分すべてのデータを含めている ($n = 41$)。

害率が重要であることが示唆される。なぜなら短期適応度への貢献の大きい要因が自然選択の要因として重要であることが多いからである。しかし，この解析はマスティングの最大の特徴である「長期間にわたる開花量変動」が繁殖成功度とどう関係するかを評価したものではない。以下では，このことを開花数の経年配分モデル（Kelly & Sullivan, 1997）を用いて評価することで，マスティングの究極要因としての虫害率と受粉失敗率の相対的重要性についてのより強固な証拠を探る。

6.2. 開花数の経年配分モデル

このモデルは，長期間の平均開花数（資源投資量の指標）を一定に保ったまま，経年の開花量の変動量をさまざまに変化させた場合に，受粉失敗率，虫害率および，結果率(繁殖成功度)がどう変化するのかを評価するものである(Kelly & Sullivan, 1997)。

このモデルを用いるため，まず，開花数の年変動の大きさを変えたさまざまな仮想の開花データセットをつくった（図1.7）。基本となる実測データは13年間の黒松内の開花数データである。仮想の開花データセットは，この実測データの開花数の平均値を変化させずに開花数の変動の振幅（変動係数 CV：標

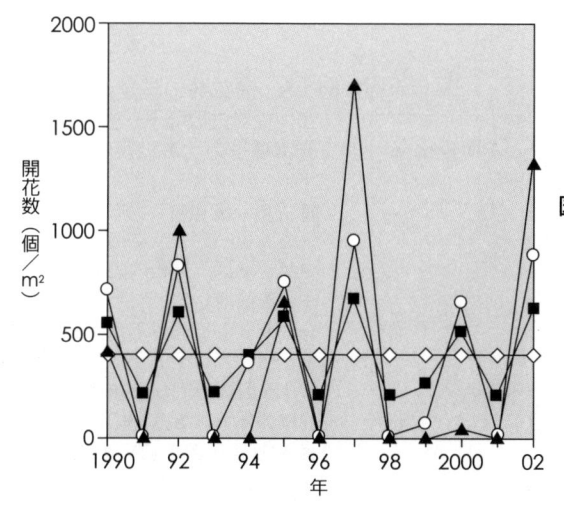

図 1.7　仮想の変動係数を持つ開花数のデータセット（黒松内）
◇ CV 0
■ CV 0.5
○ CV 1.0
▲ CV 1.5
毎年一定量が開花した場合は CV=0 で開花数は 399 個 /m² である。

表 1.3　ブナ林（黒松内）における 13 年間の開花数とそれを平均 0，標準偏差 1 により標準化した値 (Kon *et al.* 2005a)

年	現実の開花数	標準化した開花数
1990	698	0.796
1991	16	-1.020
1992	792	1.046
1993	28	-0.988
1994	392	-0.019
1995	735	0.894
1996	4	-1.053
1997	906	1.349
1998	9	-1.038
1999	124	-0.733
2000	637	0.634
2001	4	-1.052
2002	844	1.184
平均	399	0
標準偏差	376	1
CV	0.94	

標準化した開花数はさまざまな CV を持つ仮想のデータセットをつくるため利用する。(3) 式を参照。

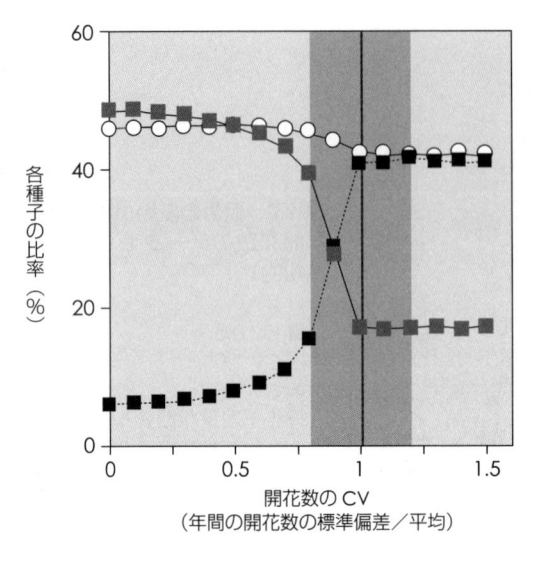

図 1.8 開花数の年変動の増大が，受粉失敗種子，虫害種子，充実種子の比率に及ぼす影響
(Kon *et al.*, 2005a)

■ 充実　■ 虫害　○ 受粉失敗
シミュレーションに用いたデータセットは，黒松内の開花数データを改変してつくった。各データセットにおける，受粉失敗率と虫害率はそれぞれ図 1.3 と図 1.5 の関係式から求めた。網かけの部分は5か所のブナ林の実際の開花数の CV 幅（0.8 〜 1.2）を示し，実線はその平均（1.02）を示している。

準偏差を平均で割った値）をさまざまに変えたものである（(3) 式）。

$$Y_i = \mu + a\mu X_i \quad (3)$$

ここで Y_i は i 年の仮想開花数，μ は実測された 13 年間の平均開花数，a は CV，X_i は標準化（平均 0，標準偏差 1）した i 年の開花量である（**表 1.3**）。この方法で開花数が 0 を下回る年が生じた場合，開花数を 0.001 個／m² に設定した。その際，データセットの平均開花数を一定にするため，加算した分に応じて他年の開花数を一定量減らした。

このようにして得られた仮想の開花データセットを，開花数と受粉失敗率の関係式（**図 1.3**）と開花数の前年比と虫害率の関係式（**図 1.5**）に代入することで，それぞれの条件のときの受粉失敗率と虫害率を計算した。

その結果，毎年の開花数が同じ場合（CV = 0）に繁殖成功度（充実種子の比率）は最も低く，開花数の変動（CV）が増大するにつれ上昇した（**図 1.8**）。このとき，受粉失敗率と虫害率の変化のしかたは大きく異なった。開花数の変動の増大に対して，受粉失敗率がわずかしか低下しなかった。一方，開花数の CV が 0.8 を超えると虫害率は大幅に低下した。また，実際のブナ林における開花数の変動レベル（CV の範囲 0.8 〜 1.2：平均値 1.02）では，マスティングの主なメリットは種子捕食を免れることであった。さらに，開花数の変動の

増大にともない虫害率は減少し続けるのではなく，実際の開花数の変動の平均値レベルを超えると「種子捕食者からの逃避」のメリットは増加しないことがわかった。これらのことは，マスティングの究極要因は種子捕食を免れることであり，実際の開花数の変動の大きさは捕食回避と繁殖成功度の両面で最適のレベルにあると見なせる。

おわりに

北海道渡島半島のブナ林での13年間の調査により，ブナのマスティングには「受粉効率の向上」「種子捕食者からの逃避」の2つの適応的意義が存在することがわかった。そして両者の相対的重要性を比較検証した2つの解析結果からは，ともに「種子捕食者からの逃避」がより重要であることを示していた。また，現実のブナ林における開花数の年変動の大きさが，散布前の種子捕食を回避し繁殖成功度を高めるのに最適な状態にあることは，ブナのマスティングが種子捕食者からの自然選択によってもたらされた進化的産物であることを強く示していた。

以上の結論は開花量の年変動性にだけ焦点を絞った解析から得られたものである。したがって，マスティングのもう1つの側面である開花量の同調性に対して，どのように選択圧がはたらいているかという課題は残されたままである。開花量の年変動性の大きな個体でも周囲の個体の開花周期と同調性が低ければ繁殖成功度は低くなるだろう。言い換えると開花の同調性に対しても「受粉効率の向上」と「種子捕食者からの逃避」に対応した選択圧がかかっていると予想できる。ブナを含め多くの樹木では，すべての個体で開花が完全に同調しているわけではない。こうした開花量の個体間の同調性の程度は，捕食者の移動能力の大きさなどによって変化すると予測されている（Koenig *et al.*, 2003）。開花の同調性の進化的背景を知るためには，開花の同調性が個体単位の繁殖成功度にどのような影響をもたらすのかを知ることが先決である。そのためには同一林内の多数の個体を対象に，個体単位で開花から結実までの過程をカバーする形での種子数の変動の観測が必要である。今後，さまざまなブナ林で調査が行われ，詳細な検証が行われることを楽しみにしている。

引用文献

Herrera, C. M., P. Jordano, J. Guitián & A. Traveset. 1998. Annual variability in seed production by woody plants and the masting concept: reassessment of principles and relationship to pollination and seed dispersal. *American Naturalist* **152**: 576-594.

五十嵐豊 1992. ブナ種子の害虫ブナヒメシンクイの生態と加害 森林防疫 **41**: 8-13.

Igarashi, Y. & N. Kamata. 1997. Insect predation and seasonal seedfall of the Japanese beech, *Fagus crenata* Blume, in northern Japan. *Journal of Applied Entomology* **121**: 65-69.

Janzen, D. H. 1971. Seed predation by animals. *Annual Review of Ecology and Systematics* **2**: 465-492.

梶幹男・澤田晴雄・五十嵐勇治・蒲谷肇・仁多見俊夫 2001. 秩父山地のイヌブナ－ブナ林における17年間のブナ類堅果落下状況 東京大学農学部演習林報告 **106**: 1-16.

鎌田直人 1996. 昆虫の個体群動態とブナの相互作用－ブナアオシャチホコと誘導防御反応・ブナヒメシンクイと捕食者飽食仮説－ 日本生態学会誌 **46**: 191-198.

Kelly, D. & J. J. Sullivan. 1997. Quantifying the benefits of mast seeding on predator satiation and wind pollination in *Chionochloa pallens* (Poaceae). *Oikos* **78**: 143-150.

Kelly, D., D. E. Hart & R. B. Allen. 2001. Evaluating the wind pollination benefits of mast seeding. *Ecology* **82**: 117-126.

Kelly, D. & V. L. Sork. 2002. Mast seeding in perennial plants: why, how, where? *Annual Review of Ecology and Systematics* **33**: 427-447.

Koenig, W. D., D. Kelly, V. L. Sork, R. P. Duncan, J. S. Elkinton, M. S. Peltonen & R. D. Westfall. 2003. Dissecting components of population-level variation in seed production and the evolution of masting behavior. *Oikos* **102**: 581-591.

Kon, H., T. Noda, K. Terazawa, H. Koyama & M. Yasaka. 2005a. Evolutionary advantages of mast seeding in *Fagus crenata*. *Journal of Ecology* **93**: 1148-1155.

Kon, H., T. Noda, K. Terazawa, H. Koyama & M. Yasaka. 2005b. Proximate factors causing mast seeding in *Fagus crenata*: the effects of resource level and weather cues. *Canadian Journal of Botany* **83**: 1402-1409.

前田禎三 1988. ブナの更新特性と天然更新技術に関する研究 宇都宮大学農学部学術報告特輯 **46**: 1-79.

中静透 2004. 森のスケッチ 東海大学出版会.

Nilsson, S. G. & U. Wästljung. 1987. Seed predation and cross-pollination in mast-seeding beech (*Fagus sylvatica*) patches. *Ecology* **68**: 260-265.

小川靖 2003. 同所的に生育するブナ属（ブナ，イヌブナ）における種子食昆虫の資源利用様式とその摂食が寄主植物の種子生産に及ぼす影響 宇都宮大学農学部平成14年度修士論文 1-81.

Saito, H., H. Imai & M. Takeoka. 1991. Peculiarities of sexual reproduction in *Fagus crenata* forests in relation to annual production of reproductive organs. *Ecological Research* **6**: 277-290.

Shibata, M., H. Tanaka & T. Nakashizuka. 1998. Causes and consequences of mast seed production of four co-occurring *Carpinus* species in Japan. *Ecology* **79**: 54-64.

Shibata, M., H. Tanaka, S. Iida, S. Abe, T. Masaki, K. Niiyama & T. Nakashizuka. 2002. Synchronized annual seed production by 16 principal tree species in a temperate deciduous forest, Japan. *Ecology* **83**: 1727-1742.
Silvertown, J. W. 1980. The evolutionary ecology of mast seeding in trees. *Biological Journal of the Linnean Society* **14**: 235-250.
Smith, C. C., J. L. Hamrick & C. L. Kramer. 1990. The advantage of mast years for wind pollination. *American Naturalist* **136**: 154-166.
杉田久志 2005. 岩手大学御明神演習林大滝沢試験地におけるブナの種子落下および実生発生・生残の11年間の年変動 東北森林科学会誌 **10**: 28-36.
Suzuki, W., K. Osumi & T. Masaki. 2005. Mast seeding and its spatial scale in *Fagus crenata* in northern Japan. *Forest Ecology and Management* **205**: 105-116.
寺澤和彦・柳井清治・八坂通泰 1995. ブナの種子生産特性（Ⅰ）北海道南西部の天然林における1990年から1993年の堅果の落下量と品質 日本林学会誌 **77**: 137-144.
渡邊福壽 1938. ぶな林ノ研究 興林会.
八坂通泰・寺澤和彦 1996. 5, 6月に落下する雄花・雌花によるブナの結実予測 第107回日本林学会大会講演要旨集.
Yasaka, M., K. Terazawa, H. Koyama & H. Kon. 2003. Masting behavior of *Fagus crenata* in northern Japan: spatial synchrony and pre-dispersal seed predation. *Forest Ecology and Management* **184**: 277-284.

第2章　ブナにおけるマスティングのメカニズム
── 開花量の変動と同調のメカニズムの検証 ──

今　博計（北海道立林業試験場）
野田隆史（北海道大学大学院環境科学院）

　花や種子の量が年によって大きく変動し，しかも1つの林や地域内でその変動が同調するブナ。その豊凶の波は，どうして生じ，どのようにして同調するのだろうか？　年変動と開花のタイミングが揃うメカニズムとして，植物体内の資源と気象条件に注目する。

はじめに

　種子生産の豊凶を理解するためには，その適応的意義（究極要因）とメカニズム（至近要因）を明らかにする必要がある。前章では，ブナのマスティングの適応的意義が主に種子捕食者からの逃避であることを北海道における長期観測データをもとに示した。本章では，ブナのマスティングの至近要因を同じ北海道のブナで探る。
　マスティングは花や種子の生産数が同調的に年変動する現象である。したがって，マスティングには，開花・結実数の変動を生じさせるメカニズムと，開花・結実数を同調させるメカニズムが同時にはたらく必要がある。以下では，これらのメカニズムについての最近の理論を紹介し，そのうえで，北海道におけるブナのマスティングの至近要因について，長期観測データの解析と野外実験によって検証する。最後に，ブナのマスティングにおける至近要因と究極要因の関係について触れる。

1. マスティングの至近要因

　至近要因に関する仮説のうちで，最も古くに提唱されたものは，「同じ地域の植物は同じ気象環境のもとで育つため，植物体内の資源状態が揃い開花が同調する」という考え（資源適合仮説 resource matching hypothesis）である。現在

ではこの資源適合仮説はほとんど支持されていない。なぜなら，この仮説にしたがえば，異なる樹種間でもマスティングは同調するはずなのに，実際はそのようなことはないからである (Kelly, 1994)。また，この仮説が正しいのであれば，マスティングとは単に環境変動が種子生産に反映されただけの現象にすぎないことになり，それ自体には何ら適応的意義がないことになる。さらに，最近の研究では，豊作年には成長に使うべき資源をも繁殖に投資していることが報告され始めており (Koenig & Knops, 2000)，気象条件の年変動以上に花や種子の生産数の変動幅が大きくなるようなしくみを植物自体が保持している可能性が示唆されている。

現在，マスティングには，花や種子の生産数を大きく変動させるメカニズムと，それを同調させるメカニズムが同時にはたらいていると考えられている (佐竹, 2007)。そして，前者のメカニズムを説明する仮説として最も有力視されているのが資源収支モデル resource budget model である。

1.1. 変動のメカニズム

資源適合仮説と同じように資源収支モデルも，体内に蓄積された資源量に応じて種子生産を行われることを前提としている (Isagi et al., 1997)。まず，このモデルでは，植物が繁殖を行うためのエネルギーの原資として，余剰生産量 (P_S) を仮定している (図 2.1)。これは光合成量のうち，呼吸消費や葉の更新，幹の成長等を差し引いたものである。繁殖を行わない限り，余剰生産量 (P_S) は毎年蓄積されて増加するが，その蓄積量が閾値 (L_T) を超えると，その超過分 (C_f) だけが開花に充てられる。その後，花は種子へと発達するが，その際に新たに結実コスト (C_a) がかかる。その結果，開花翌年に持ち越される余剰生産量は前年からの持ち越された余剰生産量にその年の余剰生産量 (P_S) を加えたものから，繁殖投資量 (C_f と C_a) を差し引いた分となる。このモデルにおいて，開花パターンの鍵を握っているのが，開花コスト (C_f) に対する結実コスト (C_a) の比 (R_c) である。この値が 1 以下では毎年コンスタントに開花するが，この値が 1 を超えると開花が不規則になり，その値が大きくなるほど開花間隔が長くなる。

資源収支モデルの出現は，マスティングの研究のブレイクスルーにつながった。なぜなら，このモデルを用いることで，従来の仮説では説明できない現象，

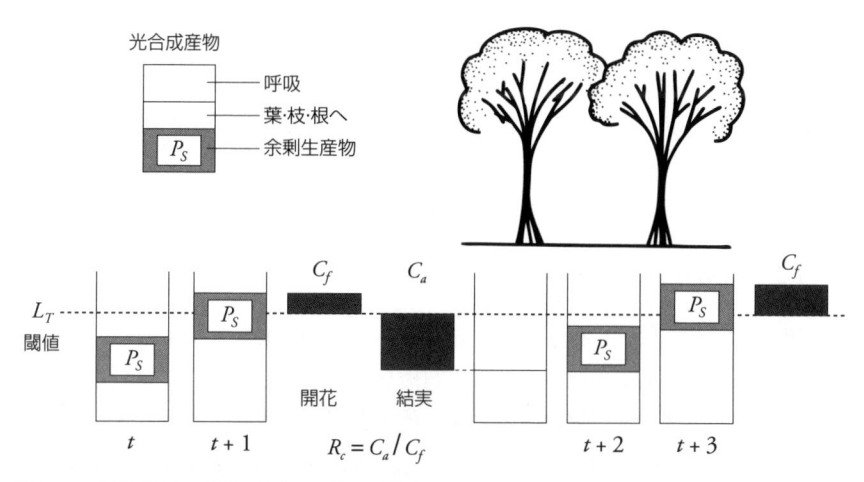

図 2.1　植物個体の資源収支モデルの模式図（Isagi et al., 1997 を改変）
この図では t 年と $t+2$ 年が非開花年, $t+1$ 年と $t+3$ 年が開花・結実年である。R_c が 1 を超えると, 非開花年が 2 年以上続き, 種子生産パターンが複雑になる。

例えば種子生産のカオス性（不規則な種子生産パターン）の説明や, マスティングの至近要因の予測などが可能となったからである。近年, マスティングのメカニズムを解明するため, このモデルを基礎としたいくつもの研究が行われ注目を集めている（佐竹, 2007）。

資源収支モデルを実証するうえで最も有効な方法の 1 つが Rees et al. (2002) によって示されたものである。この方法では, まず個体単位の開花数と資源量の尺度（例えば生育期間の有効積算気温）などの長期連続データから資源収支モデルのパラメータを求める。そして得られたモデルの挙動と実際の開花・結実数の変動を比較するというものである。この方法には, 資源収支モデルについて確度の高い検証ができるという長所がある。その反面, 野外では収集が比較的難しい個体単位での開花数データを長期間にわたり収集する必要があるという難点があり, 検証例は限られている（佐竹, 2007）。

Rees et al. (2002) の方法より確度は低いものの, もっと簡単に資源収支モデルの妥当性が評価できる方法もある。1 つ目は, 花や種子生産数の長期データを用い, 当年と n 年前の種子生産数の相関（自己相関）の有無を求めるという方法である（Sork et al., 1993; Koenig et al., 1994）。この場合, 仮に当年と 1 年前の種子生産数の自己相関係数が負の値をとるならば, 種子生産によって枯渇し

た資源を回復するのに少なくとも1年が必要であると見なせることから，資源収支モデルを支持していると判断できる。2つ目は，資源状態や光条件を操作するなどして生産性を変えた場合の開花と結実の変動性を見るという方法である。この場合，生産性の向上によって開花の間隔が短くなったなら，資源収支モデルを支持していると見なせる。

1.2. 同調のメカニズム

資源収支モデルは，1個体の開花や種子生産の年変動を説明するもので，マスティングのもう1つの要素である同調性を説明するものではない。したがって，マスティングには，個体間の開花や種子生産を個体間で同調させる別のメカニズムがはたらいていると考えられる。このような同調を引き起こす説明として最も支持されているのは，気象要因である。なぜなら，広域にわたって各個体が感受できる気象要因は花芽分化や受精成功を通じて繁殖の同調を引き起こすと考えられるからである (Ashton *et al.*, 1988; Sork *et al.*, 1993)。そして気象要因の説明は，そのはたらきから①花芽分化期の気象条件が開花同調の合図としてはたらいているという説（気象合図説 Weather cues; Ashton *et al.*, 1988; Rees *et al.*, 2002; Sakai *et al.*, 2006），②受精時期の気象条件が開花後の雌器官の中途脱落（中絶 abortion）に影響しているという説（気象による結実同調説 ; Sork *et al.*, 1993），③夏の気温や日照時間が光合成同化産物の生産量に影響する結果，各個体の資源状態が揃い，開花量や結実数が同調するという説（気象による資源同調説 ; Masaka & Maguchi, 2001）などに分類できる。これら3つの仮説について，支持される例を紹介する。

気象合図説を支持する例はさまざまな分類群で見つかっている。花芽分化期の高温が開花の合図となる代表的な例としては，ナンキョクブナ *Nothofagus solandri* (Allen & Platt, 1990)，ニュージーランドの高原に生育するイネ科植物 *Chionochloa* 属の数種（McKone *et al.*, 1998）が知られている。また，北アメリカ南西部に生育するマツ属植物 *Pinus edulis* では，夏期の異常低温が開花の合図である可能性や (Forcella, 1981)，東南アジア熱帯のフタバガキ科植物では，エルニーニョ南方振動 ENSO にともなう数日間の気温低下や乾燥が一斉開花を引き起こしている可能性が指摘されている (Ashton *et al.*, 1988; Sakai *et al.*, 2006)。その他にも，ヨーロッパブナ *Fagus sylvatica* やアメリカブナ *F. grandifolia* の大量

結実は，6，7月の乾燥が合図になっていると予想されている (Piovesan & Adams, 2001)。

気象合図説を検証するためには，まず，開花数や種子生産数と花芽分化期の気象条件の関係を解析することで開花の合図となる気象条件を推定する必要がある。次に推定された気象条件が実際に開花の合図であるかどうかは，環境条件を実験的に操作して開花量を観察することではじめて確かめられる。花卉や果樹などの植物では多くの実験例があるが，森林の樹木では操作実験の難しさなどから，開花の合図の実験的検証はごく少ない。

気象による結実同調説は，開花から種子成熟までの過程で大量の雌器官が未熟なまま中途脱落するタイプの樹種において，結実量の同調の主因として提唱されている。例えば，コナラ属のカシワ *Quercus dentata* (Masaka & Sato, 2002)，北アメリカの *Q. velutina*, *Q. rubra* (Sork et al., 1993) などでは，種子生産の年変動が雌花数の変動ではなく，開花後の初期段階での落下率の変動によって引き起こされるとされ，受精時期の気温が初期落下を規定している可能性が指摘されている。

気象による資源同調説を支持する例としては，カバノキ属のシラカンバ *Betula platyphylla* var. *japonica* (Masaka & Maguchi, 2001)，北欧のカバノキ属数種 (Ranta et al., 2005) が挙げられる。一般に，開花量や結実量の程度は，繁殖活動に配分できる光合成同化産物量によって規定されると考えられることから，資源同調説は多くの植物で一般化できると予想されるものの，これを支持する例は現時点ではあまり多くない。

また，気象要因以外に個体間の同調を引き起こすメカニズムとして，近年，花粉同調説 pollen coupling が提唱されている (Isagi et al., 1997; Satake & Iwasa, 2000; 佐竹，2007)。これは，花粉制限 pollen limitation（花粉が足らないために種子をつくることができないこと）が生じている場合には，他個体のつくる花粉量に結果率が制約されるため，結実数と資源量が個体間で同調するという説である。この花粉同調説を検証するためには，個体単位での繁殖量の長期連続データが必要なので，検証例は限られる。Crone et al. (2005) は北アメリカの草本種 *Astragalus scaphoides* で，花粉同調が繁殖の同調を引き起こす主要な要因であることを報告している。ただし，花粉同調だけでは，数100 kmもの長距離の繁殖同調は説明できないと考えられるため，こうした広範囲での開花の同

調にはやはりなんらかの気象要因がはたらいていると予想されている。

以上から，マスティングにおける開花数の年変動は植物体内の資源収支により生じ，同調的開花は，何らかの気象要因がはたらくことで生じていると考えられる。そこで，以下では，北海道渡島半島のブナを対象に，開花数の年変動においても資源収支モデルが支持されるかどうかと，同調の主要な要因の1つであると考えられる気象合図説の検証（気象合図の探索と実験による検証）を行った。

2. 資源収支モデルとブナのマスティング

資源収支モデルを検証するうえで最も効果的な方法の1つは，先に紹介したRees *et al.* (2002) の方法であるが，残念ながら，北海道のブナ林においては，この方法を適用できるデータ（個体単位の開花数の長期データ）はない。そこで，より簡便な，当年と n 年前の開花数の相関（自己相関）を求めるという方法で，資源収支モデルの適合性を検証した。

表2.1. は，北海道渡島半島の5林分における13年間の開花数データ（図2.2）を用いて自己相関分析を行った結果である。当年と1年前の開花数の自己相関係数は5林分とも -0.50 〜 -0.70 とマイナスの値となった（3林分では有意な負の相関）。さらに，当年と2年前の開花数の偏自己相関係数（1年前の開花数の影響を取り除いた相関）は有意ではないものの 0.03 〜 -0.51 となっていた。このことは，当年の開花量は，前年，場合によっては前々年の開花量が少ないほど多くなることを意味する。この結果は，資源収支モデルに合致していると見なせる。そして，ブナが資源収支モデルに従って開花していると考えるならば，ブナでは開花による枯渇した資源の回復に1年以上を要すると見なせる。

このように資源収支モデルは，林分レベルでの開花数変動パターンによって支持されたが，個体レベルでも同様の結果が得られるだろうか。そこで，5か所の各調査林分でブナの枝を採って，各年枝に残された雌花序痕（第7章）を数えて，開花量の個体レベルの年変動を調べた。その結果，ブナの雌花序は2年連続して大量に生産されることはなく，大量開花の後は少なくとも1年間，個体によっては2年間，繁殖を休んだり開花数が著しく減少していた（図

表 2.1. ブナ 5 林分の開花数データにおける 1 年前の開花数との自己相関係数（ACF1）と 2 年前の開花数との偏自己相関係数（ACF2）(Kon *et al.*, 2005)
5 林分のうち 3 林分で，1 年前の開花量との間に有意な負の自己相関がみとめられる。

林分	ACF1	ACF2
恵山	-0.496	0.032
上ノ国	-0.564*	-0.316
乙部	-0.555*	-0.268
北桧山	-0.525	-0.327
黒松内	-0.701*	-0.513

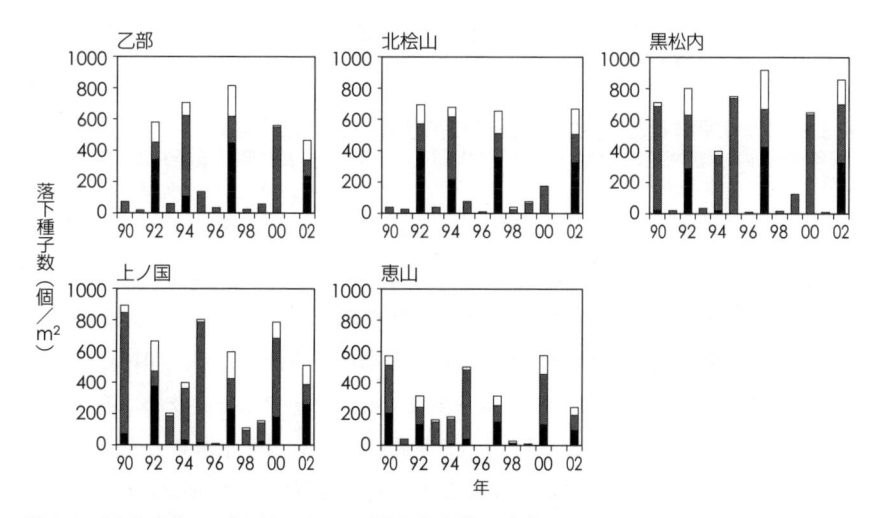

* $P < 0.05$.

図 2.2 渡島半島のブナ林における種子生産数の変動 (Kon *et al.*, 2005)
1990〜2002 年の調査による。　■ 充実種子　■ 虫害種子　□ しいな＋未成熟種子

2.3）。以上のブナの開花数の変動パターンから判断して，ブナの開花数の変動が資源収支モデルによって説明できると見なせるだろう。

3. ブナにおける開花の気象合図

気象合図説を検証するためには，まず，開花数と気象条件の変動の関係を解析することにより，合図の候補となる気象条件を探索することが必要である。これまで多くの研究者がブナの開花数と関係のある気象条件の探索を試みたに

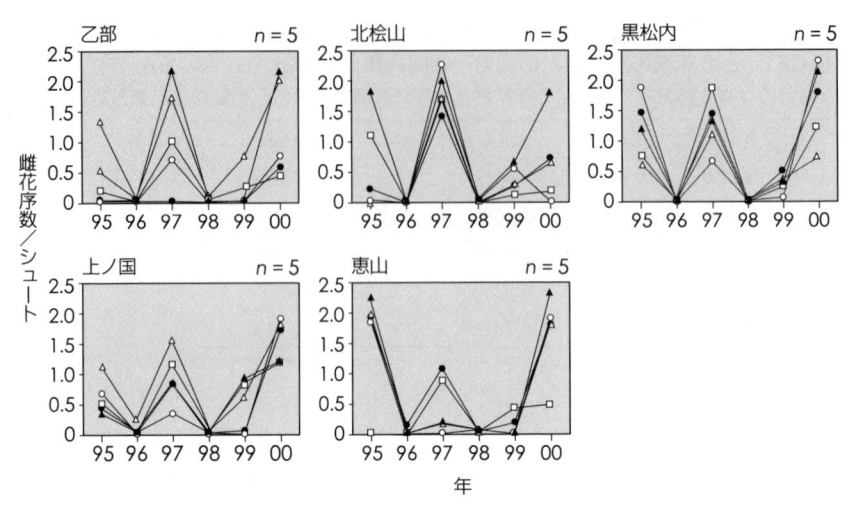

図2.3 ブナの個体ごとにみた開花量（雌花序数）の年による違い
2年連続して大量開花する個体はなく，大量開花の後1～2年間は開花量が少ない年が続く。

もかかわらず，開花の合図の候補は見つかってはいない。例えば，寺澤（1997）は北海道渡島半島のブナ林の1990年から1993年までの4年間データを用いて，開花数と前年の5月から10月までの月平均気温，月降水量，および月ごとの気候的乾湿度（蒸発散能／降水量比）との関係を調べたが，開花に関連した気象条件は見つけることができず，少なくともブナでは夏の乾燥は開花の合図ではないと指摘している。また，17年間の結実データを解析したPiovesan & Adams（2001）や，東北全域レベルの結実データを解析したSuzuki et al.（2005）でも同様である。

なぜこれまでブナ開花の合図の候補が見つからなかったのだろうか。1つには，開花の合図の検出に用いられてきた気象観測点（アメダス）のデータがブナの生育地の気象を反映していないかった可能性がある（正木・柴田，2005）。多くの解析では，調査地に最も近いアメダスが用いられてきたが，その標高はブナの生育地とはしばしば大きく異なるからである。また，別の原因として，開花の合図の探索に開花数ではなく結実数のデータを用いていたことが挙げられる。ブナは開花後に虫害を受ける確率が高いため（図2.2），結実数のデータは，開花数のバロメータとして不適である。ところが，これら2つの問題は渡島半島のブナ林のデータにはあてはまらなかった。なぜなら渡島半島のブナ林はア

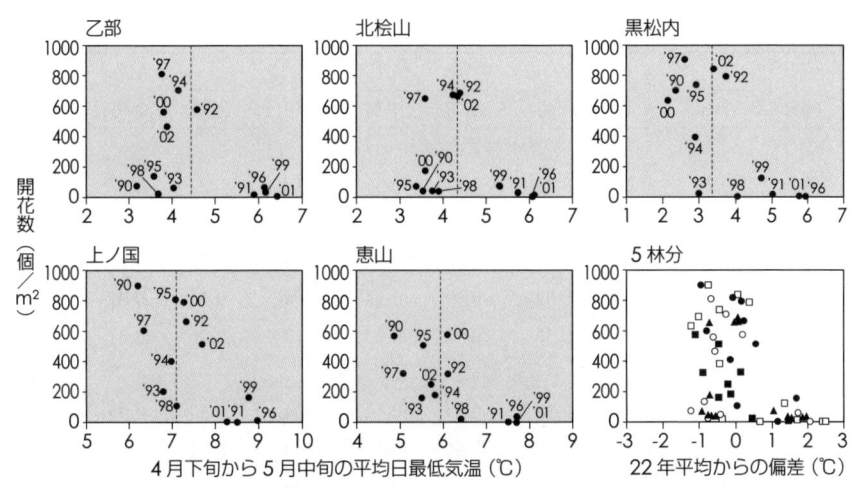

図2.4 開花前年の4月21日から5月20日の日最低気温の平均値と開花数（落下種子数）との関係 (Kon et al., 2005)
5林分をまとめたグラフ（右下）の凡例：■ 恵山，● 上ノ国，○ 乙部，□ 北桧山，▲ 黒松内
破線は各林分での4月21日から5月20日の日最低気温の22年平均（1979〜2000年）を示す。右下のグラフは5林分をまとめたもので，横軸は22年平均からの偏差を示す。気温データは林分に最寄りのアメダスのものを使用した。

メダスの観測地点との標高差は小さく，また開花数も，13年間におよぶ連続データが揃っているからである。

そこで，渡島半島の5林分における開花数データ（図2.2）と最寄りのアメダスの気象データを用いて，開花の合図の探索を行った。開花の合図の候補として，前年の4月から6月までの10日間ごとの平均日最高気温，平均日平均気温，平均日最低気温，および10日間内で最高の日最高気温，最低の日最低気温を対象とした。これは，北日本では6月下旬頃にブナの花芽の原基がつくられること，花芽の原基がつくられ始めるより前に花芽分化の刺激となる気象条件は作用すると考えられるからである。

その結果，開花数は4月下旬，5月上旬，および5月中旬の平均日最低気温と高い負の相関を持っており（表2.2），4月下旬から5月中旬にかけての最低気温がブナの花芽分化と関係していることが示唆された。ここで開花数と4月下旬から5月中旬の最低気温との関係（図2.4）を見ると，開花を決定する閾値が平年値（1979年から2000年までの22年平均）の約+1℃にあることが

表 2.2 開花数と開花前年の 4 月から 6 月の諸気温値との相関係数 (Kon et al., 2005)

林分	4 月			5 月			6 月		
	上旬	中旬	下旬	上旬	中旬	下旬	上旬	中旬	下旬
日平均気温の 10 日間平均									
恵山	-0.26	0.28	-0.37	-0.57*	-0.35	-0.10	0.22	-0.07	-0.09
上ノ国	-0.48	0.44	-0.21	-0.68*	-0.41	-0.12	0.01	-0.32	-0.13
乙部	-0.46	0.24	-0.14	-0.56*	-0.45	-0.03	0.26	-0.13	-0.27
北桧山	-0.29	0.28	0.02	-0.39	-0.14	-0.04	0.16	-0.05	0.00
黒松内	-0.36	0.53	-0.36	-0.57*	-0.22	0.12	0.26	-0.01	-0.13
日最高気温の 10 日間平均									
恵山	-0.21	0.31	-0.10	-0.44	-0.14	-0.04	0.30	-0.05	-0.03
上ノ国	-0.45	0.46	-0.02	-0.65*	-0.44	-0.04	0.09	-0.34	-0.21
乙部	-0.43	0.26	0.24	-0.49	-0.24	0.08	0.37	-0.28	-0.32
北桧山	-0.32	0.24	0.29	-0.13	-0.03	0.01	0.21	-0.15	-0.03
黒松内	-0.32	0.43	0.00	-0.38	0.03	0.17	0.47	-0.04	-0.12
日最低気温の 10 日間平均									
恵山	-0.10	0.20	-0.62*	-0.58*	-0.71**	-0.38	0.03	-0.10	-0.24
上ノ国	-0.37	0.42	-0.43	-0.67*	-0.50	-0.38	-0.16	-0.28	-0.11
乙部	-0.13	0.07	-0.41	-0.26	-0.66*	-0.16	-0.05	0.10	-0.19
北桧山	-0.05	0.16	-0.30	-0.46	-0.40	-0.15	-0.04	0.15	-0.05
黒松内	-0.18	0.39	-0.58*	-0.43	-0.69**	-0.20	-0.24	0.07	-0.07
10 日間内の最大日最高気温									
恵山	-0.40	0.31	-0.16	-0.21	-0.32	0.01	0.36	-0.08	0.01
上ノ国	-0.47	0.13	0.29	-0.37	-0.75**	-0.04	0.18	-0.12	-0.17
乙部	-0.45	0.18	0.04	-0.27	-0.50	0.02	0.40	-0.10	-0.30
北桧山	-0.14	0.24	0.05	0.31	-0.30	0.08	0.30	-0.24	0.16
黒松内	0.00	0.32	0.13	-0.12	-0.34	0.32	0.54	-0.21	0.23
10 日間内の最低日最低気温									
恵山	-0.34	0.03	-0.43	-0.58*	-0.41	-0.42	-0.19	0.16	-0.20
上ノ国	-0.07	0.28	-0.47	-0.64*	-0.50	-0.55	-0.03	-0.07	-0.30
乙部	0.00	-0.07	-0.34	-0.36	-0.42	-0.43	-0.05	0.07	-0.38
北桧山	-0.41	-0.21	-0.13	-0.49	-0.42	-0.12	-0.02	0.09	-0.24
黒松内	-0.23	0.12	-0.22	-0.28	-0.39	-0.16	-0.12	0.02	-0.36

*：$0.01 \leq P < 0.05$; **：$P < 0.01$.

わかった。言い換えると，ブナは最低気温が平年の約1℃以上だと開花せず，それ以下だと開花するのである（ただし大量開花年の翌年は除く）。これは5林分すべてで同じであった（図2.4の右下の図を参照）。以上の解析から，開花の合図の最有力候補として4月下旬から5月中旬の最低気温が浮かび上がってきた。そこで，4月下旬から5月中旬の最低気温が本当にブナの開花（繁殖休止）の合図なのかを確かめるために，気温の操作実験を行った。

4. 気象合図の実証試験

実験は函館市にある北海道立林業試験場道南支場の構内のブナ植栽木（樹高15.2 m，胸高直径53.3 cm）で行った。植栽木に高さ9 mのやぐらを併設して，一部の枝に夜間にだけポリエチレン袋をかぶせて加温処理をした（一般に夜間に気温が最低になるため）。このときポリエチレン袋内には40 Wの電気ヒーターを入れ，内気温が外気温より常に約2℃高くなるように調整した（図2.5）。この加温処理は，2001年の4月21日〜5月20日（前半30日間），5月21日〜6月19日（後半30日間），4月21日〜6月19日（60日間）の3期間に行った。そして翌年の春に各処理枝と比較対照用の無処理枝を採取して，花序を含むシュート（冬芽）の割合を調べた。

実験の結果，加温処理を行った枝では雌花序や雄花序を含むシュートの割合が少なくなった（図2.6）。ステップワイズのロジスティック回帰分析（表2.3）では，前半30日間の加温処理と後半30日間の加温処理がともに雌雄花序の着生率に影響することがわかった。そして，特に前半30日の加温処理が雌雄花序の着生率に強く影響することがわかった。これらのことは，ブナの花芽分化は4月21日から5月20日の最低気温が高いと抑制されることを示唆する。

ブナ以外のいくつかの樹種では，夜間の高温が花芽分化を抑制し，低温が花芽分化を促進することが明らかになっている。例えば，リンゴ属数種では花芽分化が夜温の加温によって抑制されることが知られている。また，東南アジア熱帯のフタバガキ科植物では，明け方に気温が20℃を下回る日が5〜8日続くと花芽分化が引き起こされることが知られている（Ashton *et al.*, 1988）。おそらく同様の花芽分化の生理的プロセスがはたらくことでブナの開花の同調性が保たれているのであろう。

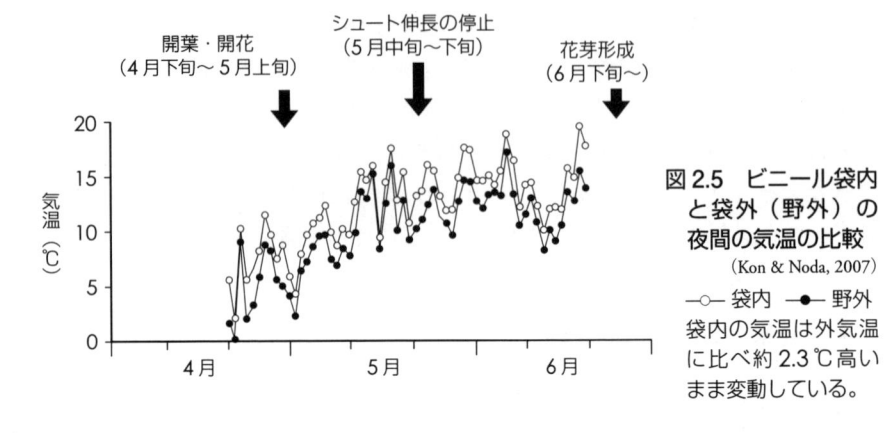

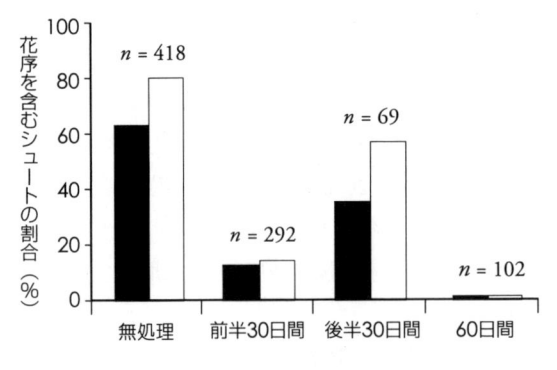

図 2.5 ビニール袋内と袋外（野外）の夜間の気温の比較（Kon & Noda, 2007）

—○— 袋内　—●— 野外

袋内の気温は外気温に比べ約 2.3℃ 高いまま変動している。

図 2.6 各処理枝の雌花序と雄花序を含むシュートの割合（Kon & Noda, 2007）

■ 雌花　□ 雄花

前半 30 日間：4 月 21 日から 5 月 20 日に加温，後半 30 日間：5 月 21 日から 6 月 19 日に加温，60 日間：4 月 21 日から 6 月 19 日に加温。加温処理により着花が抑制され，特に前半 30 日の処理が強く効いていることがわかる。

表 2.3 雌花と雄花の着生率に対するステップワイズのロジスティック回帰分析の結果

(Kon & Noda, 2007)

目的変数	説明変数	χ^2	オッズ比 （95% 信頼区間）	P
雌花序	前半 30 日の加温 （4 月 21 日〜5 月 20 日）	154.19	0.072 (0.047 〜 0.109)	<0.0001
	後半 30 日の加温 （5 月 21 日〜6 月 19 日）	19.69	0.327 (0.200 〜 0.536)	<0.0001
雄花序	前半 30 日の加温 （4 月 21 日〜5 月 20 日）	258.00	0.039 (0.026 〜 0.058)	<0.0001
	後半 30 日の加温 （5 月 21 日〜6 月 19 日）	22.42	0.322 (0.202 〜 0.515)	<0.0001

5. ブナの繁殖戦略

　ブナの開花の年変動は，資源収支モデルによって説明され，その同調には，花芽分化の合図として4月21日から5月20日の最低気温がはたらいていることが示唆された。この気象合図がはたらくことで，ブナは数年に1回，同調して非開花になる。いったいこのメカニズムは，種子捕食のダメージを抑えるうえで，どのような意味を持つのだろうか？

　このことを明らかにするために，13年間の渡島半島のブナ林の豊凶データと気象データを対応させてみた。すると，虫害を逃れた健全な種子のほとんどは，大量開花時につくられており，大量開花の2年前は例外なく4月下旬から5月中旬の最低気温が平年よりも1℃以上高くなっていた（図2.2，図2.4）。つまり，気象合図による開花抑制が，種子捕食からの回避と繁殖成功に直結していたのである。

　なぜ，この気象合図が種子捕食を免れるうえでこれほどまでに効果的なのだろうか。それは，前章で触れたように，開花数の前年比が高いほどブナ種子の虫害率が低くなるが，この開花数の前年比を高くするうえで，この気象合図を用いることに絶大な効果があるからだ。第一に，同調的な開花抑制により，広範囲で開花数を抑制できる。このことで，種子食性昆虫の密度を低下させることが可能になり，翌年の虫害のダメージを抑制することができるのである。第二に気象合図による開花抑制により，翌年の開花量を，普段のレベルより大きくできる。なぜなら，その年の余剰生産量（P_S）をすべて翌年に回すことができるため，翌年はすべての個体が開花し，さらに，その際の繁殖投資量（C_fとC_a）も莫大になるからである。

　また，この気象合図を用いることで，繁殖休止の発生確率が4～5年に1回の頻度であることも進化的に重要である。隔年の規則的な開花に対しては，種子捕食者が生活史の長さを対応させる（例えば休眠性の確保）という対抗進化が可能になる。その場合，開花数の変動を大きくしても，虫害を回避できなくなる。一方，今以上に大量結実の間隔が長くなるのも進化的に不利である。なぜならブナは種子捕食者からは逃れられるが，生涯に残せる子孫の数が減少するからである。

　こうして見てみると，北海道のブナの開花メカニズムは，種子捕食者に対抗

するための巧妙な仕組みであるといえる．しかし，その仕組みは気温を合図としているため，現在急速に進行中である地球温暖化に対しては脆弱かもしれない．すでに，地球温暖化がマスティングに及ぼす影響評価が，一部の植物種では行われている（McKone *et al*., 1998）．種子が多くの野生動物の餌となるブナについても，地球温暖化の影響評価は必須である．ただし，実際に地球温暖化がブナとその種子捕食者に対してどのような影響を及ぼすかは，4月下旬から5月中旬の最低気温をブナがどのように感受しているのかによって変わるだろう．このことを明らかにするためには，さらなる長期的な観測を行い，マスティングと気象条件との関係を詳しく調べる必要がある．

おわりに

　北海道南西部のブナの開花数の年変動は，資源動態によって説明され，その同調には開花の合図として4月下旬～5月中旬の最低気温がはたらいていることが示唆された．そして，この開花数の調整メカニズムは，マスティングの究極要因である散布前の種子捕食の回避に対応したきわめて巧妙な仕組みであることも示唆された．しかし，ブナのマスティングの至近要因については，まだ検討すべき重要な課題が残っている．

　第一の課題は，資源収支仮説のより確度の高い検証である．その最も効果的な方法は，個体単位での開花数や樹体内の資源の実測である．すでに一部の樹種では，繁殖量と炭水化物や栄養塩など貯蔵物質との関係が検証され，貯蔵資源の動態がマスティングに影響していることが示されている．ブナでも炭水化物量の計測が始まっており（市栄，2006），今後の結果が期待される．また，ほかの検証方法としては，資源収支モデルの検証である．野外の長期繁殖データをこのモデルにあてはめることによって，資源収支の影響を評価することも有効と考えられる．

　第二の課題は，ブナが4月下旬から5月中旬の最低気温をどのように感受しているのかについてである．一般に，花芽分化を引き起こす気温条件は，気温の絶対値ではなく生育地で経験する平均的な気温からの偏差であると考えられている．なぜなら温帯に生育する植物の場合，生育地の気温は標高や緯度によって大きく異なるからである．もし，ブナの花芽分化が気温の絶対値によって影響を受けているならば，10～100 km オーダーの広範囲にわたった開花や

結実の同調は起こらないはずである。したがって，ブナは4月下旬～5月中旬の最低気温の平年値からのずれを認識していると考えられる。また，このことを解明できれば，急速に進行しつつある地球温暖化の影響を評価するうえで有益な情報を提供できるはずである。

　第三の課題は，気象合図以外の同調要因の検討である。個体間を同調させる要因には，気象合図以外にも，①気象による資源同調説，②花粉同調説などがある。特に花粉同調は，開花を同調させるうえできわめて効果的であることが，最近の理論研究により示されている。これらの仮説の検証も重要な検討課題である。

　第四の課題は，他の地域におけるブナのマスティングの至近要因の解明である。本研究で提示された4～5月の最低気温（気温合図説）が，近年，東北地方（Suzuki *et al.*, 2005）や石川県白山など各地のブナ林で検証され始めている。しかし，4～5月の最低気温が開花の合図になっていることを支持する結果は得られておらず，他地域では別の気象条件が合図になっている可能性も考えられる。先に述べたように，開花の合図の検出のためには，調査地の気象条件を反映した正確な観測が必要である。気温や降水量などの気象条件を長期的に観測するシステムを整えることが，この課題の解決につながるだろう。

謝辞

　第1章と2章の執筆にあたり，佐竹暁子氏（スイス連邦水圏科学技術研究所）に査読していただいた。ここに感謝の意を表する。

引用文献

Allen, R.B. & K. H. Platt. 1990. Annual seedfall variation in *Nothofagus solandri* (Fagaceae), Canterbury, New Zealand. *Oikos* **57**: 199-206.
Ashton, P. S., T. J. Givnish & S. Appanah. 1988. Staggered flowering in the Dipterocarpaceae: new insights into floral induction and the evolution of mast fruiting in the aseasonal tropics. *American Naturalist* **132**: 44-66.

Crone, E. E., L. Polansky & P. Lesica. 2005. Empirical models of pollen limitation, resource acquisition, and mast seeding by a bee-pollinated wildflower. *American Naturalist* **166**: 396-408.

Forcella, F. 1981. Ovulate cone production in Pinyon: negative exponential relationship with late summer temperature. *Ecology* **62**: 488-491.

市栄智明　2006．結実の豊凶はなぜ起こる？　種生物学会（編）　森林の生態学：長期大規模研究からみえるもの，p59-62．文一総合出版．

Isagi, Y., K. Sugimura, A. Sumida & H. Ito. 1997. How does masting happen and synchronize? *Journal of Theoretical Biology* **187**: 231-239.

Kelly, D. 1994. The evolutionary ecology of mast seeding. *Trends in Ecology and Evolution* **9**: 465-470.

Koenig, W. D. & J. M. H. Knops. 2000. Patterns of annual seed production by northern hemisphere trees: a global perspective. *American Naturalist* **155**: 59-69.

Koenig, W. D., R. L. Mumme, W. J. Carmen & M. T. Stanback. 1994. Acorn production by oaks in central coastal California: variation within and among years. *Ecology* **75**: 99-109.

Kon, H. & T. Noda. 2007. Experimental investigation on weather cues for mast seeding of *Fagus crenata*. *Ecological Research* **22**: 802-806.

Kon. H., T. Noda, K. Terazawa, H. Koyama & M. Yasaka. 2005. Proximate factors causing mast seeding in *Fagus crenata*: the effects of resource level and weather cues. *Canadian Journal of Botany* **83**: 1402-1409.

Masaka, K. & S. Maguchi. 2001. Modelling the masting behaviour of *Betula platyphylla* var. *japonica* using the resource budget model. *Annals of Botany* **88**: 1049-1055.

Masaka, K. & H. Sato. 2002. Acorn production by Kashiwa oak in a coastal forest under fluctuating weather conditions. *Canadian Journal of Forest Research* **32**: 9-15.

正木隆・柴田銃江　2005．森林の広域・長期的な試験地から得られる成果と生き残りのための条件　日本生態学会誌 **55**: 359-369.

McKone, M. J., D. Kelly & W. G. Lee. 1998. Effect of climate change on mast-seeding species: frequency of mass flowering and escape from specialist insect seed predators. *Global Change Biology* **4**: 591-596.

Piovesan, G. & J. M. Adams. 2001. Masting behaviour in beech: linking reproduction and climatic variation. *Canadian Journal of Botany* **79**: 1039-1047.

Ranta, H., A. Oksanen, T. Hokkanen, K. Bondestam & S. Heino. 2005. Masting by *Betula*-species; applying the resource budget model to north European data sets. *International Journal of Biometeorology* **49**: 146-151.

Rees, M., D. Kelly & O. N. Bjørnstad. 2002. Snow tussocks, chaos, and the evolution of mast seeding. *American Naturalist* **160**: 44-59.

Sakai, S., R. D. Harrison, K. Momose, K. Kuraji, H. Nagamasu, T. Yasuno, L. Chong & T. Nakashizuka. 2006. Irregular droughts trigger mass flowering in aseasonal tropical forests in Asia. *American Journal of Botany* **93**: 1134-1139.

佐竹暁子　2007．理論と実証分析の相互フィードバック：植物の繁殖同調モデルを例に　日

本生態学会誌 **57**: 200-207.
Satake, A. & Y. Iwasa. 2000. Pollen coupling of forest trees: forming synchronized and periodic reproduction out of chaos. *Journal of Theoretical Biology* **203**: 63-84.
Satake, A. & Y. Iwasa. 2002. The synchronized and intermittent reproduction of forest trees is mediated by the Moran effect, only in association with pollen coupling. *Journal of Ecology* **90**: 830-838.
Sork, V. L., J. Bramble & O. Sexton. 1993. Ecology of mast-fruiting in three species of north American deciduous oaks. *Ecology* **74**: 528-541.
Suzuki, W., K. Osumi & T. Masaki. 2005. Mast seeding and its spatial scale in *Fagus crenata* in northern Japan. *Forest Ecology and Management* **205**: 105-116.
寺澤和彦 1997. ブナの種子生産特性とその天然林施業への応用に関する研究 北海道林業試験場研究報告 **34**: 1-58.

第3章　ブナの種子食性昆虫
── 加害種の生活史と共存機構 ──

鎌田直人（東京大学大学院農学生命科学研究科）

　ブナの開花量に大きな年変動が見られるのは，果実や種子を食べる動物の影響を回避し，確実に子孫を残す適応と考えられる。ブナのマスティングの進化に深くかかわってきたと考えられる種子食性昆虫とは，いったいどんな虫たちなのだろうか？　その種類と生態を紹介する。

1. ブナの種子の豊凶と昆虫

　樹上における昆虫の食害がブナの種子の作柄に影響している可能性は，1970年代にはすでに一部の研究者によって指摘されていた（畠山，1970；亀山，1974）。それにもかかわらず，ブナの種子食性昆虫に関する体系的な研究はほとんど進んでいなかった。そのため，1980年代までは，「ブナの種子の豊凶は春に咲く雌花数の変動の結果であり，樹上における散布前の種子の昆虫による食害はほとんど関係しない」と考えられていた（橋詰・山本，1974；前田，1988；箕口，1995）。そのように考えられていた原因は，シードトラップを使った調査が行われていなかったこと，シードトラップを使った定量的な調査が行われても8月中旬以降に落下する成熟種子を対象にしたものであったこと（前田，1988），あるいは，シーズンを通して設置していても回収間隔が長かったこと（橋詰，2006）などにより，散布前の種子の虫害を定量的に把握できていなかったためではないだろうか。

　1980年代後半になると，北海道渡島半島（寺澤ら，1995; Yasaka et al., 2003），東北地方北部（五十嵐，1996），茨城県北部・小川群落保護林（Ueda, 2002），埼玉県秩父山地（梶ら，2001）など，日本のあちこちでシードトラップを使ったブナの種子生産に関する研究が開始され，多くの成果が集積するようになった。その結果，1990年代中頃から，ブナの豊凶に関する知見に大きなブレー

クスルーがもたらされた（箕口，1995; 鎌田，1996, 2001, 2005）。

　ブナが開葉する前から落葉後までシードトラップを林床に設置して，落下したリターを回収する。回収物の中から，雌花や殻斗・種子など，雌花に由来する器官を取り出して，それぞれの落下原因を調べる。そうすると，種子の落下原因を定量的に調べることができる。ブナの殻斗の中には通常は種子が2つ入っている。つまり，1つの雌花序から種子が2個できる。したがって，雌花序や未熟な果実が落下した場合でも，それらの数を2倍することによって，種子数に換算することができる。こんな単純な作業の繰り返しによって，実は多くの種子が樹上で昆虫に食べられてしまい，充実する前に落下してしまうことが明らかにされた（五十嵐，1992）。1980年代までの調査では，8月中旬より後の成熟種子の落下時期にシードトラップが設置されていたため，散布前捕食者としての昆虫の重要性が見落とされていたのである。

　私が大学を卒業して最初に職を得たのは，岩手県盛岡市にある農林水産省林業試験場東北支場（現・独立行政法人　森林総合研究所東北支所）だった。そこで私は，1985年からブナアオシャチホコというブナの葉を食べる昆虫の発生予察法を確立するための研究に取り組んだ。自分の背丈の10倍以上もの高さのある森林の林冠で，そこに棲む昆虫の数を推定するのはなかなか大変なことである。そのためにはいくつかの方法があるが，それぞれに一長一短がある。そのうちの1つは，ノックダウン法といって，殺虫剤を使って林冠に生息している生物を一網打尽にして，落下してきた数から生息数を推定する方法である。この方法の場合，かなり正確な密度を推定することができるが，対象生物以外のものも含め，生息している生物を殺してしまうというデメリットがある。2つ目の方法は，ジャングルジムやタワー，林冠ウォークウェイなどを使って林冠にアプローチし，直接観察によって数える方法だ。この方法は，細かいところがよくわかるという利点があるが，森林全体の平均値を求めるのにはあまり適していない。つまり木を見て森を見ずということになりかねない。3つ目の方法は，落ちてくる昆虫由来の糞や脱皮殻をトラップで集め，トラップの開口部の面積から密度を推定する方法である。この方法は，大がかりな道具を必要としない。また，生息している生物への影響を最小限にして調査できる。さらには，空間的な分布も，落下するまでの風の影響によって平滑化されるため，比較的少ないトラップ数でも全体像を大まかに捉えることができるというメリ

ットもある。私は，東北北部の八幡平や八甲田山のブナ林にリタートラップをかけて，落下してくる糞を数えては，ブナアオシャチホコの密度変動に関する研究を進めていた。1988年になると，所属している昆虫研究室で，「ブナの種子食性害虫の生態の解明」という研究テーマが始まった。そこで，それまではブナアオシャチホコの糞が落下する7月と8月にだけ設置していたトラップを，シーズン中ずっと設置することにした。このようにして，すでに始まっていたブナアオシャチホコの調査プロットとリタートラップ（それまでは「糞トラップ」あるいは「フラストラップ」と呼んでいた）を利用して，種子害虫の調査も併せて行うことにした。研究室の先輩の五十嵐豊さんが種子害虫の研究を担当されることになった。

　ところで，1980年代後半から世界の林業研究には大きな転換期が訪れた。多くの林業研究機関から，林業 forestry という名称が消え，代わりに森林 forest という名称に置き換わったのである。研究の中心も林業から，森林の保全や環境に徐々にシフトした。以前は，国際林業研究機関連合だった IUFRO という国際機関も，国際森林研究機関連合に名称を変更した。要は，略字のFの部分が，forestry（林業）から forest（森林）に代わったのである。IUFRO をはじめとする国際機関で，「持続的 sustainable」という言葉がキーワードとなった。日本でも，1988年10月には，当時所属していた農林水産省の林業試験場が改組して，森林総合研究所となった。国の研究機関のみならず，一部の公立林業試験場も「森林」や「環境」を冠するものに衣替えするようになった。大学でも，かつての「林学科」の名称がほとんど消えてしまい，「森林科学」とか「環境」といった名称に代わった。林業に固執せずに，森林を研究しようとするこれらの動き自体は，歓迎されるべきものだったと私は思っている。ただ残念なことは，これらの変更が行政改革の一環として行われ，多くの場合，他機関との合併や規模の縮小を伴ったことである。いずれにせよ，これらの改組を機に，これまでは「林業」が研究の中心だったものが，「森林」の生態系研究や，環境研究の比重が大きくなった。

　このような潮流とも関係して，1980年代には，長期の生態系研究の重要性が国際的に認識されるようになり，世界各地に長期大面積試験地が設置された（中静，1991）。私が現在所属する東大の秩父演習林の長期プロット（梶ら，2001）も，長期大面積試験地における生態系研究推進の流れに乗ったものであ

っただろう。つくば市にある森林総合研究所の本所でも，1980年代中頃には茨城県の小川群落保護林に長期大面積プロットを設置して，森林動態の研究を始めていた。これらの世界的な動きの中から，1990年代以降，LTER（Long-term Ecological Research）というネットワーク作りが世界中で進められてきた。しかし，中国や韓国などでも，LTER試験地の設定や各国のLTER機関の設置など，LTERの運営が国の主導で進められたのに対し，日本では，このような長期生態系研究になかなか予算がつかず，つい最近になってようやく長期生態系プロットを管理する機関が集まって，日本版LTER（JaLTER）の組織作りが始まったばかりである。

話は横道にそれたが，1980年代後半のこのような情勢の中，1989年からは，農林水産省の大型別枠プロジェクト「生態秩序」が始まった。「生態秩序」とは聞き慣れない造語であるが，生態系の秩序を解明して農林水産業生産に役立てることが大きな目的だった。生態秩序プロジェクトでは，小川群落保護林で，森林総合研究所の昆虫生態系研究室にいた上田明良さんが中心となって，五十嵐さんが東北地方で取り組み始めた研究と同様の種子食性害虫の研究が行われた（Ueda, 2002）。機を同じくして，北海道南部でも，ブナ林の天然更新技術を確実なものにする観点から，ブナの種子生産に関する定量的な調査が1990年から行われ始めていた（寺澤ら，1995; Yasaka *et al.*, 2003：第5章参照）。

これらの研究の結果，ブナの種子の豊凶には，その究極要因としての捕食者飽食仮説（第1章参照）が論議されるほどの影響力をもって昆虫の食害が関係していること，秋に落下する充実種子数の年次変動に比べて春の開花数の年次変動は大きくないこと，年次変動の空間的な同調性に関しても開花数での同調性は種子数ほどには強くないことなど，次々と新しい知見が明らかにされたのである（鎌田，1996; Yasaka *et al.*, 2003）。

図3.1は，八幡平でのブナの落下種子調査の結果である（鎌田，2001）。開花直後から落下する未熟な果実を含め，シーズン中に落下するすべての種子を集めて落下原因を調べた。おおまかには開花数の多い年には，健全な種子の落下数が多いことがわかる。ところがよく見ると，例外も少なくない。例えば，1990年には多くの花が咲いたのにもかかわらず，健全な種子はまったく残らなかった。逆に1992年には，開花数は少なかったもののわずかながら健全な充実種子が落下している。発達の途中で雌花由来器官が死亡する原因に着目す

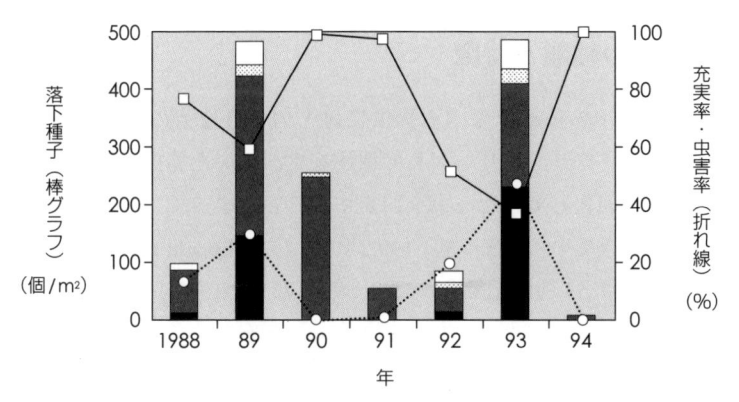

図 3.1 秋田県八幡平におけるブナ種子の品質別落下数と充実率・虫害率の年次変動
(鎌田, 2001 を改変)
■充実(健全)　■虫害　□しいな　▨未成熟　▥哺乳類・鳥害
⋯○⋯充実率　-□-虫害率

開花数(落下種子の総数)が前年よりも大きく増加したときに,多くの種子が虫害からエスケープして健全な種子として生き残る(例えば 1989 年や 1993 年)。一方,多くの花が開花しても,前年よりも開花数が減少した年には,ほとんどが虫害を受けて健全な種子は残らない(例えば 1990 年)。

ると,最も重要な要因は虫害であり,しいなや未成熟が続く。さきほどの 1990 年のデータではほとんどすべてが昆虫に食害されてしまっていた。すでに第 1 章で紹介された捕食者飽食仮説から予測される通り,開花数が前の年よりも減少した場合には,ほとんどが昆虫に食害されてしまい,健全な種子を残すことができない。しかし,前の年に比べて開花数が増えると虫害率が下がって健全な種子が残るのである。つまり,開花数そのものではなく,前の年に比べて開花数が増えたのか減ったのかという相対的な値が,秋に落下する健全な種子の数に強く影響している。先ほどの例では,1990 年には,開花数は 1992 年よりも 2 倍以上多かったのにもかかわらず,前年に比べ開花数が減少したためにほとんどすべてが虫害で落下した。逆に 1992 年には,開花数そのものは少なかったが,前年よりも開花数が増加したため,わずかながら健全な充実種子が落下している。

年によってはしいなの方が多い場合もしばしば見られるが,日本の各地で行われた同様の調査でも虫害が最も重要な死亡要因になっている。

2. 加害種の種類と特徴

それでは，ブナの種子を食べる昆虫にはどのようなものがいるのであろうか？　樹上の種子をサンプリングして種子を食べていた昆虫を見つけたら飼育箱で飼育する。羽化してきた成虫を同定することによって，加害種と加害特性が明らかにされてきている（五十嵐，1992, 1994, 1996; Igarashi & Kamata, 1997）。これまでの報告では33種が記録されているが（五十嵐1996），これまで1種として記載されていたタマバエ（図3.2）がどうも2種らしいこと（上田明良，私信：両種とも未同定）と，未同定のアブラムシ（図3.3）が見つかっている（鎌田，未発表）ので，現在まで確認されているブナの種子を加害する昆虫は，全部で35種ということになる（表3.1）。

分類群ごとに分けると，最も多いのは鱗翅目の蛾のなかまである。35種のうち32種を占めている。残り3種のうち，2種が双翅目のタマバエのなかま，1種が半翅目のアブラムシのなかまという内訳だ。これらのうち，ブナの種子を専門に食べるスペシャリストと考えられているのが鱗翅目昆虫7種と，タマバエ類2種である。他の種は花や種子の他に葉も食べる。アブラムシについてはよくわかっていないが，種子のみに依存しているのではなく，他の部位も吸汁するものと推測している。滋賀県農業試験場の寺本憲之さんは文献資料からブナの葉食性昆虫として105種を（寺本，1993），私と五十嵐さんは採集と飼育によって69種を記録している（Kamata & Igarashi, 1996）。重複を除くと，ブナの葉食性昆虫は現在までに143種が知られている。多くの葉食性昆虫のうちで，種子を食べることができる種は限られている。特に，葉食性昆虫で種子を食べる種の加害時期が春先に限られているのは，ほとんどの葉食性鱗翅目昆虫は，成長して堅くなった殻斗の中に穿入することができないためだろう。

これまでに明らかにされている主な加害種の特徴を紹介しよう。

ナナスジナミシャク *Venusia phasma* (Butler)（五十嵐・鎌田，1993；五十嵐，1994, 1996）（口絵5-1）

成虫は開長17〜22 mm，前翅長9〜11 mm，前後翅ともに淡灰色に濃灰色の波状の横線が多く，これが和名の由来となっている（口絵5-1B）。幼虫は老熟する際には10 mm前後，頭幅0.9〜1.0 mm，全体的に淡黄褐

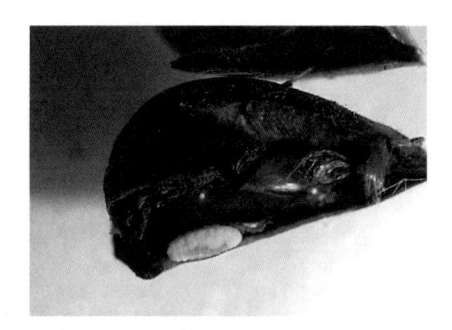

図3.2 ブナの種子に寄生するタマバエの1種（未同定種）の幼虫

図3.3 ブナの種子に寄生するアブラムシ（未同定種）の若虫と卵

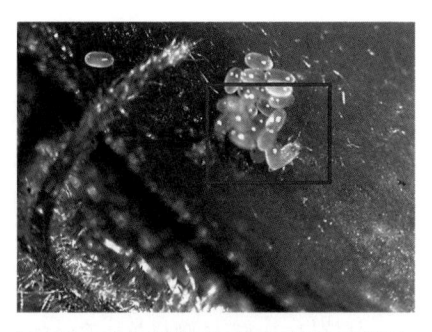

表3.1　ブナ種子を加害する昆虫 (五十嵐，1996を改変)

1. ブナ種子のスペシャリストと推測されている種（合計9種）

グループ	種（和名）
鱗翅目	
ハマキガ科	ブナヒメシンクイ，クロモンミズアオヒメハマキ，他2種
メムシガ科	ブナメムシガ（仮称）[1]
キバガ科	ミツコブキバガ，ブナキバガ（仮称）[1]
双翅目	
タマバエ科	2種[2,3]

2. ブナ種子のスペシャリストではない種（26種）

グループ	種（和名）
鱗翅目	
ハマキガ科	アミメキイロハマキ，オオギンスジアカハマキ，アカネハマキ，ギンスジカバハマキ，ツヤスジハマキ，ウンモンハマキ，ホノホハマキ，ニセウスギンスジキハマキ
スガ科	コナラクチブサガ，ウスイロクチブサガ
シャクガ科	ナナスジナミシャク[2]，クロテンフユシャク，ナミスジフユナミシャク，ヒメクロオビフユナミシャク，クロスジフユエダシャク，チャバネフユエダシャク，カバエダシャク
ヤガ科	チャイロキリガ，ヤマノモンキリガ，ノコメトガリキリガ，アオバハガタヨトウ，イタヤキリガ，フタスジキリガ，ヒメギンガ，ウラギンガ
半翅目	
アブラムシ科	1種[4]

1：仮称は，五十嵐（1996）による
2：上田明良の私信による
3：五十嵐（1996）では，種子を食べるか，種子ができる前の未熟な殻斗のみを食べるかという観点で分類されていた．本書では，種子のスペシャリストか否かで分類した．その結果，2種のタマバエは「種子のスペシャリスト」に，ナナスジナミシャクは「スペシャリストではない種」に分類された．
4：鎌田直人の未発表データによる

色に茶色の背線がある。系統分類的にシャクガに分類される通り，幼虫は形態的には「尺取り虫」タイプで後脚が2対しかない。しかし，概観はいわゆる「尺取り虫」のようにはスマートではなく，ずんぐりした体型をしている（口絵5-1A）。本種は，卵で越冬し，春先に幼虫が種子を摂食する。老熟した幼虫は地上に落下して落葉層中で蛹になる。蛹で夏眠したのち，成虫は秋に出現する。オス・メスともに飛翔することができる。ブナの枝先の冬芽かその付近に産卵しているものと推測されているが，詳細な産卵部位については確認されていない。紅葉の始まるおよそ1か月前にブナの幹に多数の成虫がとまっているのを見ることができる。北海道や東北北部では9月中旬から下旬である。幹にとまっていた多数の成虫は，人間が近づくと一斉に群舞する。その様子は，あたかもわれわれに道案内をしてくれるようだ。本種は基本的には，新芽や新葉を食べる葉食性昆虫で，機会的に雌花序や果実を加害するに過ぎない。したがって，殻斗が発達して堅くなると摂食することができなくなる。本種は芽がふくらみ始める頃にはすでに摂食を開始している。観察の結果，被害を受けた果実37個から14頭の幼虫が確認されたことから，1頭の幼虫が複数の果実を加害するものと考えられている。本種は，多くの場合には果皮が発達する前に花や果実を摂食するため，本種に食害された被害果には果皮が残らない（口絵5-1D）。果実の内部は黒く変色し，やはり同じような黒い色をした虫糞が残る。殻斗がまだ柔らかい時期に加害されたものは，外見からは被害が判別できない。したがって，若い果実が落下した場合には，必ず殻斗を割って中の虫糞の有無を確認する必要がある。これまでの研究の多くでは，落下した若い果実の中身を確認せずに，見落とされていた可能性が高い。

ブナメムシガ（仮称）*Argyresthia* sp. （五十嵐・鎌田 1993, 五十嵐 1996）（口絵5-2）

　　本種も卵で越冬し，春先に幼虫が摂食する。老熟した幼虫は地上に落下して落葉層中で蛹になる。ナナスジナミシャクと違って，蛹で夏眠せず，蛹になってから約2週間で成虫が羽化する。したがって，成虫の出現時期は夏前である。ナナスジナミシャク同様，ブナの地上部に産卵しているものと考えられているが，詳細な産卵部位については確認されていない。ブ

ナメムシガの幼虫は非常に特徴的な行動をする。幼虫が種子の底部から果柄へトンネルを掘り進み，果柄につくった排出口から自分の糞を外に出すのである（口絵5-2B, C）。そのため種子の底部にもピンホールが開くが，これだけではブナメムシガの被害と同定するポイントとはなりえない。なぜなら，きれいなピンホールにならない場合，他の原因でできた穴と区別がつかないからである。したがって，食痕からブナメムシガと判定するためには，殻斗による判別が必要となる。果柄に開いたピンホール，および，ストロー状にくり抜かれた果柄が，殻斗による判別のポイントとなる。その際，果柄に開いたピンホールと殻斗の間しかストロー状にならないことに注意しなければならない。

ブナヒメシンクイ *Pseudopammene fagivora* Komai（五十嵐・鎌田 1990, 五十嵐 1992, 1996）（口絵5-3）

　1974年，岩手県滝沢村にある農林省東北林木育種場（現・森林総合研究所 林木育種センター東北育種場）の研究員だった亀山喜作さんは，ブナの果実の中に昆虫の幼虫が高率で存在していることを発見した（亀山, 1974）。亀山さんは，農林省林業試験場東北支場の昆虫研究室に同定を依頼したが，その時点では未記載種であった。その後の調査で，この昆虫は東北各地のブナ林に広く分布していることが明らかになり，大阪府立大学の駒井古実さんによって新属新種のブナヒメシンクイとして1980年に記載された（Komai, 1980）。しかし，詳しい生態などが明らかにされたのは，五十嵐豊さんの一連の研究による（五十嵐・鎌田, 1990, 五十嵐, 1992, 1996）。

　成虫は，開長9～13mm, 前翅長4～6mmで, 前翅は灰褐色でオーカー色の鱗片が混じる（口絵5-3A）。前縁には約10個の黄白色のくさび状紋がある。翅を閉じた状態では中央部の灰色紋が目立つ。後翅は暗灰褐色をしている。

　成虫の発生時期は地域によって異なるが，ブナの葉が展開してしばらくすると，林内を盛んに飛翔するようになる。東北地方北部では5月中旬から（五十嵐, 1992），関西地方では4月中旬から（駒井, 1991）成虫が見られる。常温の室内で飼育した場合でも，成虫の羽化期間には2か月半のば

らつきが見られた。多雪地のブナ林では，地面を雪が覆っていると成虫は羽化することができないため，さらに羽化時期がばらつくものと考えられる。成虫は殻斗の表面に生えている鱗片に産卵を行う。卵期間はまだ調べられていないが，孵化した幼虫は果実に穿入し，殻斗の内部と種子を摂食する（口絵5-3B）。穿入した種子の内部を食い尽くすと，殻斗内の2つの種子の接合面に直径約1 mmほどのピンホールを開けて，もう1つの種子に移動して内部を摂食する。個体ごとの幼虫期間は，およそ2週間と推測されている。老熟した幼虫は果実から脱出，あるいは加害果実と一緒に地面に落下し，落葉層で繭をつくり蛹となる。幼虫が一方の種子からもう一方の種子に移動する際に種子の接合面にできるピンホールが，食痕から本種の被害を同定するポイントとなる（口絵5-3C）。

　最近の研究の結果，特に豊作年には10月まで樹上で摂食する幼虫がいることが確認されている。幼虫期間が約2週間であることから，越冬した成虫の羽化時期がばらつく結果なのか，もしくは年に2化する個体がいるのか，いずれかであると考えられるが，まだ明らかにされていない。

ブナキバガ（仮称）Gen. sp.（五十嵐・鎌田 1993, 五十嵐 1996）（図3.4）
　加害時期は，東北北部では7月中旬から8月下旬である。種子1個を摂食し，種子の上部から脱出して，薄い繭をつくって蛹化する。蛹で越冬して，翌年羽化する。
　種子が2つ接合する面の稜線部に，侵入のための穴が開いているものが，ブナキバガの加害を受けたものと診断される（図3.5）。

3. ブナの種子食性昆虫ギルド

　同じ方法で共通の食物資源を利用している種の集まりのことをギルドと言う。ブナの種子食性昆虫ギルドを加害量から見ると，ブナヒメシンクイが最も多く，年や場所によっても差があるが，虫害全体の半分以上を占める。東北地方北部のブナ林では，ブナメムシガ（仮称）とナナスジナミシャクを合わせた3種で虫害の9割以上を占める。北陸地方では，虫害に占めるブナヒメシンクイの割合は東北地方よりもさらに高い。

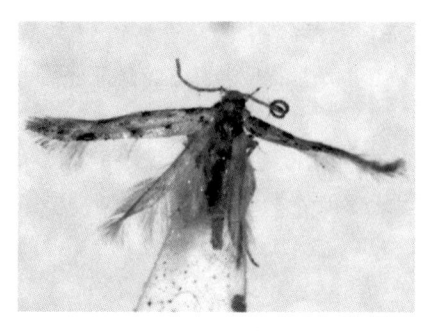

図 3.4　ブナキバガ（仮称）

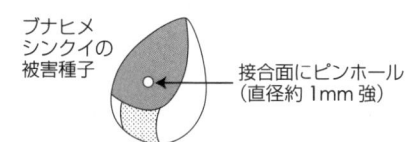

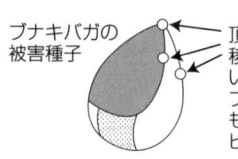

図 3.5　ブナヒメシンクイとブナキバガの穿入孔の違い

ブナヒメシンクイの被害種子：接合面にピンホール（直径約 1mm 強）

ブナキバガの被害種子：頂部，稜部，接合面の稜部のいずれか，あるいはこれらの複数に，ブナヒメシンクイよりも小さい（直径＜1mm）ピンホール

　ブナの種子食性昆虫の中で，どうしてブナヒメシンクイが優占することができるのだろうか？　また，なぜ，他の種子食者はブナヒメシンクイによって完全に排除されないのだろうか？　種子のように有限でかつ量の変動が激しい予測困難な資源を，複数の昆虫がどのように利用しながら共存しているのかという疑問がわいてくる。開花数の少ない年には虫害率がほぼ 100％ に達するので，資源をめぐる激しい競争が生じていることは容易に想像がつく。ブナの種子食性昆虫ギルドの共存機構について，生活史の違いとニッチ分割，これらにはたらくトレード・オフの観点から調べてみた。

　種子は秋に落下するため，種子食性昆虫群集は毎年秋に必ずリセットがかかる。そのため，毎年春になってブナが開花すると，構成種によって「椅子取り競争」が繰り広げられる。ブナと同様に，種子食性昆虫群集の詳細な研究が進んでいるコナラ・アベマキでは，最も早い時期に堅果を利用する種（アベマキではネスジキノカワガ，コナラではタマバチ科の一種）がそれぞれの群集の優占種となっている（Fukumoto & Kajimura, 2001）。ブナの場合も，最優占種であるブナヒメシンクイが最も早い時期に加害するのだろうか？

　主要 3 種の加害時期を調べると，予想とは異なり，ナナスジナミシャクが主要種の中で最初に加害することがわかった。開葉後すぐに幼虫が葉や雌花を食害する。続いて，ブナメムシガが食害する。鱗翅目のうち種子スペシャリストでない種類の昆虫は，堅い殻斗を食害することができないので，ほとんどが春先の早い時期に食害する。早い時期に食害することと関係して，種子食スペシャリストでない種は，チャイロキリガを除くと，すべて卵越冬である。これら

から遅れてブナヒメシンクイの摂食が始まる。食害を受けた種子が樹上から落下する時期は，摂食の消長から3週間ないし1か月程度遅れる。食害を受けても落葉期まで落下しないものもある。

　このように，ブナの場合，最も早い時期に利用するナナスジナミシャクは群集の優占種にならない（鎌田，2005）。ブナヒメシンクイよりも早い時期に加害できるナナスジナミシャクやブナメムシガは，なぜ最優占種になれないのだろうか？

　ブナの種子を食べる主要昆虫3種の生活史のパターンを比較したのが図3.6である。ナナスジナミシャクもブナメムシガも，卵で越冬して，春に卵から孵化した幼虫が食害を開始する。これら2種の成虫は夏から秋に出現して産卵するが，産卵時期には翌年の花芽を判別することができないために，冬芽への産卵はランダムに行われているにすぎないものと推測される。ナナスジナミシャクは，もともとは葉食性昆虫でもあり，ブナの葉だけを食べても発育できる。したがって，ナナスジナミシャクの個体数は，ブナの開花数にあまり影響されない。ナナスジナミシャク型の昆虫，すなわち，卵越冬の葉食性昆虫のうち機会的に雌花序や種子を加害するものには，シャクガ科6種，ヤガ科7種，ハマキガ科8種，クチブサガ科2種がいる。それに対して，種子食スペシャリストであるブナメムシガはブナの種子を摂食しなければ発育できないため，開花数が少ない年には個体数が大きく減少する。また，幼虫が自力でブナの雌花序（あるいは果実）を探さなければならないために，孵化から餌にたどり着くまでの間の死亡率も高いものと推測される。ブナメムシガ型，すなわち，卵越冬型でブナ種子のスペシャリストと考えられている昆虫は，ブナメムシガのほかにミツコブキバガ（キバガ科）とクロモンミズアオヒメハマキ（ハマキガ科）の2種がいる。

　ブナヒメシンクイは，蛹が土の中で越冬する。雪が解けて地表が露出してから，成虫が羽化して産卵する。そのため，卵越冬タイプの昆虫に比べると，ブナヒメシンクイ幼虫の食害時期は遅く，雪の多い東北北部では6月中旬から7月下旬である。摂食開始時期が遅いことはブナヒメシンクイにとってはデメリットであるが，芽が開いたあとに成虫が羽化するために，高い移動能力を持つ成虫が雌花序や果実を探索して産卵することが可能で，「卵の無駄撃ち」が少ないというメリットもある。そのため，雌花の生産数が少ない年には，数少な

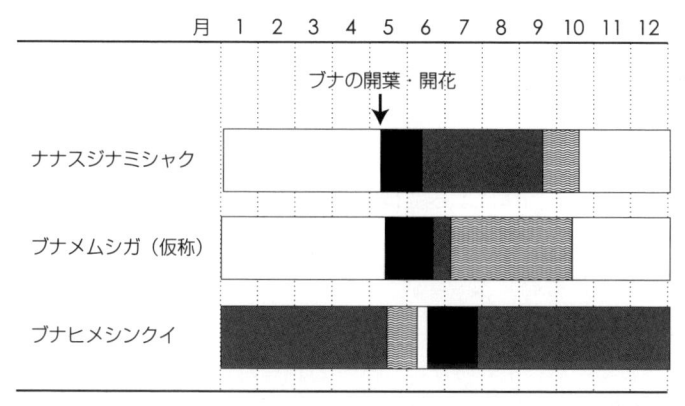

図3.6 ブナ種子を加害する主要昆虫3種の生活史パターン
□卵 ■幼虫 ■蛹 ▦成虫
ナナスジナミシャクとブナメムシガは卵越冬のため，孵化した幼虫が雌花序や果実を探さなければならない。ブナヒメシンクイは蛹越冬であるため，幼虫の加害時期は遅いが，成虫が果実を探して殻斗の表面に産卵する。

い種子をほとんど余すことなく利用することができるし，種子生産の多い年には，すでに産卵されていたり，食害を受けている殻斗をできる限り避けて産卵することができるために，可能な限りたくさんの果実に効率よく加害することができる。そのため，種子食性昆虫の中では，ブナヒメシンクイは，変動の大きいブナの開花数に自らの個体数を最も効率よく追随させることができる。ブナヒメシンクイの蔵卵数は最低で160と推定されている（五十嵐，1992）。蛹で越冬し，移動能力の高い成虫が雌花序や果実を探索して産卵する生活史特性を持つブナ種子食スペシャリストの中では最も早い時期に幼虫が摂食すること，成虫の産卵数が多いためにブナの開花数の変動に追随できることが，ブナヒメシンクイがブナ種子食性昆虫群集の中で優占できる理由であろう。

　ブナの種子を食べる昆虫の中で，蛹で越冬する種はブナヒメシンクイ以外にも4種いる。そのうち，チャイロキリガはブナヒメシンクイの幼虫よりも早い時期に摂食するが，もともとが葉食性昆虫であるため，種子食性昆虫群集の中で主要種にはなっていない。

　蛹越冬する昆虫の残り3種は，すべてブナ種子のスペシャリストと推測されるが，ブナヒメシンクイよりも遅い時期に摂食を開始する。ブナヒメシンクイの食べ残ししか利用することができないため，凶作年にはこれらの種が利用で

きる資源はほとんど残っていない。したがって，凶作年にはこれらの個体群は絶滅の危険にさらされる。そこでこれらの昆虫の中には，蛹のステージで1年以上の長期間休眠する性質を身につけているものがある。つまり，同じ条件で育てたコホートの中に，翌年羽化する個体と，2年後，3年後に羽化する個体が混在し，羽化年を個体によってばらつかせることによって，個体群が絶滅することを回避しているのである。このようなリスク分散戦略を生態学では bet-hedging（二股かけ戦略）とよぶ。

　これまでに紹介したように，ブナの種子を食害する昆虫は，時間ニッチを分割して共存している。早い時期に加害する種には次のようなメリットがある。
・資源を優先的に利用できること
・堅い殻斗や果皮に穿入する必要がないこと
　一方，遅い時期に加害する種のメリットは，
・移動性の高い成虫が雌花序や果実を探して産卵することができること
・量的にも大きく，また，栄養的に優れた餌を摂食することができること

　これらの間には複雑なトレード・オフの関係がみとめられる（鎌田，2001）。また，一部の昆虫種を除くと，葉を食べることによって絶滅のリスクを回避している。いや，種子があるときだけ栄養価の高い種子を利用しているといった方が適切だろう。35種の昆虫はそれぞれにメリットの違う「空いたニッチ」を利用して共存しているのである。

4. 構成種や発生時期の地域間の変異

　著者が石川県林業試験場の小谷二郎さんと行った調査によると，北陸地方のブナ林ではブナメムシガはほとんど見られなかった。その代わりにブナヒメシンクイやブナキバガの被害果の割合が東北地方よりも高かった（鎌田ら，2001）。卵越冬型の生活史を持つタイプの発生時期とブナのフェノロジーの相対的関係は，北陸地方と東北地方で違いはみとめられなかった。それに対して，蛹越冬の生活史を持つタイプの発生時期が，東北地方などに比べると相対的に早くなる。この原因は，消雪時期がブナヒメシンクイ型の生活史を持つ昆虫の発生時期に影響しているものと推測している。すなわち，雪で地面が覆われている間，林床で越冬する昆虫は，成虫が羽化することができない。したがって，

東北地方北部のブナ林に比べると雪解け時期の早い石川県では，蛹越冬の生活史を持つ種の発生時期が相対的に早くなるのではないかと考えられる。もしかしたら，蛹越冬の生活史を持つタイプの発生時期が相対的に早いために，卵越冬タイプの中では比較的遅い時期に加害するブナメムシガが影響を受けているのかもしれない。

地域によって昆虫相が異なる原因については，比較的研究の進んでいる葉食性昆虫でさえよくわかっていないのが実状である。たとえば，ブナの葉食性昆虫の大発生の起こりやすさも場所によって異なっているが (Kamata, 2002)，その原因はよくわかっていない。種子食性昆虫の場合も，昆虫種ごとのアバンダンスを決定するメカニズムが単純ではないことは想像に難くない。

5. イヌブナとブナの混生地域における食害

日本のブナ属にはブナ *Fagus crenata* とイヌブナ *F. japonica* がある。両者が混生している場所も太平洋側を中心にみられる。このような場所では，開花パターンや種子食性昆虫による食害はどのようになっているのであろうか？

ブナ林に比べると，イヌブナ林での種子生産やそれにかかわる昆虫相に関する研究は比較的少ないが，森林総合研究所の上田明良さん（前述，小川群落保護林），宇都宮大学の大久保達弘さん（高原山），東大秩父演習林の澤田晴雄さん（秩父山地）などの研究グループよって，それぞれデータが蓄積されつつある。開花の年次パターンは，ブナとイヌブナの間で同調していない。そのため，何回かに一度は両種が同時に開花する年もあるが，基本的にはたくさん開花する年は両種でそろっていない。もちろん，両種がともにほとんど開花しない年もある。

以下に述べるのは，大久保達弘さんの研究グループの小川靖さん（現・森林総合研究所 林木育種センター）との共同研究の成果である（小川ら，2001，2002）。イヌブナで確認されている種子食性昆虫はブナと共通のブナヒメシンクイである。小川さんの調査によると，同所的に生育するブナではナナスジナミシャクの食害を受けたが，イヌブナはナナスジナミシャクの食害を受けなかった。種子に残るブナヒメシンクイの食痕は，ブナではピンホールになるが，イヌブナの種子では穴にはならず下半分が欠けたようになってしまう。これは

イヌブナの種子は，サイズがブナに比べると小さいこともあるが，それよりも種子の発達フェノロジーが遅く，果皮が肥大成長をしている時にブナヒメシンクイの食害を受けるため，穴も果皮の成長と一緒に大きくなるためであると推測される。種子の発達フェノロジーが遅いことと関係して，イヌブナでは，ブナヒメシンクイの加害を受け始める時期が1か月以上遅くなる。栃木県高原山では，ブナでは5月下旬からブナヒメシンクイの幼虫が確認されたのに対し，イヌブナでは6月中旬からであった。早い時期に羽化したブナヒメシンクイの成虫は，発育が遅くて小さなイヌブナの殻斗にはあまり産卵しないのだろう。また，樹上でのブナヒメシンクイの加害率のピークも，ブナでは6月中旬であったのに対し，イヌブナでは8月中旬であった。シーズンを通した種子の虫害率は，イヌブナの場合，同所的に生育するブナに比べると低い。その原因は，イヌブナでは，ナナスジナミシャクの食害を受けないことと，ブナヒメシンクイの食害開始時期が1か月以上遅れることが原因と考えられている。フェノロジカルエスケープと呼ばれるが，たぶん，発達のフェノロジーが遅いことがこれらの根本的な原因と推測される。また，イヌブナと混生している場所では，ブナヒメシンクイの幼虫の見られる期間が，ブナだけの林よりも長く，10月上旬まで見られたこともある。この現象も，イヌブナの種子の発達フェノロジーがブナに比べると遅いことに関係しているものと推測している。しかし，イヌブナでも種子生産量の少ない年にはしいなを除くほとんどすべての種子がブナヒメシンクイに食害されたことから，捕食者飽食が充実種子を残すための重要なポイントになっている。まだ，結論を出すには早計かもしれないが，両種の開花年が同調していないことを考えると，ブナ属のうち1種だけが生育する環境よりも，共通する捕食者を持つブナ属2種が共存する環境下では，捕食者からエスケープできる年が発生する確率が低くなるものと推測される。

引用文献

Fukumoto, H. & H. Kajimura. 2001. Guild structures of seed insects in relation to acorn development in two oak species. *Ecological Research* **16**: 145-155.

橋詰隼人 2006. 大山・蒜山のブナ林－その変遷・生態と森づくり－ 今井書店鳥取出版企

画室.
橋詰隼人・山本進一 1974. 中国地方におけるブナの結実(II)種子の稔性と形質について 日本林学会誌 **56**: 393-398.
畠山与四郎 1970. ブナ林における天然下種 1 類の施業について 日本林学会東北支部会誌 **22**: 38-41.
五十嵐豊 1992. ブナ種子の害虫ブナヒメシンクイの生態と加害 森林防疫 **41**: 65-70.
五十嵐豊 1994. ブナ種子の害虫ナナスジナミシャクの生態と加害 森林防疫 **43**: 172-176.
五十嵐豊 1996. ブナ林・ミズナラ林の種子生産とその害虫 森林総合研究所東北支所年報 **37**: 39-44.
五十嵐豊・鎌田直人 1990. ブナ種子害虫に関する研究（Ⅱ）−ブナヒメシンクイに関する 2, 3 の知見− 日本林学会東北支部会誌 **42**: 156-158.
五十嵐豊・鎌田直人 1993. ブナ種子害虫に関する研究（Ⅴ）−ナナスジナミシャクほか数種類の加害− 日本林学会論文集 **104**: 679-680.
Igarashi Y. & N. Kamata. 1997. Insect predation and seasonal seedfall of the Japanese beech, *Fagus crenata* Blume, in northern Japan. *Journal of Applied Entomology* **121**: 65-69.
梶幹男・澤田晴雄・五十嵐勇治・蒲谷肇・仁多見俊夫 2001. 秩父山地のイヌブナ−ブナ林における 17 年間のブナ類堅果落下状況 東京大学農学部演習林報告 **106**: 1-16.
鎌田直人 1996. 昆虫の個体群動態とブナの相互作用−ブナアオシャチホコと誘導防御反応・ブナヒメシンクイと捕食者飽食仮説− 日本生態学会誌 **46**: 191-198.
鎌田直人 2001. 変動する資源を利用する群集の共存機構—種子食性昆虫群集 佐藤宏明・山本智子・安田弘法（編著）群集生態学の現在, p 169-186. 京都大学学術出版会.
鎌田直人 2005. 昆虫たちの森 (日本の森林／多様性の生物学シリーズ (5)) 東海大学出版会.
Kamata, N. 2002. Outbreaks of forest defoliating insects in Japan, 1950-2000. *Bulletin of Entomological Research* **92**: 109-117.
Kamata N. & Y. Igarashi. 1996. Seasonal and annual change of a folivorous insect guild in the Siebold's beech forests associated with outbreaks of the beech caterpillar, *Quadricalcarifera punctatella* (Motschulsky) (Lep., Notodontidae). *Journal of Applied Entomology* **120**: 213-220.
鎌田直人・長坂有・今博計・小谷二郎・澤田晴雄・大久保達弘 2001. 雪がブナの種子食性昆虫群集の構造に及ぼす影響−積雪傾度仮説の検証− 日本応用動物昆虫学会大会講演要旨 **45**: 12.
亀山喜作 1974. ブナの種子消滅の実態とその原因について 秋田営林局研究発表会論文集 29-32.
Komai F. 1980. A new genus and species of Japanese Laspeyresiini infesting nuts of beech (Lepidoptera: Tortricidae). *Tinea* **11**: 1-7.
駒井古実 1991. ブナ堅果の害虫 和泉葛城山ブナ林保護増殖調査中間報告書 92-101.
前田禎三 1988. ブナの更新特性と天然更新技術に関する研究 宇都宮大学農学部学術報告 特輯 **46**: 1-79.
箕口秀夫 1995. 森の母はきまぐれ−ブナの masting はどこまで解明されたか− 個体群生態学会会報 **52**: 33-40.
中静透 1991. 森林動態の大面積長期継続研究について 日本生態学会誌 **41**: 45-53

小川靖・大久保達弘・末次大海・鎌田直人（2001）栃木県高原山におけるブナ・イヌブナ同時豊作年の種子食性昆虫害．日本林学会大会学術講演集 **112**: 630.
小川靖・三瓶広幸・大久保達弘・鎌田直人　2002　栃木県高原山ブナ・イヌブナ林における結実年・非結実年のブナ類種子食性昆虫害　日本林学会大会学術講演集 **113**: 592.
寺本憲之　1993．日本産鱗翅目害虫食樹目録（ブナ科）　滋賀県農業試験場研究報告別号 **1**: 185pp.
寺澤和彦・柳井清治・八坂通泰　1995．ブナの種子生産特性（Ⅰ）北海道南西部の天然林における 1990 年から 1993 年の堅果の落下量と品質　日本林学会誌 **77**: 137-144.
Ueda A. 2002. Interactions between seeds of family Fagaceae and their seed predators. *In*: Nakashizuka, T. & Y. Matsumoto (eds.), Diversity and interaction in a temperate forest community --Ogawa Forest Reserve of Japan--, (Ecological Studies vol.158), p. 285-298. Springer, Tokyo.
Yasaka, M., K. Terazawa, H. Koyama & H. Kon. 2003. Masting behavior of *Fagus crenata* in northern Japan: spatial synchrony and pre-dispersal seed predation. *Forest Ecology and Management* **184**: 277–284.

第4章　ブナの受粉の分子生態学
―― 自家不和合性と近交弱勢 ――

向井譲（岐阜大学応用生物科学部）

秋に落下したブナの種子を集めてみると，中身のない「しいな」が混ざっている。雌花が受粉し，さらに受精して胚が発達をする過程で，さまざまな遺伝的要因によって，しいなが生じるのだ。肉眼ではとらえられないそのしくみが，分子マーカー利用した研究によって明らかになりつつある。

はじめに

　ブナは，数年おきに大量の種子を生産する。ブナの種子は脂肪を多く含み，栄養価が高いため，野生動物にとってはたいへん重要な食料源である。また，ナラ類の種子とは異なりタンニンを含まないため人間の食用にもなってきた。蕎麦の実に形が似ていて食用になることから，ブナはソバグリとも呼ばれている。秋に散布されるブナの種子には，中身のつまった充実種子に混じって，昆虫などによる食害を受けた種子や，果皮だけで中身のない「しいな」が観察される。ブナは主として種子で繁殖しているため，充実種子の生産はブナの繁殖を考えるうえでたいへん重要な問題である。このため，充実種子の生産に影響を及ぼす「しいな」ができる要因については古くから研究が行われ，近くに着花木のない孤立木や優占度の低いブナ林ではしいなの割合が多いことが報告されている（橋詰・山本，1974）。ヨーロッパブナでは自家受粉を行った場合には他家受粉や自然受粉に比べてしいな率が高まることから，ブナは自家不和合であると考えられてきた（Nielsen & DeMuckadeli, 1954）。ブナはマスティングを示す代表的な樹種である。マスティングの適応的な意義は本書でも取り上げられているが，その1つである受粉効率仮説においては自家不和合性であることが前提条件となっている（第1章参照）。

　自家不和合性 self incompatibility とは，花が完全に開き，雄しべおよび雌しべ

が互いに同時に熟し，花の構造上からも機能上からも何ら自家受粉の妨げとなる原因がないにもかかわらず，同じ個体の花粉をその雌しべの柱頭に受粉させた場合，充実種子がほとんどできない現象である．雌しべの柱頭，花柱，子房，胚珠のいずれかで不和合花粉の花粉管の伸長や受精が抑制され，不適配偶子（花粉）を受精前に排除するシステムである．しかし，充実種子ができない（しいなになる）ことの遺伝的要因は自家不和合性だけとは限らないため，交配実験の結果だけでは受精後に起こる近交弱勢と区別することが不可能である．近交弱勢とは，母樹がヘテロ接合の形で保有していた劣性の有害突然変異が，自家受精によってホモ接合となることによって発現する現象であり，受精前に起こる自家不和合性とは明確に区別される．

本章では，ブナおよびその近縁種で報告されている受粉から種子の発達過程について概説し，この間に起こる自家不和合性と近交弱勢について解説する．

1. ブナの受粉と受精

ブナの雌花は子房が隔壁によって3室に分かれ，各室がそれぞれ2個の胚珠を持つので，合計6個の胚珠が存在する（口絵6）．成熟した種子に含まれる胚の数は通常1個である．

三上・北上（1983）によると，東北地方では開花前年の7月頃に花芽分化が起こり，翌春，平均気温が10℃前後になった5月中旬に開花する．6月中旬から7月上旬の雌花ではすでに胚乳の発達が見られたことから，受粉後5～6週間で受精すると推定されている．受粉時の胚珠では胚嚢はまだ形成されていないが，受精直前の6月中旬には胚嚢が形成され，花粉管も胚嚢付近まで伸長していることが観察されている．イヌブナを対象とした最近の研究でも，受粉後5週間で受精することが明らかにされており（Sogo & Tobe, 2006），三上・北上（1983）が観察したブナの結果と一致する．イヌブナでは，雌花は最初の花粉を受粉した後も1週間あまりにわたって花粉を受け取ることができ，後から到着した花粉も発芽し，花粉管を伸長させることができると述べられている（Sogo & Tobe, 2006）．このことから，受粉から受精に至る過程で配偶子（花粉）間の競争や雌花による配偶子の選択が行われる可能性が示唆されている．残念ながら，ブナやイヌブナについて，自家花粉が柱頭で発芽し，花粉管を伸長さ

せることを直接観察した結果はない。しかし，コナラ属コルクガシ *Querucus suber* では，自家花粉も発芽することが確認されている（Boavida *et al.*, 2001）。また，自家花粉の花粉管の伸長速度は他家花粉よりも遅くなるようで，受粉後15日目の花粉管の伸長量は他家花粉の半分以下である（Boavida *et al.*, 2001）。

イヌブナでは，ちょうど受精が起こる頃に，6個の胚珠のうち後に受精して成熟胚になる1個の胚珠だけが他の5個に比べて著しく成長することが観察されており，これも雌親が示す選択の1つであると思われる（Sogo & Tobe, 2006）。私の観察では，のちにしいなを生じる自家受粉や無受粉の雌花においても1個の胚珠を除いて他の5個が退化する様子が観察されるため，花粉との相互作用で起こる現象ではないように思われる。

2. ブナの自家不和合性

ヨーロッパブナでは，自家受粉を行った場合に他家受粉や自然受粉に比べてしいな率が高まることから，ブナは自家不和合であると考えられてきた（Nielsen & DeMuckadeli, 1954）。ブナでは，寺沢・柳井（1990）が自然受粉，自家受粉，他家受粉による種子の充実率を比較し，受粉形態による果実の生残率の差はみとめられないが，自家花粉による充実率は10％程度であり，他家受粉や自然受粉よりも低いと報告している。私たちの行った実験でも，種子の生残率は自家受粉96.0～100％，他家受粉91.2～100％であり，受粉後，もし虫害がなければ自家受粉でも他家受粉でも種子は外見上形成されるが，自家受粉での充実率は0～12.5％で，ほとんどの個体が5％以下の低い値を示し，残りの種子の大部分がしいなになってしまうことが確かめられた（表4.1）。

私たちの研究室の譲原淳吾さんは，ブナを対象として，自家花粉で受粉させた2日後に他家花粉を受粉させる実験を行った。その結果，種子の充実率は64.0％であり，AFLPマーカーを利用して種子の遺伝子型を調べたところ充実種子のすべてが他家受精であった（譲原ら，未発表）。同時に実施した自家受粉および他家受粉による充実率は，それぞれ0％と66.4％であった。この結果を単純に考察すると，他家花粉が2日前に受け入れた自家花粉を追い越して受精したと解釈できる。前に述べたイヌブナでの観察から，ブナにおいても6個の胚珠のうち1個だけが受精すると予想されるため，もし自家花粉も他家花

表4.1 ブナの人工交雑実験の結果 (譲原ら，未発表)

2003年に母樹5本について行った交雑実験（5母樹単年）と，同一母樹について3か年（1998年，2000年および2003年；同一母樹3か年）行った交雑実験の結果を示す。種子の生残率は，（採集した種子数）／（交雑処理をした果実数×2）を示す（1果実当たり2個の種子が存在するため：「種子・果実の器官名について」p.11 参照）。充実種子，しいなおよびその他は種子総数に対する割合を示し，その他には胚の未熟や虫害，鳥害が含まれる。他家受粉については各母樹当たり5～9個体の花粉親を用いて人工交雑を行った。5母樹あるいは3か年の総平均値を示したものであり，カッコ内の範囲は各母樹当たりあるいは年度当たりの平均値の範囲を示している。

交配様式	種子の生残率 (%)	充実種子 (%)	しいな (%)	その他 (%)	合計 (%)
他家受粉					
（5母樹単年）	97.7 (95.4-100)	75.9 (67.1-88.6)	21.9 (14.9-28.2)	2.2 (0.5-4.7)	100
（同一母樹3年）	93.9 (91.2-100)	62.0 (58.5-67.1)	34.1 (28.2-39.0)	3.9 (3.3-4.7)	100
自家受粉					
（5母樹単年）	98.0 (96.0-100)	6.1 (0-12.5)	93.8 (87.5-98.4)	0.2 (0-1.6)	100
（同一母樹3年）	99.8 (98.4-100)	1.2 (0-1.6)	79.5 (71.2-100)	19.3 (0-27.2)	100

もともに受精し，受精後に接合体致死によって胚が崩壊したとすると，自家受粉後に行った他家受粉による種子の充実率はもっと低い値になると推定される。したがって，この実験の結果は，受精前の配偶子選択すなわち自家不和合があったことを反映していると思われる。

同じく私たちの研究室の鶴田燃海さんは，解剖学的解析と分子マーカーとを併用したアプローチによってコナラの果実の落果過程とその原因を調べ，自然選択上の意義を調べている。この研究では，等量ずつ混合した4種類の花粉（自家花粉および3個体の他家花粉）を用いて受粉させ，受精後中絶が起こる前の段階で胚珠を取り出し，DNAマーカーを用いて遺伝子解析を行っている。単一の雌花から取り出した複数の胚珠において花粉親由来の対立遺伝子が検出されているため，前述のイヌブナとは異なりコナラでは複数の胚珠が受精したものと推定される（鶴田・向井，2006）。この時，花粉親由来と推定される対立遺伝子の頻度は，受粉時の混合比から推定される対立遺伝子の頻度から大きくずれていた。このことから，コナラでも受精前に配偶子の選択があると推察され

表 4.2 マイクロサテライトマーカーにより同定したブナの自然受粉種子の自殖率
種子は各母樹の樹冠から直接採取し，発芽させた後，実生の葉からＤＮＡを抽出した。

	母樹 1	母樹 2	合計
他殖	77 (93.9 %)	76 (95.0 %)	153 (94.4 %)
自殖	5 (6.1 %)	4 (5.0 %)	9 (5.6 %)
合計	82 (100 %)	80 (100 %)	162 (100 %)

(Hanaoka *et al.* 2007 を改変)

る。

　自家不和合性には，花粉（配偶体）自身の遺伝子型によって自家不和合が決まる配偶体型自家不和合性と，花粉を生産する親植物（胞子体）の遺伝子型によって不和合性が決まる胞子体型自家不和合性との 2 種類が知られている。Pandey（1960）は，花粉核の状態と自家不和合性のタイプとの関連性から，2 核性花粉（花粉管核と 1 精核）を持つ植物種はすべて配偶体型自家不和合性を示し，3 核性花粉（花粉管核と 2 精核）を持つ植物種には配偶体型自家不和合性と胞子体型自家不和合性との両方を有する植物種が含まれることを示している。この分類によれば，2 核性花粉を有するブナ科は配偶体型自家不和合性を持つグループに分類される。配偶体型自家不和合性を有するグループのうち，樹木ではリンゴ属，ナシ属，サクラ亜属などバラ科については自家不和合性の分子機構がかなり解明され，原因遺伝子が単離されている（Kao & McCubbin, 1996）。ブナやイヌブナにおける花粉管の伸長状況，胚嚢の形成時期，コルクガシにおける受粉形態の違いによる花粉管の伸長状況などを総合的に考察すると，柱頭や花柱の段階で自家花粉が排除されるバラ科とは異なり，ブナ科では子房あるいは胚珠の段階で自家花粉が排除されるものと想像される。

　これまでに報告されているブナやヨーロッパブナでの人工交雑の結果を併せて考えると，ブナの自家不和合性のシステムは完璧ではなく，個体によって異なり，わずか（数 %）ではあるが自殖が起こるようである。私たちの研究室の花岡創さんは，富士山のブナ天然林で 2 本の母樹から採集した 162 個の種子の遺伝子分析を行い，周囲に生育する花粉親候補木の遺伝子型と比較して，種子の花粉親を推定した。その結果，自家受粉で生じたと推定された種子の割合は平均 5.6 % であった（表 4.2；Hanaoka *et al.*, 2007）。ブナは雌しべが雄しべより先に熟す（雌性先熟）と言われているが，寺澤（1997）は，ブナの開花フェ

ノロジーを詳細に解析し（第5章参照），自家受粉が可能であると報告している。また，私たちの観察でも雌花の先端が反り返って花粉を受け取ることができる時期には雄花の一部では葯が裂開し花粉を飛散させていた。このため，自然受粉の下では雌花の柱頭には他家花粉だけでなく自家花粉も数多く付着していると考えられる。このことから，Hanaoka *et al.* (2007) の結果は，自家不和合性のシステムが不完全であるため，他家花粉に混じって受粉した自家花粉が受精したことを反映していると考えられる。ただ，このような自殖でできた種子が発芽してその後も生存していけるかどうかは別問題である。名古屋大学大学院の博士課程に在籍していた山下飛鳥さんは，鳥取県・大山のブナ林において，林床のササの優占度が異なる2つのプロット（それぞれ0.25 ha）に生育している合計745本のブナ稚樹（樹高30 cm以上，胸高直径4 cm未満）のうち，702本の稚樹の両親をマイクロサテライトマーカーを用いて推定した。その結果，ササの優占度の高い場所では，自家受精によって生産された稚樹は見つかっていない (Asuka *et al.*, 2005)。このことは自家受精によって充実種子が生産されたとしても，自殖で生じた個体の適応度は低く，稚樹の段階でほとんど消滅してしまうことを反映している。

3. 分子マーカーを用いた近交弱勢の解析

Wang (2003) は，アイソザイムマーカーを用いてヨーロッパブナの交雑様式（自殖か他殖かの判定）としいな率との関連性を解析し，他殖率としいな率との間に高い負の相関がみとめられたため，自家受精がしいなになる重要な要因の1つであると考察している。また，自家不和合性以外に近交弱勢がしいなになる遺伝的要因であると述べている (Wang, 2003)。また，自家受精した場合だけでなく他家受精した場合にも近交弱勢が起こることがある（2親性の近親交配）。ブナは，種子の有効飛散距離が短いため家系構造（血縁関係を有する個体が空間的に近接して分布すること）をつくりやすいと言われている (Takahashi *et al.*, 2000)。共通の遺伝子座で有害突然変異を有する血縁個体が花粉の有効飛散距離の範囲内に存在すれば，たとえ他家受粉であってもしいなが生じる可能性がある。さきほども登場した譲原さんは，富士山のブナ天然林で近接個体間の人工交雑を行い，種子の充実率が花粉親によって異なること，花

粉親と母樹とのゲノムの相同性が高いほど種子の充実率が低下することを報告している（譲原ら, 2005）。先に述べた自家受粉2日後の他家受粉処理とは結果が異なり，種子の充実率は血縁関係がないと予想される集団外の個体との交雑による充実率と自家受粉による充実率との中間的な値を示したため，充実率の低下は，受精後の胚の崩壊によるものと想像される。さらに彼は，DNAマーカーを用いてブナのゲノムの大部分（72～81%）をカバーすると考えられる連鎖地図（母樹側 1096 cM，花粉親側 1037 cM）を作製し，連鎖地図上にマッピングされた遺伝子座から連鎖地図の全域をカバーするように選んだ83座において人工交雑によって生じた種子の遺伝子分析を行った。そして，観察された対立遺伝子の分離比とメンデルの法則から予想される期待値とのずれを調べることによって近交弱勢に関与する遺伝子座の数を推定した。その結果，近交弱勢に関与すると推定される分離比の偏りが14座で検出された（譲原ら，未発表）。このことから，前述した自家不和合性に加えてブナには近交弱勢も存在すると考えられる。

　一般に，近交弱勢に関連する有害突然変異は自殖個体の死亡によって集団から効率的に淘汰されると考えられる。有害突然変異に関連すると考えられる遺伝子座がブナのゲノム中に多く存在していたことは，自家不和合性のもとでは自殖が起こらないため有害突然変異が淘汰されずに残ってきたためであると考えられる。

4. 自家不和合性の自然選択上の意義と残された問題点

　Nilsson & Wästljung (1987) は，ヨーロッパブナにおいて，集団内における同調的な開花が他家受粉率を増大させることにより種子の充実率が高まり，虫害率が低下することを考察している。ヨーロッパブナが強い自家不和合性を示すことがこの仮説の前提条件となっている。Isagi (1997) は，マスティングの至近要因と考えられている物質収支を組み込んだモデルを考案し，マスティングが生じるメカニズムを解析している。このモデルでは，物質収支だけでも個体ごとの種子生産の年次変動が再現されている。一方，個体間の同調と年次間の変動については，花粉の量だけが影響を及ぼすことを仮定した場合には再現できない。しかし，花粉の量に加えて花粉の質（＝他家受粉）を組み入れると

実際に観察されるような個体間の同調と年次間の変動が再現された。以上の解析から，自家不和合性（および近交弱勢）は，マスティングのメカニズムに関連するたいへん重要な現象であると考えられる。

関東以西の太平洋側や北陸地方の平野部に存在するブナ林では，最終氷期以降の気候変動に加えてヒューマン・インパクトによると考えられる個体数の減少や個体群の孤立・分断化が生じている。集団における繁殖個体数の減少や集団の孤立・分断化によって，他家受粉の機会が減少し，逆に，自家受粉や近親個体間の受粉の機会が増加するため，しいな率が高くなることが予想される。実際，孤立木やブナの優占度の低い林分では，充実種子の生産が低いと言われている（橋詰・山本，1974）。しいな率が高い状態は，それ自体が集団の繁殖適応度の低下を反映するものである。さらに，豊作年における充実種子生産量の減少によって，マスティングによる散布後の種子の捕食回避効果も減少することが予想され，ブナ林の更新を妨げるたいへん重要な現象であると考えられる。このため，高いしいな率の原因となる集団の縮小や孤立・分断化を解消する必要があると思われる。

引用文献

Asuka, Y., N. Tomaru, Y. Munehara, N. Tani, Y. Tsumura & S. Yamamoto. 2005. Half-sib family structure of *Fagus crenata* saplings in an old-growth beech-dwarf bamboo forest. *Molecular Ecology* **14**: 2565-2575.

Boavida, L. C., J. P. Silva & J. A. Feijo. 2001. Sexual reproduction in the cork oak (*Quercus suber* L). II. Crossing intra- and interspecific barriers. *Sexual Plant Reproduction* **14**: 143-152.

橋詰隼人・山本進一　1974．中国地方におけるブナの結実（II）種子の稔性と形質について　日本林学会誌 **56**: 393-398.

Hanaoka, S., J. Yuzurihara, Y. Asuka, N. Tomaru, Y. Tsumura, Y. Kakubari & Y. Mukai. 2007. Pollen-mediated gene flow in a small, fragmented natural population of *Fagus crenata*. *Canadian Journal of Botany* **85**: 404-413.

Isagi, Y., K. Sugimura, A. Sumida & H. Ito. 1997. How does masting happen and synchronize? *Journal of Theoretical Biology* **187**: 231-239.

Kao, T. H. & A. G. McCubbin. 1996. How flowering plants discriminate between self and non-self pollen to prevent inbreeding. *Proceedings of the National Academy of Sciences of the United States of America* **93**: 12059-12065.

三上進・北上彌逸　1983. ブナの花芽及び胚の発育過程とその時期　林木育種場研究報告 **1**: 1-14.

Nielsen, P. C. & M. S. DeMuckadeli. 1954. Flower observations and controlled pollinations in *Fagus. Silvae Genetica* **3**: 6-17

Nilsson, S. G. & U. Wästljung. 1987. Seed predation and cross-pollination in mast-seeding beech (*Fagus sylvatica*) patches. *Ecology* **68**: 260-265.

Pandey, K. K. 1960. Evolution of gametophytic and sporophytic systems of self-incompatibility in angiosperms. *Evolution* **14**: 98-115.

Sogo, A. & H. Tobe. 2006. Delayed fertilization and pollen-tube growth in pistils of *Fagus japonica* (Fagaceae). *American Journal of Botany* **93**: 1748-1756.

Takahashi, M., M. Mukouda & K. Koono. 2000. Differences in genetic structure between two Japanese beech (*Fagus crenata* Blume) stands. *Heredity* **84**: 103-115.

寺沢和彦・柳井清治　1992. ブナの結実に及ぼす自家受粉の影響　第 103 回日本林学会大会発表論文集 333-334.

寺澤和彦　1997. ブナの種子生産特性とその天然林施業への応用に関する研究　北海道立林業試験場研究報告 **34**: 1-58.

鶴田燃海・向井譲　2006. SSR マーカーを用いた受精した胚珠の解析によるコナラの配偶子間競争の同定　第 117 回日本森林学会大会学術講演集 .

Wang, K. S. 2003. Relationship between empty seed and genetic factors in European beech (*Fagus sylvatica* L.). *Silva Fennica* **37**: 419-428.

譲原淳吾・花岡創・津村義彦・向井譲　2005. 隔離分布するブナ林の繁殖能力の評価　第 52 回日本生態学会大会講演要旨集 191.

第2部

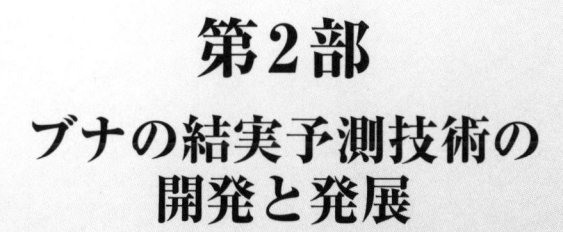

ブナの結実予測技術の開発と発展

第5章　ブナの豊凶にかかわる要因の探索
―マスティング研究と結実予測につながる研究プロローグ―

寺澤和彦（北海道立林業試験場）

　ブナ林の再生を行おうとするとき，ブナの結実に豊凶の大きな波があることが足かせとなる。ブナの豊凶は比較的古くから知られていたが，それにかかわる要因については，1990年代になるまで明らかではなかった。花が咲き，受粉し，果実が成熟するまでのプロセスを観察することから始めた豊凶要因の探索の研究をふりかえる。

1. ブナの開花フェノロジー

　北海道の南西端，渡島半島の早春は，ブナの冬芽の開舒（かいじょ）から始まる。山肌のそこここにまだ雪の残る4月の末から5月の初め，ブナは他の広葉樹にさきがけて開舒し，茶褐色の斜面に淡い緑のモザイクを描き出す。花芽を内包するブナの冬芽は葉だけの冬芽に比べて大きく，しかも開舒が早い。押し出ようとする雄花序によって大きく開かれた芽鱗の色を映し，たくさんの花芽を持ったブナの樹冠は，淡い緑に先立ってほのかな褐色に見えることがある。
　風媒花ブナの雄花は十数個が集まって直径1cmほどの大きさの花序を形成する（図5.1）。花粉が風に乗って飛散する頃には黄色く成熟した花序がぼんぼり状にぶら下がっているのが観察される。一方，雌花は通常2つが集まって総苞に包まれ，直径5〜7mm程度の淡い緑色の花序を形成する（図5.1）。開花が進むにつれて総苞の先端から花柱が露出し，満開時には花柱の先端が3つに割れて反り返る。雄花序は，3〜4日間にわたって花粉を飛散するが，その役目を終えるとまもなくしおれ，さらに数日経つと落下する。一方，雌花序は，約1週間の満開期間を過ぎると花柱は黒くしおれてしまうが，雌花序そのものは通常2個の種子を持つ果実へと発達を始める。
　いま簡単に述べたような「季節の進展に伴って生物が示す生活史上の変化」

84　第5章　ブナの豊凶にかかわる要因の探索

図 5.1　ブナの雌花序（♀）と雄花序（♂）

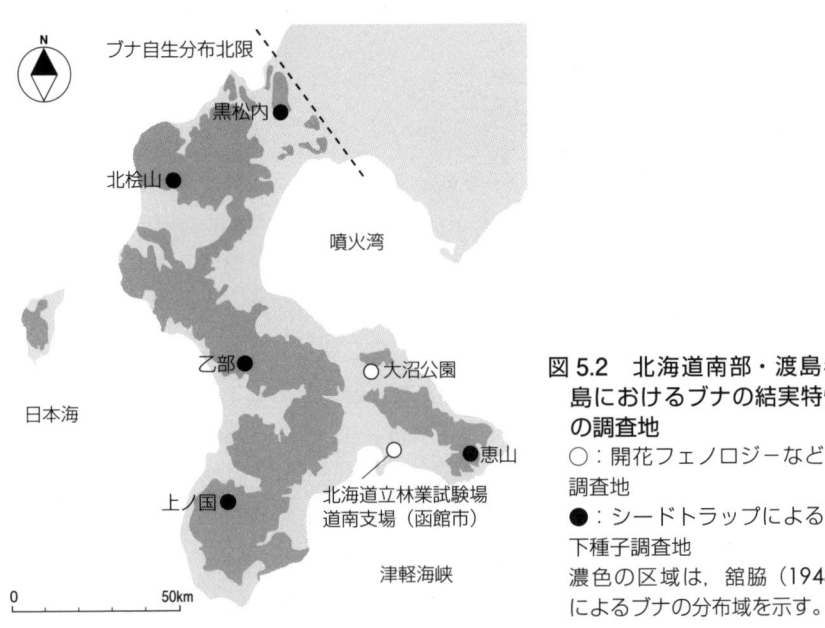

図 5.2　北海道南部・渡島半島におけるブナの結実特性の調査地
○：開花フェノロジーなどの調査地
●：シードトラップによる落下種子調査地
濃色の区域は，舘脇（1948）によるブナの分布域を示す。

のことを「フェノロジー phenology」という。この章では，受粉のしかたや種子食性昆虫による食害などブナの結実にかかわる要因について述べることになる。これには，開花から結実に至るフェノロジーが深くかかわっている。そこで，その序章として，ブナの開花フェノロジーから話を始めることにしたい。

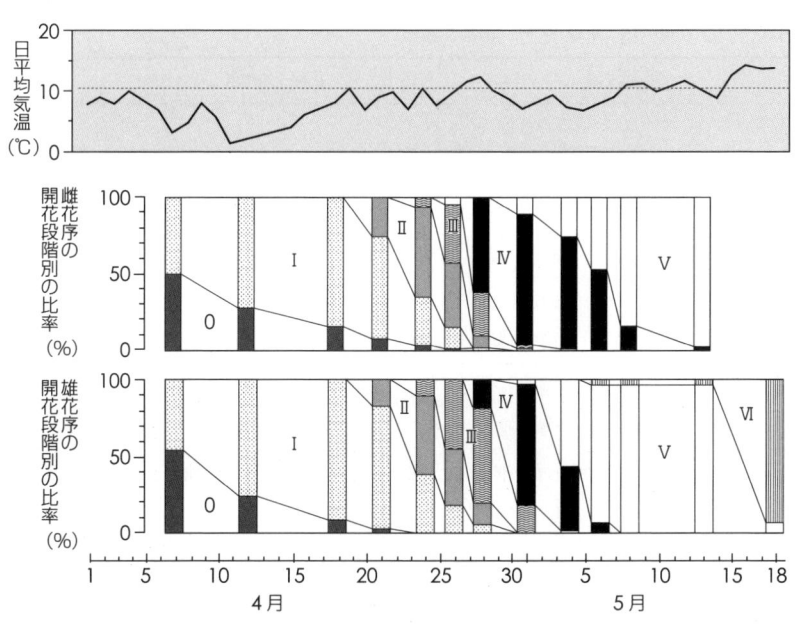

図 5.3 ブナの開花段階の推移（寺澤，1997）
北海道立林業試験場道南支場（函館市）に植栽されている個体で1992年に調査した。2〜6日の間隔で雌花序と雄花序の開花段階（表5.1；口絵2）を冬芽単位で記録した。ここでは，調査冬芽総数に占める開花段階別の比率を調査日ごとに示した。

1.1. 開花の推移調査

　北海道南部の渡島半島（図5.2）で調べたブナの開花フェノロジーの一例を図5.3に示す。私達がブナの結実に関するさまざまな調査を行っていた北海道立林業試験場の道南支場（北海道函館市に所在）に植栽されているブナ個体で1992年に調べたものである（寺澤，1997）。当時の樹齢は約35年と比較的若い。孤立木のため胸高直径は41 cmとかなり太いが，樹高は12 m程度なので，建築工事用の足場を組んで樹冠の中程の高さで花を直接調査することができる（口絵3）。冬芽が開舒する4月上旬から約40日間にわたって2〜6日の間隔で，雌花序と雄花序のそれぞれの開花段階を冬芽ごとに記録した。ブナの冬芽には，葉だけを含む「葉芽」と，葉と花を含む「混芽」とがある。さらに混芽には，雌花序と雄花序の両方を持つものと，雌雄のどちらか片方だけを持つものがある。今回観察した冬芽総数543個のうち，葉芽は183個，混芽は360個で，

表 5.1 ブナの開花段階の区分 (口絵2参照)

	開花段階	花序の状態
雌花序 ♀	0	未開花。
	I	芽鱗が開き始める。
	II	雌花序が外部から確認できる。
	III	総苞が開き，柱頭が外部に現れる。
	IV	柱頭が外反する。
	V	柱頭が黒褐色を呈し，しおれて不規則に曲がる。
雄花序 ♂	0	未開花。
	I	芽鱗が開き始め，雄花の花被が見える。
	II	花梗が伸長し，個々の雄花序が外部から独立して確認できる。
	III	雄花序が下垂し，葯が見える。
	IV	葯が開き，花粉が飛散する。
	V	雄花序がしおれる。
	VI	雄花序が落下する。

この開花段階区分は橋詰(1975)による5段階区分を基本とし、開花段階0(♀♂)と開花段階VI(♂)を付け加えた。

混芽の内訳は，雌雄両方が183個，雌花序のみが52個，雄花序のみが125個であった。開花段階の区分は，雌雄ともに橋詰 (1975) による5段階区分を基本とし，それに未開花の段階および雄花序の落下した段階を付け加えた（表5.1；口絵2）。

さて，雌花序の開花推移から見てみよう（図5.3）。調査を開始した4月7日にはすでに芽の開舒が始まっており，全体の50％が開花段階Iになっていた。その後，低温傾向の続いた4月中旬には開花の進行が遅かったが，4月21日には開花段階IIに進む花序があらわれた。さらに，短期間の開花段階IIIを経て，4月26日には開花段階IV，つまりの受粉できる状態になった花序があらわれた。5月1日には開花段階IVの雌花序が86％を占め，いわば満開の状態となった。その後，開花段階Vに順次移行し，5月13日には99％が開花段階Vとなり，開花の時期が終了した。

雄花序についても，雌花序と同様の推移が見られた（図5.3）。調査を開始した4月7日に47％が開花段階Iになっていた。その後4月下旬に開花段階II，

表 5.2　ブナの雌花序と雄花序の開花段階ごとの平均日数 (寺澤 1997)

花序	調査木	開花段階ごとの日数（日）*			調査芽数
		II	III	IV	
雌花序	道南支場	3.3 ± 2.0	1.9 ± 1.1	7.6 ± 2.8	235
	大沼公園 B	3.6 ± 2.6	3.3 ± 1.7	6.6 ± 3.2	143
	大沼公園 C	5.0 ± 2.8	4.1 ± 1.8	6.6 ± 2.5	186
雄花序	道南支場	3.0 ± 1.9	3.3 ± 1.7	4.1 ± 1.7	308
	大沼公園 B	4.3 ± 2.7	5.2 ± 2.1	2.6 ± 1.4	312
	大沼公園 C	6.2 ± 3.2	3.8 ± 2.0	3.6 ± 1.4	347

＊　芽単位で記録した日数の平均値 ± 標準偏差を示す

IIIへと進み，4月28日には花粉を飛散する開花段階IVの花序があらわれ，5月1日には82％が開花段階IVの状態にあった。5月6日には95％が花粉飛散を終了し，5月18日までには雄花序はほぼ完全に落下した。

1.2. 開花段階ごとの日数

このような開花段階区分や調査間隔でブナの開花フェノロジーを表現できることがわかったので，翌年の1993年にも同じ方法で調査を行った。ただし，1992年に調査した道南支場の個体は2年連続では開花しなかったので，車で約30分の距離にある七飯町の大沼公園のブナ2個体を調査対象とした。2個体とも胸高直径は約40 cm，樹高は14 mであり，支場構内の個体とほぼ同じ大きさである。

　大沼公園での調査でも，前年の道南支場での調査結果と同様のブナの開花推移が観察できた。ここでは，雌花序と雄花序について，開花段階IIからIVまでのそれぞれの段階にあった平均日数を示す（表5.2）。調査木によってやや違いが見られるが，雌花序の開花段階II，III，IVの平均日数は，それぞれ3.3～5.0日，1.9～4.1日および6.6～7.6日であった。また，雄花序の開花段階II，III，IVの平均日数は，それぞれ3.0～6.2日，3.3～5.2日，および2.6～4.1日であった。

　では，個体全体で見ると開花の期間はどの程度だろうか。ここでは，花序の

総数の 5 ％以上が開花段階Ⅳにある期間を求めてみた。開花段階Ⅳは，雌花序では受粉できる状態，雄花序では花粉飛散期である。3 個体で求めた日数は，雌花序では 13 〜 16 日，雄花序では 9 〜 10 日の範囲にあった。ブナの個体は，おおむね約半月の間受粉することができ，一方で約 10 日間にわたって花粉を散布するようだ。

1.3. 気温と開花フェノロジー

　温帯に生育する木本植物の開花のフェノロジーには，気温，特にある閾値以上の気温の積算値が関係していることが知られている（Rathcke & Lacey, 1985）。日本の樹木でも，倉橋ら（1966）が，20 種以上の樹木について花粉飛散期と気温との関係を検討し，どの樹種もそれぞれある一定の積算温度に達しなければ花粉が飛散しないことを報告している。そこで，調査した 3 本のブナの開花フェノロジーを積算気温（3 月 1 日以降の 0 ℃以上の日平均気温の積算値）との関係であらわしてみた。ここでは，道南支場の調査木での結果のみを図 5.4 に示すが，積算気温の増加に伴う開花の進行は，大沼公園の 2 個体でもほぼ同じ経過を示した（寺澤，1997）。たとえば，冬芽の約半数が開舒する（開花段階Ⅰ）のは 120 〜 150 ℃，花粉受容期の雌花序（開花段階Ⅳ）が出現するのは 220 〜 240 ℃であった。さらに，約 290 ℃で雌花序の約 90 ％が開花段階Ⅳとなり，満開期を迎えた。一方，雄花序の開花も雌花序とほぼ同時並行的に進み，雌花序が満開状態であった約 290 ℃の時点で雄花序の 80 ％が花粉飛散期（開花段階Ⅳ）となっていた。その後 340 〜 400 ℃で雌雄ともほとんどが開花段階Ⅴとなり，開花期が終了した。

　日平均気温の平年値（1971 〜 2000 年の 30 年間統計）を用いて計算すると，函館市において 3 月以降の 0 ℃以上の積算気温が 290 ℃になるのは 5 月 5 日である。したがって，上で述べた積算気温と開花の進行との関係から，函館付近の平地でブナの花が満開になる日付の平年値は 5 月 5 日ということになる。函館でのソメイヨシノの開花日と満開日の平年値がそれぞれ 5 月 3 日と 7 日とされているので（国立天文台，2006），市内の桜の名所として知られる五稜郭公園や函館公園に人々が集う頃には，郊外の山中ではブナの花がちょうど満開を迎えていることだろう。

　このような開花フェノロジーを明らかにすることは，ブナの種子生産に関す

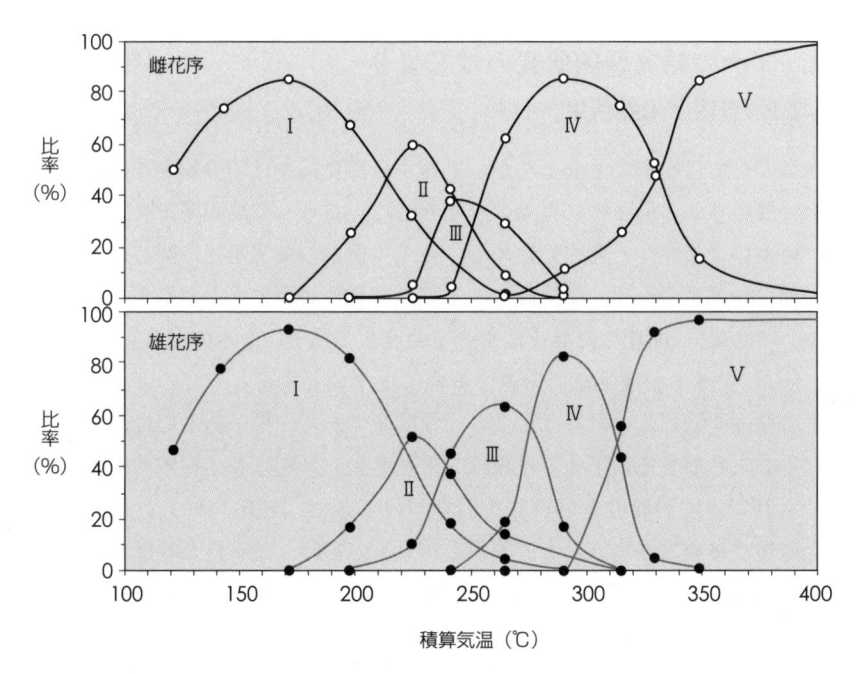

図 5.4　積算気温とブナの開花段階の推移
　北海道立林業試験場道南支場（函館市）に植栽されている個体で 1992 年に調査した。2〜6 日の間隔で雌花序（○──○）と雄花序（●──●）の開花段階（表 5.1；口絵 2）を冬芽単位で記録し，調査冬芽総数に占める開花段階ごとの比率を積算気温（3 月 1 日以降の 0 ℃以上の日平均気温の積算値）との関係で示した。

るふるまいについての理解を深めるだけでなく，ブナの花や未熟な種子を摂食する種子食性昆虫の生活史（第 3 章）との関連を考察したり，遺伝育種学的な研究のための花粉採取，袋掛け，交配などの作業や処理の適期を判断する場合に重要な情報を提供することになる。さらに，今後の地球温暖化にともなう気温の変化がブナの繁殖に及ぼす影響を検討する場合にも参考になるだろう。たとえば，3 月以降の平均気温が仮に 1 ℃上昇したと仮定すると，函館市で 0 ℃以上の日平均気温の積算値が 290 ℃を超えるのは 4 月 30 日頃になるので，もしブナの側の温度に対する反応に変化がないとすると，ブナの満開日は今より 5 日程度早まることになるかもしれない。

2. ブナの結実豊凶研究のはじまり
2.1. 豊凶と未熟落果

　序章としてはやや長くなったが，早春から初夏にかけての短い季節にブナの樹上で展開される開花のプロセスを紹介した。こうして開花期を終えた雌花序は，いよいよ果実へと発達し始める。さて，樹木の結実過程に関心を向けた場合，種子や果実の形態的な発達に加えて，結実の成否にかかわる大きな問題がある。それは，「開花した雌花はすべて発達して種子になるのだろうか」，そして，「もしすべてが種子まで発達するのではないとすると，どのような要因が種子の発達を妨げるのだろうか」という問題である。種子あるいは果実が発達の途中で未熟なまま落下する現象は「未熟落果」と呼ばれ，樹木の結実特性の中でも特に多くの研究者の興味を引きつけてきた（菊沢，1995）。私の勤務する北海道立林業試験場（北海道美唄市）でも，当時，造林科と呼ばれる研究室に在籍していた菊沢喜八郎さん（現・石川県立大学），浅井達弘さん，水井憲雄さん，清和研二さん（現・東北大学）達が，落葉広葉樹林の天然更新に関する研究の中でさまざまな樹種の結実特性を丹念に調べ，未熟落果の有無や程度，さらにその原因の探索を行っていた。その結果，エゾヤマザクラ，ホオノキ，ミズナラ，キハダ，キタコブシなど多くの樹種で未熟落果が起こり，花の数に対する果実の数の比率（結果率）は，低いものでは数％以下ということであった（水井，1989; Kikuzawa & Mizui, 1990; 菊沢，1991; Mizui & Kikuzawa, 1991; 水井，1993）。さらに，天然木の枝先で人工受粉処理などを行って，一部の樹種では受粉や受精の失敗が未熟落果の原因であることをつきとめていた（Mizui & Kikuzawa,1991; 水井，1993）。

2.2. ブナの天然更新技術と結実豊凶

　毎週月曜日の朝，勤務時間前に研究室の実験台を囲んで開かれる朝ゼミと呼ばれる勉強会を通じて，広葉樹の結実特性に関する菊沢さんや水井さん達の仕事について見知っていた私は，同試験場の道南支場に異動してブナの天然更新技術に関する研究課題を新たに担当することになった時，当然のように，この先輩達が他の広葉樹で取り組んでいた未熟落果の問題をブナについても調べてみようと思った。1990年4月のことである。道南支場は，広い北海道の各地

域(道南,道東,道北)に特有の課題を解決するために道立林業試験場が設置している3支場の1つで,渡島半島の先端,函館市郊外にある(図5.2)。ブナやヒバといった北海道では南西部にしか分布しない樹種や,この地方に多くの人工林があるスギを対象として,常駐の3人の研究者が調査や研究を行っている。支場は,50人近くのスタッフがそろう試験場の本場(ほんじょう)に比べると,研究備品や図書などが少ない,研究仲間とのディスカッションの機会が少ない,など不利な点もあるが,反面,小人数なので即応的で機動力がある,地域課題を共有する森林管理の現場技術者や行政担当者と日常的に接する機会が多い,など多くの利点もある。私が引き継ぐことになったブナの天然更新に関する研究課題も,前任の菊地健さんが,地元の道有林を管理する林務署(現・森づくりセンター)の担当者とともに,ブナの天然更新方法について試行錯誤する中から立ち上げられた課題であった。

さて,1990年頃というのは,ギャップダイナミックスを中心にブナ林の更新機構に関する生態学的知見が明らかになるとともに(山本,1981; Nakashizuka, 1987; Yamamoto, 1989),ブナ林の具体的な天然更新方法が提案され(前田・宮川,1971; 前田,1988),その更新初期段階での評価(金・柳谷,1981; 1982; 鈴木,1986a; 1986b; 柳谷・金,1980; 1984)がなされつつある時期であった(詳しくは第13章参照)。この天然更新方法は「母樹保残法」と呼ばれ,種子を散布させるための母樹を伐採跡地に残すとともに,稚樹の生育の妨げとなるササなどの林床植生を取り除く方法で,中部地方以北のブナ林で事業的に取り入れられていた。北海道でも,ブルドーザーなどの大型機械によってササなどを剥ぎ取る「地掻き」や「かき起こし」と呼ばれる地表処理を組み合わせた天然更新作業が,1970年代から国有林や道有林で行われ始めていた(例えば,大坂・星,1986; 加藤ら,1990)。しかし,この方法で次世代のブナ林を確実に更新させることができるかどうかという点に関しては,森林管理の現場でも,また研究サイドでも,評価はまだ定まっているとはいえなかった。

「母樹保残法」が確実なブナの天然更新技術として必ずしも評価されていなかった大きな要因の1つが,ブナの結実特性である。つまり,ブナは結実量が年によって大きく変動し,多量の種子が結実する年,いわゆる豊作年は5〜7年に1回程度しか来ない(前田,1988)。しかも結実量の変動は個体間で同調するので,種子のならない年には林の中のほとんどのブナがそろって結実しな

い. 豊作年をあらかじめ予測することができないため, 林床植生を取り除くための地表処理を母樹の豊作に合わせて行うことが現実的にたいへん難しいのである. 森林管理の現場ではその年の結実量に関係なく地表処理を行わざるを得ず, 種子のならない凶作年に処理された場所ではブナが更新する前に他の林床植生が回復して更新が失敗に終わるケースも各地で報告されていた (鈴木, 1986a; 前田, 1988). この更新方法を改善するにしても, あるいは別の方法を考案するにしても, ブナの天然更新技術を確実なものにするためには, その結実特性をさらに突っ込んで調べて, 結実に豊凶が生じるメカニズムを明らかにすることが不可欠と思われた.

　こうして私は, 同僚の柳井清治さん (現・北海道工業大学) とともに, 「ブナの結実に豊凶を生じさせる要因は何か」の1点に目標を定めて次の2種類の調査に取りかかった. 1つは, 花が果実へ発達する過程を枝先でじかに観察する調査である. 果たして未熟落果が起こるのか, もし起こるとすればどの時期に起こるのか, そして咲いた花のどのくらいの割合が成熟種子まで発達するのかを, 樹上で直接観察するのである. 一部の雌花には人工受粉処理を行って, 受粉の仕方の違いが未熟落果や種子の発達に及ぼす影響を検討できるようにした.

　もう1つの調査は, 樹上から落下してくる果実・種子を採取して中身を調べる調査である. 花が咲いた直後からブナの天然林内にシードトラップと呼ばれる漏斗状のネットを設置しておき, トラップ内に落ちた果実・種子を定期的に回収して, どの時期にどんな種子がどのくらい落ちてくるのかを調べるのである (口絵4). 日本のブナ林の天然更新に関する長い研究史の中で, 結実の豊凶に関する調査が多くの研究者によって行われ (渡邊, 1938; 樫村, 1952; 菊池, 1968; 前田, 1988), シードトラップを用いた落下種子の調査もいくつか報告があった (橋詰ら, 1984; 箕口・丸山, 1984). しかし, すでに第1章や第3章で述べられているように, これまでの落下種子調査は, そのほとんどが種子の成熟する秋の調査であった. 結実の豊凶にかかわる要因を明らかにするという私達の研究目的のためには, 秋の調査だけでは不十分で, 春の開花直後からの落下種子を, 未熟落果も含めて調べる必要があった.

2.3. 枝先での結実過程の観察

　枝先での果実の発達過程の観察は, 渡島半島の東部に位置する恵山町 (2004

年12月より函館市に編入）の天然林のブナ2個体と，道南支場の構内に植栽されているブナ1個体を対象として行うことにした。幸運にも，調査を始めた1990年は北海道南部地方の多くのブナ林で開花が見られた。4月下旬にそれぞれの調査木について数本の枝を選んでマーキングをし，枝先50～100 cmの範囲の雌花序の数を記録した。同時に，別に数本の枝を選んで人工受粉処理（自家受粉，他家受粉）を行った。自家受粉というのは，雌花が同じ個体の雄花の花粉を受粉することである。数個の雌花序と雄花序を含む枝の先端部に交配袋という二重の紙袋をかけて行う。こうしておけば，他の個体から飛散してきた花粉は遮断され，袋の中で個体どうしの受粉が確実に行われる。袋かけの期間は，雌花序が前述の開花段階Ⅱ～Ⅲの状態にある時から開花段階Ⅴになるまでの約2週間である。袋は枝とのすき間から外部の花粉が侵入しないように脱脂綿を介して枝にしっかりと紐で縛り付けておく。一方，他家受粉とは，雌花が他の個体の花粉を受粉することを言う。こちらの処理方法はやや手が込んでいる。枝先の数個の花序を対象にするところは自家受粉処理と同じであるが，雄花序が開花段階Ⅰ～Ⅱの状態にある時，すなわち花粉を飛散する前に，すべての雄花序の柄の部分（花梗と呼ぶ）を先の尖ったピンセットでつまんで切り取るのである。除雄という処理である。その後は自家受粉処理と同じように交配袋をかけておく。そして，雌花序が開花段階Ⅳの状態になった時を見計らって，他の個体からあらかじめ採取しておいた花粉を袋内の雌花序に受粉させる。受粉の方法は，花粉銃という注射針のついたスポイトのような器具で袋を外さずに花粉を注入する方法と，袋をいったん外して雌花の柱頭に花粉を綿棒で直接受粉させる方法とがある。今回は花粉銃による方法を用いたが，確実に受粉させるためには綿棒を使った方がよいようだ。いずれにしても最終的に袋を取り外すのは，開花段階Ⅴになってからである。天然林の2本は，調査可能な花序の数に限りがあったので，自家受粉処理だけを行った。一方，道南支場の1本は，建築工事用の足場を組んで樹冠の中程で十分な数の花序を調査ができたので，自家受粉と他家受粉の両処理を行った。この個体は，函館市の中でも住宅地区にあり天然林から相当離れているため，少なくとも周囲約3 km以内には着花するブナは他に存在しないようであった。

　マーキングした枝での果実の数の調査は，4月下旬から9月上旬までの間，約3週間おきに行った（図5.5）。人工受粉をしていない自然受粉の果実に注目

すると，天然林の調査木では，果実数は5月中旬から減少を始め，7月上旬まで調査するたびに少しずつ減っていった。その後も果実数は緩やかに減少し，9月上旬まで枝上で生き残ったのは2本の平均で雌花序総数の57％であった。道南支場の調査木でも，天然木に比べると果実の落下は比較的少ないものの，6月頃を中心として15％ほどの果実が落下した。ブナの種子が発芽能力を持つようになるのは8月下旬であるから（箕口・丸山，1984），5～7月の時期には種子はまだまだ未成熟だ。他の多くの広葉樹と同じように，ブナでも未熟落果が起こるようだった。

　未熟落果の原因は何だろう。キハダ（Mizui & Kikuzawa, 1991）やエゾヤマザクラ（水井，1993）と同じように，受粉あるいは受精の成否が関係するのだろうか。受粉や受精の失敗を未熟落果の至近要因とする報告は他にも多い（菊沢，1995）。ブナは自家不和合性で，自家受粉の場合の種子の充実率は約10％以下である（寺澤，1997）。もし受粉や受精の失敗による不稔種子が落下するのであれば，自家受粉をした果実は他家受粉したものに比べて未熟落果が多いことが予想される。しかし，人工受粉試験の結果は，その可能性を示唆するものではなかった（図5.5）。道南支場の調査木での結果では，自家受粉と他家受粉の間で，果実の生残過程に違いは見られなかった。また，この調査木の場合は，前述したように周囲3km以内には着花する他のブナが存在しないと見られるため，自然の受粉に任せた雌花もほとんどが自家受粉をすると考えられるが，これら自然受粉の果実の生残過程も他家受粉のものと違いがなかった。天然林の2本の調査木でも，自家受粉した果実の生残過程は，自然受粉の果実と統計的な差がなかった。むしろ自家受粉の方が自然受粉よりも未熟落果が少ない傾向が見えるくらいである。このように，果実の生残過程に受粉の処理間で違いが見られなかったことから，受粉や受精の失敗による不稔は，ブナの未熟落果の原因にはならないと考えられた。逆に言えば，受粉や受精に成功していても，成熟前に他の要因で落果してしまうのである。

2.4. 天然林での落下種子調査

　受粉や受精が関係ないとすると，ブナの未熟落果の原因はいったい何だろう。枝先での観察と同時に始めていた天然林内での落下種子の調査で，未熟落果にかかわる1つの大きな要因が浮かび上がってきた。

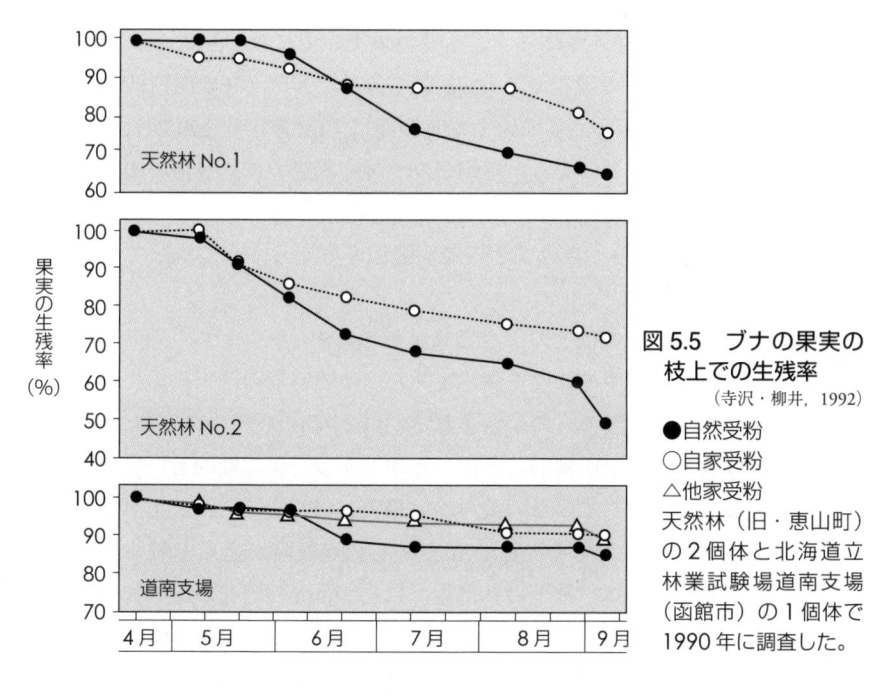

図 5.5 ブナの果実の枝上での生残率
(寺沢・柳井, 1992)
● 自然受粉
○ 自家受粉
△ 他家受粉
天然林（旧・恵山町）の 2 個体と北海道立林業試験場道南支場（函館市）の 1 個体で 1990 年に調査した。

　枝先での観察を行っていた恵山町の調査木のすぐそばにブナの保護林がある。この林は，林分材積の 90 % をブナが占めており，ほぼブナの純林と言ってもよいような天然林である。保護林を管轄する道有林の函館林務署（現・渡島東部森づくりセンター）の許可を取り，1990 年 5 月 24 日に保護林内にシードトラップを 8 個設置した。トラップは，一辺 1 m の正方形の木枠に細かいメッシュの布製の網を取り付けて，底を紐で縛って漏斗状にしたものである。開口部には，落下物の鳥による持ち去りを防ぐために金網が取り付けられている。地面に立てた長さ 1 m 程度の塩ビパイプに吊り下げて設置する（口絵 4）。落下物を回収するときには，底の紐をほどいて大きなビニール袋に落とし込んで集める。このようなトラップは，森林内に落下する葉や枝，昆虫の糞などの量や組成を調べるためにも使われ，その場合はリタートラップと呼ばれる。

　落下物の回収は約 1 か月に 1 回行った。トラップを設置してから初めての回収日を迎えた 6 月下旬，枝先観察での果実数の減少に対応するように，トラップの底には未熟な果実がたくさん落ちてたまっていた。ビニール袋に取り込んで道南支場に持ち帰り，実験台の上に広げて果実の数を数えてみると，8 個

のトラップの平均で 46.4 個あった．1 つの果実の中には，通常 2 つの種子が入っているので，種子の数にすると 93 個である．トラップの開口部の面積はちょうど 1 m² であるから，この約 1 か月の間に 1 m² あたり 100 個近い数の未熟な種子が落下したことになる．本州のブナ林の調査では，豊作年の秋のブナ種子落下量として 739 個 /m² という値が報告されていたので（箕口・丸山，1984），この 100 個という数はブナの結実豊凶を考えるうえで決して少ない数ではなかった．

では，落下していたのはどのような果実だろうか．1 つ 1 つの果実をカッターナイフで切り開いて中の状態を調べてみた．この時期の落下果実には，大きく分けて 2 つの発達段階のものが含まれるが，いずれの段階の果実についても，昆虫に食害されたものが圧倒的に多いことがわかった．比較的若い発達段階の果実では，まだ木質化していない柔らかい果実の内部をほとんどすべて食害されて，黒い糞が詰まっている（図 5.6a）．少し発達段階が進んで殻斗が木質化して硬くなった果実では，種子の基部近くに約 1 mm の円孔があいていて，種子内部が完全に食害されて，黒褐色の糞が詰まっている（図 5.6b）．このような虫害を受けた種子は，この時に回収した種子総数の 94 % に達した（虫害の形態や種子食性昆虫の生態については第 3 章を参照）．

この時期の落下種子に虫害が圧倒的に多いという傾向は，同じ時期にシードトラップを設置していた渡島半島西部・上ノ国町のブナ保護林でもまったく同じように見られた．こちらの保護林での未熟な種子の落下量は恵山町の保護林よりもさらに多く，5 月下旬から 6 月下旬までの 1 か月間になんと 211.5 個 /m² もの未熟な果実が落下した．種子の数では 423 個 /m² に相当する．虫害が多いのも恵山町と同様で，虫害種子の比率は 98 % に達した．虫害果実のうちのいくつかでは中に小さな幼虫が生存しているのが見つかった．見つかるのは，体長が 5 mm 前後の白っぽい色の幼虫がほとんどであった．いずれにしても，「昆虫」がブナの未熟落果，そして結実の豊凶にかかわる重要なキーワードのひとつになりそうなことがわかってきた．

2.5. ブナヒメシンクイと昆虫研究者

ちょうど同じ頃，東北地方の八甲田山や八幡平のブナ林でも，森林総合研究所・東北支所の五十嵐豊さんと鎌田直人さん（現・東京大学）が，ブナの種子

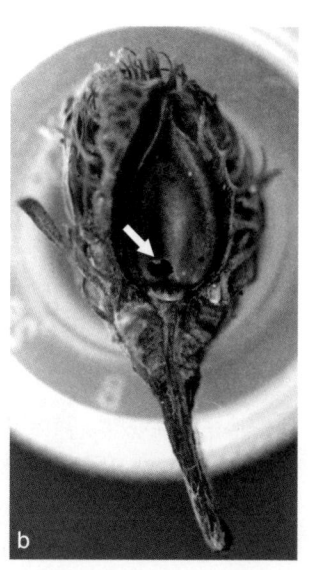

図 5.6 種子食性昆虫に食害されたブナの種子・果実
　a：殻斗が木質化していない若い発達段階の果実。柔らかい殻斗の中は完全に食害され，黒い糞が詰まっている。左上の幼虫は内部を摂食していたガの幼虫。
　b：殻斗が木質化した果実。種子の基部付近の円い孔（矢印）が特徴的。種子の内部は完全に食害されている。

害虫の調査を昆虫研究者の立場で始めていた。五十嵐さんと鎌田さんは1988年からシードトラップを用いて開花時期からの落下種子を調べ，6月を中心として多くの未熟種子が虫害のために落下すること，そして「ブナヒメシンクイ」というガの幼虫が未熟なブナ種子を食害する昆虫として重要であることを発表していた（五十嵐・鎌田，1990a；1990b；五十嵐，1992）。ブナヒメシンクイはハマキガ科のガの1種で，1980年に駒井古実さん（大阪芸術大学）によって新属新種として記載された種類である（Komai, 1980：詳しくは第3章）。

　北海道南部の恵山町や上ノ国町のブナ林で見つかったブナ種子の虫害も，東北地方と同じようにブナヒメシンクイによるものなのだろうか。昆虫の分類や生態に関してまったく知識や経験のない私達には，それを確かめることは難しかった。そこで，北海道立林業試験場での上司でもあった昆虫研究者の上条一昭さんに頼ることにした。寄生蜂の分類を専門とする上条さんは，北海道の森林害虫の防除に関する研究を30年以上続けていた。この年の5月末に道南支場を訪ねてこられた上条さんは，恵山町の保護林でブナの枝から150個ばかりの未熟な果実を採取して，試験場に持ち帰ると，さっそく翌日には調べた結果を手紙で知らせてくれた。手紙に添えられたデータよると，採取した果実のうち，55％のものには外部からのわずかな摂食も含めて何らかの食痕がみと

められ，全体の22％の果実の内部にはヒメハマキガ亜科に属する2mm前後のガの若齢幼虫が生息していたことが示されていた。さらに，6月中旬には，前回の手紙でヒメハマキガ亜科としたのはブナヒメシンクイかもしれないと電話で知らせてくれた。こうして，北海道南部地方にも東北地方と同様にブナヒメシンクイが生息し，ブナの未熟な種子を食害していることがわかってきたのである。

2.6. 道南地方全域での落下種子調査

シードトラップによるブナの落下種子の調査は，上に述べた恵山町と上ノ国町の他に，乙部町，北桧山町（現・せたな町），黒松内町の3か所を加えて計5か所で行った（図5.2）。いずれもブナが林分材積の70％以上を占める天然林である。南北では150km，東西では100km程度の広がりを持つ渡島半島でのブナの開花・結実量を広域的に調査することによって，ブナの結実豊凶やそれらにかかわる要因，さらには豊凶の同調性を，林分間や地域間で比較できると考えたのである。ブナの豊凶の同調性に関しては，距離が比較的近い林分間で同調が見られることや（橋詰，1986；前田，1988），山塊や流域というようなスケールではかなりのばらつきが見られること（鈴木，1989）などが本州のブナ林で報告されていたが，北海道南部のブナ林での実態はまったく知られていなかった。

5か所の調査地を月に1回，1泊2日の日程で巡回し，シードトラップに貯まった落下種子を回収する。持ち帰った種子を，昆虫に食害された「虫害」，胚がまったく発達していない「しいな」，胚の発達が不十分な「未成熟」，胚が十分に発達した「充実」などに分類して数を数える。そのような調査を11月下旬まで続けた。その結果が図5.7の左端の図である。恵山や上ノ国の調査地で見られた虫害種子が7月下旬までに大量に落下する傾向は，他の調査地でも同様に見られた。どうやら虫害によるブナの未熟落果は渡島半島全域でかなり普遍的に見られることのようだった。一方で，調査期間全体での落下種子の総数や虫害率を見ると，5か所の調査地の間でも違いが見られ，次の3つのパターンに大きく区分できた。

グループ1（上ノ国，黒松内）：落下種子の総数は700〜900/m² と多かったが，そのうち約90％が虫害を受け，秋まで生き残った充実種子は20〜60

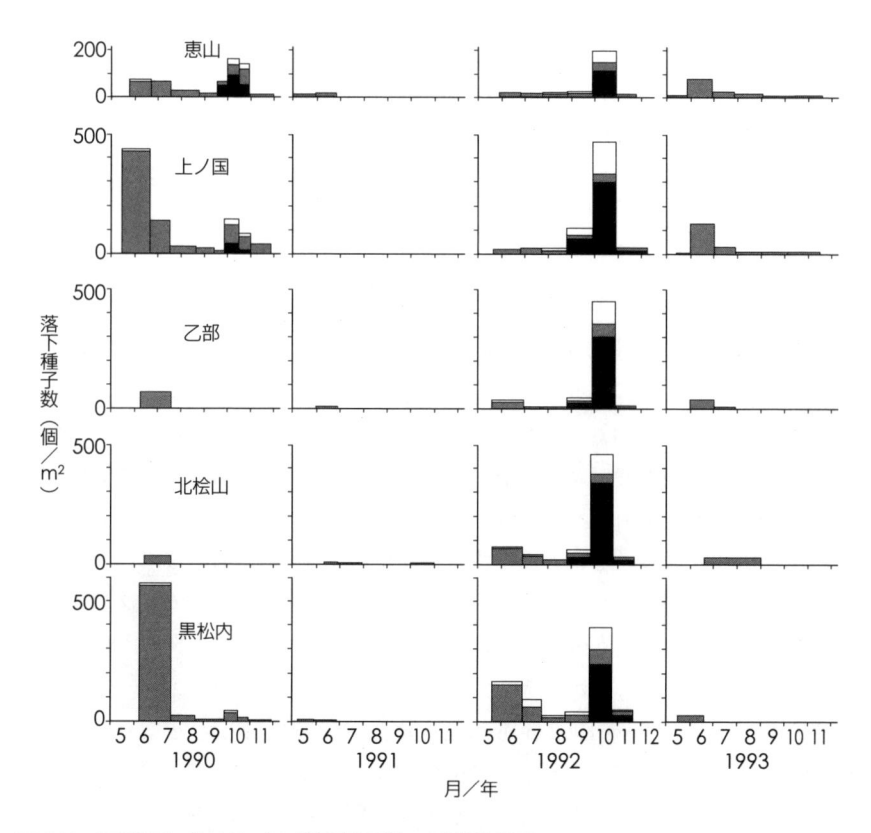

図 5.7 天然林におけるブナ落下種子数の季節的推移（寺澤ら，1995）
■充実種子　■虫害種子　□しいな＋未成熟種子
渡島半島の5か所の天然林（図5.2）において，1990～1993年にシードトラップを用いて調査した。この調査は2007年現在も継続中である。

個/m² 程度であった。

　グループ2（恵山）：落下種子の総数が約 600/m² と多いのはグループ1と同様であるが，虫害率がグループ1に比べて低く，充実種子が200個/m²以上結実した。

　グループ3（乙部，北桧山）：落下種子の総数が50～70個/m²と少なかった。虫害率はほぼ100％で，すべての種子が未熟なまま落下した。

　結果を整理すると，落下種子の総数は開花した雌花数に相当すると考えられるので，まず雌花の開花数そのものが調査地間で大きく異なっていたわけであ

る。同じ渡島半島内にあっても，開花数の段階ですでに同調性が見られなかったのである。さらに，たくさんの花が開花した場合でも，そのうち充実した種子まで発達するものの比率が調査地によって異なったのである。その充実種子の比率を大きく左右するのが未熟種子の虫害の程度ということである。

2.7. 対照的な2つの結実パターン

こうして1年目の調査で，ブナの結実の豊凶にかかわる要因として，雌花の開花数と種子食性昆虫による被食という2つの要因があぶりだされてきたので，シードトラップによる落下種子の調査を翌年以降も続けることにした。そして迎えた翌1991年は，ブナの結実豊凶のうえできわめて特徴的な年となった。すべての調査地で，充実種子がまったくと言ってよいほどできない凶作となったのである（図5.7）。いずれの調査地でも落下種子の総数がきわめて少なく，そのわずかの種子もほとんどすべてが虫害を受け，7月頃までに落下してしまった。前述のパターン区分でいうと，グループ3の極端なケースに該当する。雌花の開花数そのものがきわめて少ないパターンが，この地域全域で同調して起こったと見ることができる。

さらに，その翌年の1992年も，違った意味で特徴的な年となった。1991年とは対照的に，すべての調査地で豊作となったのである（図5.7）。落下種子の総数は，最も少ない恵山でも320個/m^2，他の4つの調査地では575〜793個/m^2である。繰り返しになるが，落下種子の総数は開花した雌花の数に相当するので，この年は北海道南部地方でのブナの一斉開花と呼んでもよいような年になったわけである。さらに1992年のもう1つの特徴は，虫害による未熟落果が少なく，たくさんの充実種子が結実したことである。落下種子総数の中での虫害種子の比率は15〜43％にとどまった。充実種子は，恵山を除く4か所では281〜390個/m^2，恵山でも135個/m^2に達した。前述のグループ2がさらに強調されたパターンといえる。

こうして1990年から渡島半島の5か所の天然林で落下種子の調査を続けた結果，ブナの開花・結実のパターンは年によって劇的に変化することがわかってきた。特に，1991〜1992年の2年間の結実パターンの推移は，実にダイナミックであった。すなわち，この地域全域での開花量低下（1991年）と，それに続く一斉的な開花および虫害率の低下による豊作の到来（1992年）で

ある。この連続する2つのパターンに，落下種子調査を始めた早い時期に巡り合うことができたことは，私達にとって実に幸運なことであったといえるだろう。というのは，この典型的なパターン推移をとらえることができたことによって，ブナのマスティング（植物個体群の種子生産が年によって大きく変動し空間的に同調する現象：第1章・2章参照）と呼ばれる結実特性に関して，その後の私達の基礎・応用の両面での研究の駆動力となる「捕食者飽食仮説」の検証という大きな目標が定まったからである。

3. 研究の継承と発展

　北海道南部・渡島半島の5か所のブナ天然林で，開花時期からのシードトラップ調査を続けた結果，ブナの結実豊凶には雌花の開花数と未熟種子の昆虫による食害率の年変動が大きくかかわることが明らかになった。1993年4月には，一緒に調査をしてきた柳井清治さんが転勤になり，入れ替わりに八坂通泰さんが道南支場にやってきた。当時，八坂さんは林業試験場に就職して3年目。大学院修士過程の時には帯広市近郊の都市林で，エゾエンゴサクなどの林床植物を対象として，分断化された植物個体群の種子繁殖の実態や制限要因について研究をしてきた人である。植物の種類が違うとはいえ，ブナの開花結実特性や種子を捕食する昆虫などとの相互関係についても，すぐに興味を示してくれた。この章のはじめに記した大沼公園での開花フェノロジー調査は，転勤直後の彼と一緒に行ったものである。

　翌1994年の春には私も道南支場から本場に転勤となって函館を離れたが，八坂さんやその後に道南支場に勤務した小山浩正さん（現・山形大学），今博計さん達によって5か所の天然林での落下種子の調査は継続された。シードトラップのデータとともに，検証すべき仮説と天然更新技術の確立に向けた問題意識は引き継がれ，ブナの結実特性の生態学的な研究と，一方で結実予測という応用技術へと発展した（第6・7章参照）。

引用文献

橋詰隼人 1975. ブナおよびコナラ属数種の開花，受粉，花粉の採集および花粉の発芽について　鳥取大学農学部研究報告 XXVII: 94-107.

橋詰隼人 1986. 自然林におけるブナ科植物の生殖器官の生産と散布　種子生態 **16**: 17-39.

橋詰隼人・菅原基晴・長江恭博・樋口雅一 1984. ブナ採種林における生殖器官の生産と散布（I）種子の生産と散布　鳥取大学農学部研究報告 **36**: 35-42.

五十嵐豊 1992. ブナ種子の害虫ブナヒメシンクイの生態と加害　森林防疫 **41**(4): 8-13.

五十嵐豊・鎌田直人 1990a. ブナ種子害虫に関する研究（I）－青森県八甲田山におけるブナ種子の被害－　101回日本林学会大会論文集 521-522.

五十嵐豊・鎌田直人 1990b. ブナ種子害虫に関する研究（II）－ブナヒメシンクイに関する2, 3の知見－　日本林学会東北支部会誌 **42**: 156-158.

樫村大助 1952. ブナ種子結実の豊凶について　青森林友 **45**: 39-41.

加藤清・松井弘之・須田一 1990. 道有林松前経営区のブナ林施業（II）北方林業 **42**: 63-68.

菊池捷治郎 1968. ブナの結実に関する天然更新論的研究　山形大学紀要（農学）**5**: 451-536.

菊沢喜八郎 1991. 樹木だより ミズナラ　光珠内季報 **85**: 23-25.

菊沢喜八郎 1995. 植物の繁殖生態学　蒼樹書房.

Kikuzawa, K. & N. Mizui. 1990. Flowering and fruiting phenology of *Magnolia hypoleuca*. Plant Species Biology **5**: 255-261.

金豊太郎・柳谷新一 1981. ブナ皆伐母樹保残作業の更新初期の成績－ササ型植相ブナ林の例－　日本林学会東北支部会誌 **33**: 13-15.

金豊太郎・柳谷新一 1982. ブナ皆伐母樹保残作業の更新初期の成績－落葉低木植相における林床処理と植生繁茂量　日本林学会東北支部会誌 **34**: 202-204.

国立天文台 2006. 理科年表　平成19年版　丸善.

Komai, F. 1980. A new genus and species of Japanese Laspeyresiini infesting nuts of beech. *Tinea* **11**: 1-7.

倉橋昭夫・佐々木忠兵衛・浜谷稔夫 1966. 開花期と積算温度．北海道の林木育種 **9** (2): 20-27.

前田禎三 1988. ブナの更新特性と天然更新技術に関する研究．宇都宮大学農学部学術報告 特輯 **46**: 1-79.

前田禎三・宮川清 1971. ブナの新しい天然更新技術　創文.

箕口秀夫・丸山幸平 1984. ブナ林の生態学的研究（XXXVI）豊作年の堅果の発達とその動態　日本林学会誌 **66**: 320-327.

水井憲雄 1989. エゾヤマザクラの果実の未熟落下について　日本林学会北海道支部論文集 **37**: 33-35.

水井憲雄 1993. 落葉広葉樹の種子繁殖に関する生態学的研究　北海道林業試験場研究報告 **30**: 1-67.

Mizui, N. & K. Kikuzawa. 1991. Proximate limitations to fruit and seed set in *Phellodendron amurense* var. *sachalinense*. Plant Species Biology **6**:39-46.

Nakashizuka, T. 1987. Regeneration dynamics of beech forests in Japan. *Vegetatio* **69**: 169-175.
大坂洋二・星義幸　1986．ブナを主とする広葉樹林の天然林施業　昭和60年度（第31回）函館営林支局業務研究論文集：8-12.
Rathcke, B. & E. P. Lacey. 1985. Phenological patterns of terrestrial plants. *Annual Review of Ecology and Systematics* **16**: 179-214.
鈴木和次郎　1986a．ブナ林における天然更新施業の検討　－奥只見地域の事例調査から－　林業試験場研究報告 **337**: 157-174.
鈴木和次郎　1986b　上部ブナ帯における天然更新施業とその成績　－奥鬼怒地域の事例調査から－　97回日本林学会大会論文集 309-311.
鈴木和次郎　1989　ブナの結実周期と種子生産の地域変異（予報）　森林立地 **31**: 7-13.
舘脇操　1948　ブナの北限界　生態学研究 **11**: 46-51.
寺澤和彦　1997．ブナの種子生産特性とその天然林施業への応用に関する研究　北海道林業試験場研究報告 **34**: 1-58.
寺沢和彦・柳井清治　1992．ブナの結実に及ぼす自家受粉の影響　103回日本林学会大会論文集 333-334.
寺澤和彦・柳井清治・八坂通泰　1995．ブナの種子生産特性（I）北海道南西部の天然林における1990年から1993年の堅果の落下量と品質　日本林学会誌 **77**: 137-144.
渡邊福壽　1938　ぶな林ノ研究－ぶな林施業ノ基礎的考察－　興林会
山本進一　1981　極相林の維持機構－ギャップダイナミクスの視点から－　生物科学 **33**: 8-16.
Yamamoto, S. 1989. Gap dynamics in climax *Fagus crenata* forests. *The Botanical Magazine, Tokyo* **102**: 93-114.
柳谷新一・金豊太郎　1980．ブナ皆伐母樹保残作業の更新初期の成績－落葉低木型植相ブナ林の例－　日本林学会東北支部会誌 **32**: 66-69.
柳谷新一・金豊太郎　1984．ブナ皆伐母樹保残作業の更新初期の成績－落葉低木型とササ型植相ブナ林の比較　日本林学会東北支部会誌 **36**: 124-127.

第6章　ブナの結実予測技術
―その開発と利用―

八坂通泰（北海道立林業試験場）

落下種子を集めてきては中身を調べるという地道な調査によって見えてきたブナの豊凶要因。その新たな知見をブナ林の施業や再生の現場に生かすべく，翌年のブナの結実量を予測する技術の開発に取り組んだ。アイデアの着想からデータの収集と解析，手法開発，そして試行へと，一歩一歩進めた応用研究の過程をたどる。

はじめに

　インターネットの検索サイトで「予想」と入力すると，まずヒットするのは「競馬」や「ナンバーズ」などに関する少し怪しげなギャンブルサイトだ。これを「予測」に変えると，「地震予知」や「天気予報」などまったく様相は変わり，科学的な雰囲気のサイトにたどりつく。国語辞典にも「予想」と「予測」の違いは，科学的な根拠に基づくかどうかと書かれている。しかし，「予測」が科学的だからといって，必ずしも当たるとは限らない。科学的なはずの天気予報でも，数週間や数か月といった長期予報はまだまだ的中率は低い。数週間先の天気も予測できない世の中で，1年以上先の自然現象を予測してしまうのが，この章と次の章でのエッセンスとなる「ブナの結実予測技術」である。

　「樹木の結実という，いかにも天気に左右されそうな自然現象をどうして1年以上先に予測できるのだろう？」と不思議に思われるかもしれない。しかし，この技術は「予想」ではなく，あくまで科学的根拠のある「予測」だ。本章では，この予測の仕組みを，開発の苦労話や，基礎研究を応用研究へ発展させる醍醐味など交えて紹介する。

1. 何のための結実予測？

まず初めに，そもそも，なぜブナの豊凶を予測する必要があるのかについて説明しよう。ブナ林は，わが国を代表する天然林であり，森林そのものの価値だけでなく，多くの野生動物の生息場所や緑のダムとしての環境保全機能にも関心が集まっている。しかし，東北地方の白神山地のブナ林が世界遺産に登録されたように，まとまった面積のブナ林はもはや貴重なものとなっており，ブナ林を再生するための技術確立が急務となっている。ブナ林の再生における結実予測技術の必要性は主に以下の2点にある。

1つは天然更新技術の改善である。天然更新技術とは，天然木から散布された種子を森林再生に利用する方法である。東北地方や北海道南部のブナ林では，ブナを天然更新させるため，母樹（種子の散布源となる木）として天然木を利用するだけでなく，実生の定着を促進するためササなどの林床植生を除去する地表処理を行う（図6.1）。しかし，ブナ種子の豊作年しかも種子の散布前に地表処理を実施しなければ，ブナを更新させることは難しい（小山ら，2000）。地表処理を豊作年に合わせるためには，どこのブナ林が豊作になるという情報が必要になる。もう1つは，育苗用種子の効率的な確保である。近年はブナ林のさまざまな環境保全機能への関心の高さから，植樹祭や試験的な植栽に留まらず，事業的な規模でのブナ林造成の事例も少なくない（図6.2）。しかし，いつどこで豊作が来るのかわからない状況では育苗用種子を効率的に採取することも容易ではない。

2. 結実予測という開発コンセプト

私が，前章を担当した寺澤和彦さんから研究を引き継いだ時点では，ブナの豊凶調査は4年が経過したところであった。しかし，初めから，私の頭の中に「結実予測」という明確な開発コンセプトがあったわけではなかった。それどころか，転勤してしまった寺澤さんの代わりの研究員が補充されなかったため，これまで通りブナの研究を続けること自体が困難な状況にあった。こうした状況でも，この開発コンセプトを見逃さずに済んだ最大の理由は，「ブナの豊凶は開花数と虫害率の年変動により決定している」という寺澤さんの基礎的な研

図 6.1 ブルドーザにより地表処理が実施された林分

図 6.2 ブナ苗の植栽作業の実施状況

究成果（寺澤ら，1995）があったからにほかならない（第5章参照）。開花数と虫害率で決まるのだから，この2つを予測できれば結実予測ができるのでは？という発想につながったわけだ。この時は，まだ開花数と虫害率の予測方法については明確な見通しがあったわけではなかったが，この研究成果がなければ，仮に結実予測というコンセプトを持ったとしても技術開発は成功しなかっただろうし，それよりも，そもそもコンセプト自体を思いつくことはなかっただろう。

　結実予測という開発コンセプトの重要性に気がついてからは，その利用や普及のイメージはすぐにわいた。予測ができれば，それに合わせた施業や種子の採取が可能になる。ブナの豊凶予報を，天気予報のようにホームページやマスコミで公開できればおもしろい。チャレンジする価値のある魅力的な課題であった。こうした具体的な利用目的をイメージすることで，予測の目標がはっき

りした。予測の利用を天然更新や種子採取の効率化に定め，当面は1年前に予測することを目標とし研究を開始した。

3. 結実予測のための課題

　樹木の結実量を予測するには，種子生産数に及ぼす開花（雌花）数と結果率（雌花のうち，充実種子まで発達するものの割合）の影響について知る必要がある。例えば，毎年一定量の雌花が咲くけれども結果率の年変動が大きいため豊凶を起こす樹種の場合は，結果率の予測ができれば結実予測は可能なはずである。一方，結果率だけでなく開花数も年変動が大きい樹種の場合，開花数と結果率両方の予測が必要になる。ヨーロッパブナでは，結実前年の夏の気温と翌年の充実種子生産量に相関があることが報告されている（Piovesan & Adams, 2001）。この場合，夏の気象が，翌年開花する雌花の形成のみを促進しているのか，あるいは結果率の向上にも寄与しているのかなど詳しいメカニズムはわからないものの，気象要因だけで豊凶の予測ができる。

　日本のブナの場合，ヨーロッパブナのように簡単にはいかないのは明白であった。前章で詳しく述べられているように，ブナでは，開花数と結果率の双方が年によって激変する。したがって，これら両方を予測しなければ結実予測はできない。まず，気象要因により開花数を予測することを試みたが，気象要因だけでは開花数の年変動は説明できなかった（ただし，後にこの研究を引き継いだ今博計さんが，花芽の形成には気象要因と繁殖履歴が関係していること発見した。**第2章参照**）。そこで開花数の予測のために目をつけたのが冬芽の観察である。

4. 冬芽観察による開花数の予測

　ブナは1本の木に雄花と雌花が別々に咲く両全性同株という性表現を示す（第5章図5.1）。その雌花の原基は開花前年の7月に冬芽内に形成される（三上・北上，1983）。したがって，雌花の原基の形成時期以後に冬芽を観察することで翌年その芽に雌花が着花するかどうかは判断できる。ただ，個々の芽に花があるかないかはわかっても，どれくらいの数の冬芽に雌花が含まれていれば豊

図 6.3　秋に採取した葉芽（左）と花芽（右）

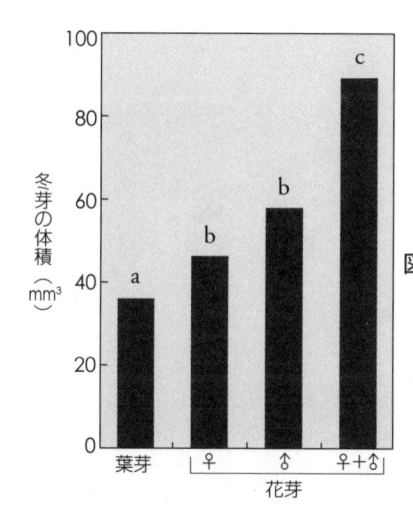

図 6.4　冬芽に含まれる花と冬芽の大きさとの関係
異なるアルファベットは有意差（P<0.01）があることを示す。

作に十分な開花数になるのかといった問題や，どういった方法で枝を採取すれば開花数の予測に適当なのかといった問題についてはまったくわかっていなかった。

　実際に秋にブナの冬芽を採取してみると，芽を分解しなくても，雌花もしくは雄花が含まれる花芽は葉しか含まれていない葉芽とは大きさで判別できた（図6.3）。しかし，必ずしも1つの芽に雄花と雌花の両方が同時に含まれているわけではなく，片方しか含まれていない場合もある。そして，雄花だけが含まれる芽と雌花だけが含まれる芽は大きさでは区別がつかない（図6.4）。したがって，確実にその冬芽に雌花が含まれていることを確かめるには，やはり冬芽を分解する必要があった。

　また，枝の採取方法についても工夫が必要だった。ブナの場合，樹冠上部では十分に着花していても，樹冠下部の枝ではまったく着花していないことが多い。そこで，どの程度以上の高さから枝を採取すればより正確にその個体の開花数を推定できるかを明らかにするため，樹冠上部（15 m以上の高さ）では十分着花している林縁木（樹高20 m以上）を対象として，5 mごとの高さで目視により開花状況を観察し，樹冠上部と同程度に雌花の開花が確認された最も低い枝の高さを記録した。すると，高い枝ほど雌花がついている割合は増加し，10 m以上の高さでは8割以上の確率で着花していることがわかった。そこで，冬芽観察により，開花数を推定するための枝は，10 m以上の高さで日

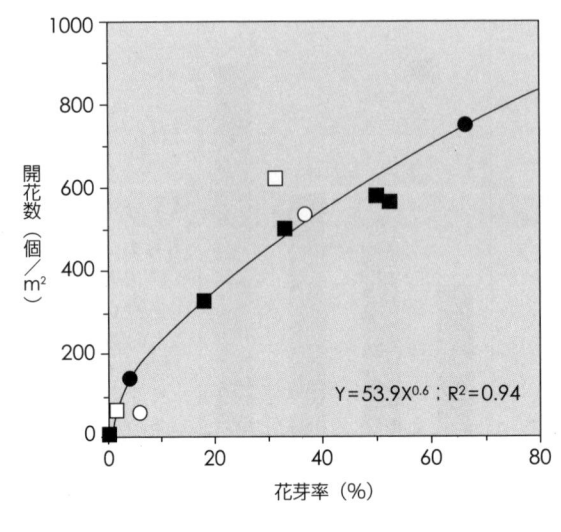

図 6.5 花芽率と雌花開花数の関係（八坂ら，2001）
■恵山，●上ノ国，○乙部，□北桧山

当たりの良い樹冠部から採取することとした。

　枝の採取は，前章で紹介したシードトラップを設置しているブナ林のうち，恵山，乙部，上ノ国，北桧山の 4 か所で行った。これらの林分で秋（11 月から 12 月）に 1 林分あたり 5 個体以上から長さ 30 cm 以上の枝を 5 本以上採取し，冬芽に 1 つ以上雌花が含まれる割合（花芽率*）を調べた。そして花芽率と翌年シードトラップで調査した雌花の開花数との関係について解析した。これらの関係を示したのが図 6.5 である（八坂ら，2001）。花芽率が高くなると開花数が増加する傾向が読み取れる。図中に示した式 $Y = 53.9X^{0.6}$（(1) 式）は，ブナの花芽率と開花数の関係をあらわす経験式で，これにより花芽率から開花数を予測できる。

　図 6.5 のようなグラフにしてしまうとありがたみが薄れるが，1 つ 1 つの点をプロットするには，その陰にたいへんな苦労がある。まず，10 m の高さで枝を取るといってもそう簡単ではなかった。傾斜がある場所でこそ，斜面上部で高枝ばさみを使えば比較的容易に枝が取れるケースもあったが，そうでない場合は車の屋根に脚立を乗せたり，木登りをしたりとたいへんな作業だった。この作業は，後任の小山浩正さん，今博計さん，長坂有さんの活躍に助けられ

＊：ブナの花は，葉とともに「混芽」に内包されているので，正しくは「混芽率」と呼ぶべきだが，ここでは便宜上「花芽率」とする（第 5 章，p.85 参照）。

図 6.6　鎌付きポールによる枝の採取

ている。最近では 10 m 以上の長さの比較的軽いポールに小型の鎌を付けた製品が市販されているので，林縁部でこのポールを使うとかなり楽に枝が採取できる（図 6.6）。

　冬芽を分解し，中に花が含まれているかどうかを調べる作業は枝を室内に持ち帰って行った。これは非常に根気のいる作業であった。この作業は，私よりも当時の臨時職員の方々ががんばってくれたおかげで良いデータがとれた。長い人では，2 か月近く毎日毎日冬芽の分解作業をお願いした場合もあった。こうしたさまざまな人々の活躍のおかげで，図 6.5 の 1 つ 1 つの点はできあがっている。何はともあれ冬芽を観察することで開花数の予測にはめどが立った。次は結果率をいかに予測するかである。

5. 捕食者飽食仮説を応用した結果率の予測

5.1. 試行錯誤の虫害率予測

　前述のように，ブナの結果率すなわち雌花が健全な充実種子まで発達する割合は，年により大きく変動する。これは，ブナヒメシンクイなどのガの幼虫による雌花の虫害率が 0 〜 100 ％と激変するからである。虫害以外で結果率へ影響を与える要因としては，しいな（果皮は形成されても胚が発達しない種子），

昆虫以外の動物による食害などがあるが，これらの年による変動幅は比較的小さく 0 ～ 20 ％程度である．したがって，虫害率を予測することが結果率の予測につながると判断された．実際，虫害率と結果率との関係をグラフにすると図 6.7 のようになり虫害率が下がれば結果率は上がり，これらの間には強い負の関係があることがわかる．実は，ブナの場合，結果率に及ぼす虫害以外の影響が比較的小さかったことが，結実予測が成功した大きなポイントだった．虫害以外の影響は原因がさまざまであり，仮に冷夏などの気象条件により花が多量に落下する場合，その気象条件が発生するかどうかを予測することが必要になるが，これは天気の長期予報と同様で現段階では無理な話である．

　虫害率を予測するために，まず初めに考えたのは，虫の発生数を予測する方法である．この時点では，ブナの雌花を食害する昆虫はハマキガ科のブナヒメシンクイの幼虫が主であると考えていた．ブナヒメシンクイはその名前のように，もっぱらブナの花や実を食べるスペシャリストで，1980 年に発見された新種新属の昆虫である（Komai, 1980）．ブナヒメシンクイはブナ林の林床において蛹で越冬し，春に羽化し交尾を行った後，ブナの雌花に卵を産みつける．そして春から夏にブナの花を採餌した幼虫は地面に落ちて落葉層に潜り込み蛹で越冬する（Igarashi & Kamata, 1997：詳しくは第 3 章参照）．

　そこで，落葉層において蛹で越冬するというブナヒメシンクイの生活史に注目し，秋に蛹の数を調べ翌年の虫害率を推定するという試みを行った．調査はブナ林で落葉層を採取し，さらに手では集めきれなかった落葉は発電機を林内に持ち込み掃除機で集めた．集めた落葉層は実験室に持ち帰り，蛹の数を調べるという作業を行った．しかし，昆虫の専門家ではない私には，どれがブナヒメシンクイの蛹なのかを見分けることもおぼつかなかったため，この方法はうまくいかなかった．次に試したのは，ビニール傘の内側にワセリンを塗り，柄の部分をとりブナ林の林床に突き刺し，落葉層から羽化した成虫を傘に塗ったワセリンでトラップするという方法である．林内にビニール傘が並んだ様子は非常に壮観ではあったが，土壌中の水分が蒸発し傘の内側に水滴が溜まり，水分でワセリンが流れてしまい失敗に終わった．

　このような昆虫のある生育ステージをねらって数を調べ，虫害率を推定する方法は，もっと根気よく工夫すればうまい方法が見つかったかもしれないが，私にはこの方向で手法を詰めるということはできなかった．しかし，これが結

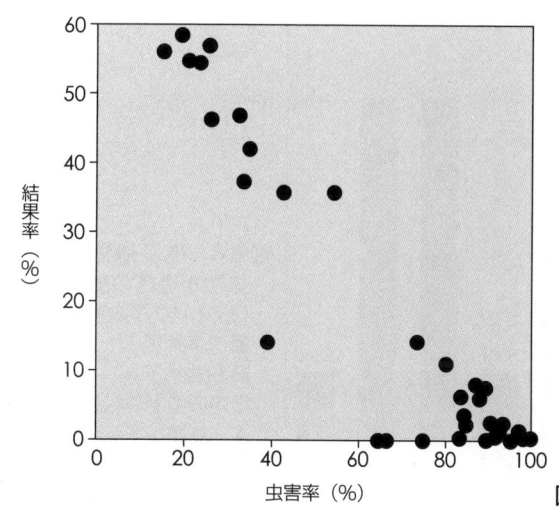

図 6.7 　虫害率と結果率の関係

果的には幸いした。あとでわかったことではあるが，北海道の場合，ブナの花を食害するガの幼虫は，必ずしもブナヒメシンクイが優占種ではない地域もあり，ナナスジナミシャクなどの他の種類が優占することもあった。そして，これらの種はブナヒメシンクイと生活史が異なるので，そもそも1つの方法では虫害にかかわる虫の数を推定することは無理だったのだ。

5.2. 捕食者飽食仮説の応用

　虫の発生数を予測するいろいろな方法が失敗に終わり，虫の数を調べなくても虫害率の推定ができる方法はないものかと考えるようになった。このちょっと無理な発想が成功した理由は，ブナの種子生産にはなぜ豊凶があるのかという基本的な疑問（究極要因）に立ち戻ったからであった。ブナの豊凶の究極要因については，第1章で詳しく述べられているが，もう一度ここで簡単におさらいしよう。

　多くの樹木で種子生産数には年変動があり，この変動は比較的広い範囲で同調する。こうした現象をマスティング masting といい，古くからその適応的意義には，いろいろな仮説が提示されてきた。さまざまな仮説のうち最も有力なものは捕食者飽食仮説である。この仮説ではマスティングは，花や種子を食べる捕食者から逃れ，子孫を残すための樹木の生存戦略であると考えられている。

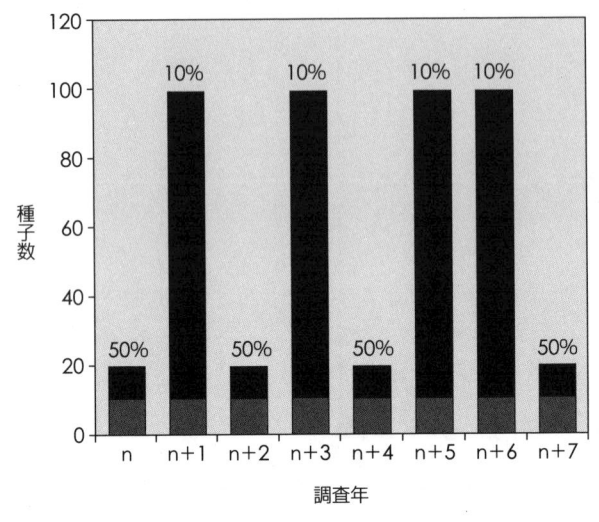

図 6.8 種子捕食者の個体数が豊凶の影響を受けていない場合の例
■ 充実種子
■ 虫害種子
図中の数字は虫害率を示す。虫害種子数には年変動がないが、虫害率は豊作年に低下する。

　すなわち，毎年一定量の花や種子をつくるよりも，豊凶があったほうが，凶作年に捕食者の個体数を減少させ，豊作年には捕食者が食べきれず（捕食者飽食），長い目で見ると確実に種子が残せるというわけだ。寿命の長い樹木ならではの戦略である。
　この仮説を検証するためには，凶作年よりも豊作年には食害率が下がることだけでなく，実際に凶作年に捕食者の個体数が減少することを明らかにする必要がある。というのは，豊作年に食害率が下がっただけでは，実際に食害された花や種子の実数は変動していない可能性もあるからだ（図6.8の例を参照）。この場合は，樹木の豊凶により捕食者の個体数が影響を受けていることを示したことにはならない。
　しかし，種子の捕食者は多くの場合多種多様であり，それぞれの捕食者の個体数が実際に豊凶の影響を受けているかどうかを調査することはたいへんな労力を伴う。そこで，捕食者飽食仮説を間接的に検証する方法の1つに，花や種子の生産数の前年比と食害率の関係を調べることが考案されている。この分析では，捕食者の個体数が豊凶の影響を受けている場合，前年の花や種子の生産数が，捕食者の個体数に影響を与えて，翌年の食害率に反映されると仮定する。したがって，前年比と食害率に負の関係があるとき，捕食者の個体数が豊凶の影響を受けていることが示唆される。この方法を，ブナの雌花と虫害率との関

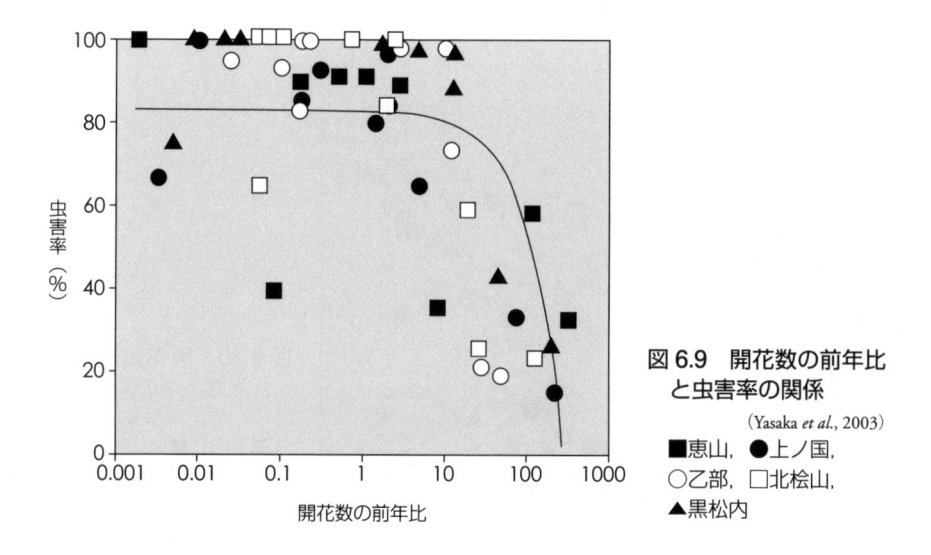

図 6.9 開花数の前年比と虫害率の関係
(Yasaka *et al.*, 2003)
■恵山, ●上ノ国, ○乙部, □北桧山, ▲黒松内

係に当てはめてみた結果が図 6.9 である (Yasaka *et al.*, 2003)。

図 6.9 の横軸は，雌花の開花数の前年比で，これが 1 のときは前年と同じ数の雌花が開花したことを示し，1 より小さいときは前年よりも開花数が少なく，1 より大きいときは前年よりも開花数が多いことをあらわす。ブナの雌花の場合，開花数が前年よりも少ない，あるいは前年の 10 倍以下の時は虫害率が非常に高いが，20 倍を超えると虫害率が明らかに低下する。こうした分析により，ブナの雌花を食害する捕食者の個体数を調べなくても，捕食者の個体数はブナの雌花の年変動に影響を受けており，捕食者飽食が起きていることを間接的に示したことになる。

この図をよく見ると，捕食者である虫の数はわからなくても，開花数の前年比がわかれば，虫害率が予測できることに気がつく。これまで述べてきたように，開花数は 1 年前には冬芽を観察することで予測できる。予測前年の開花数については，シードトラップなどを設置していれば事前にわかるし，トラップなどがない場合でも，開花時期までに枝を採取し，冬芽観察により開花数を推定しておけばよい。探し求めていた虫害率の予測方法が，捕食者飽食仮説という基礎理論のなかにあったのだ！

虫害率が予測できるのだから，それと関係の強い結果率も予測可能なはずだ。虫害率と同様に開花数の前年比と結果率の関係を調べてみると図 6.10 のよう

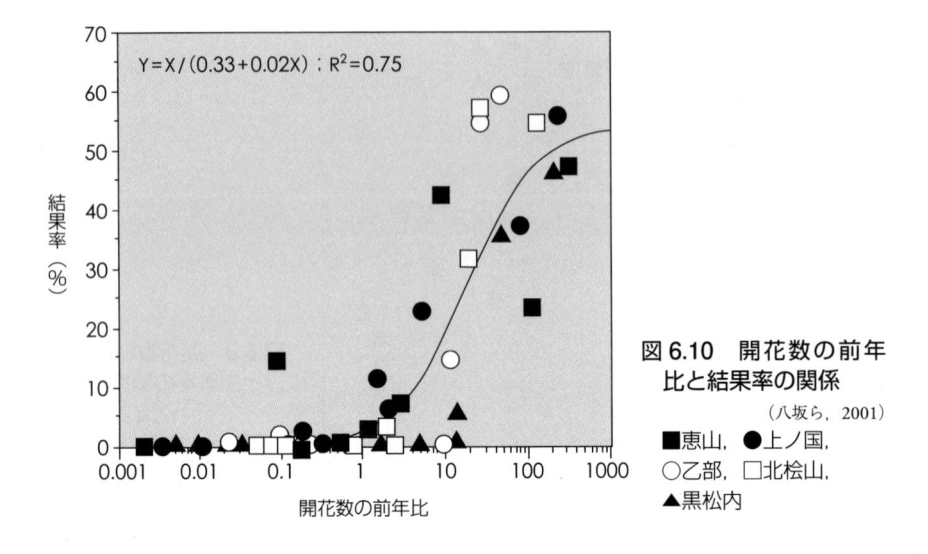

図6.10 開花数の前年比と結果率の関係
（八坂ら，2001）
■恵山，●上ノ国，
○乙部，□北桧山，
▲黒松内

グラフ中の式：$Y = X/(0.33 + 0.02X)$；$R^2 = 0.75$

になる。予想通り前年比により結果率も予測できる（八坂ら，2001）。なお，図6.10の式 $Y = X/(0.33 + 0.02X)$（(2)式）は開花数の前年比と結果率との関係をあらわす経験式である。シードトラップのデータから，いくら前年比が大きくてもすべての花が結実することはなく，結果率には上限があることがわかっていたので，このことを式には反映させている。

このように捕食者飽食仮説という基礎理論が，ここで結実予測という応用的な目標と見事に結びついた。捕食者飽食仮説を結果率の予測に応用した発想の転換こそが，冬芽観察による結実予測技術において最もユニークな点である。こうした発想の転換ができたのは，掃除機による蛹採集やビニール傘トラップなどさまざまな試行錯誤があったからこそだと思っている。

6. 結実予測の実際

冬芽観察により，あるブナ林で来年の結実を予測する手法を具体的にまとめてみよう。これまで見たように，来年の結実数は「来年の開花数」×「結果率」である。結果率は，来年と今年の開花数の連年比がわかれば(2)式により求められる。したがって，結局，①今年の開花数と②来年に咲く開花数の2つの情報がわかればよいのである（図6.11）。①を得るためには，今年のブナが開

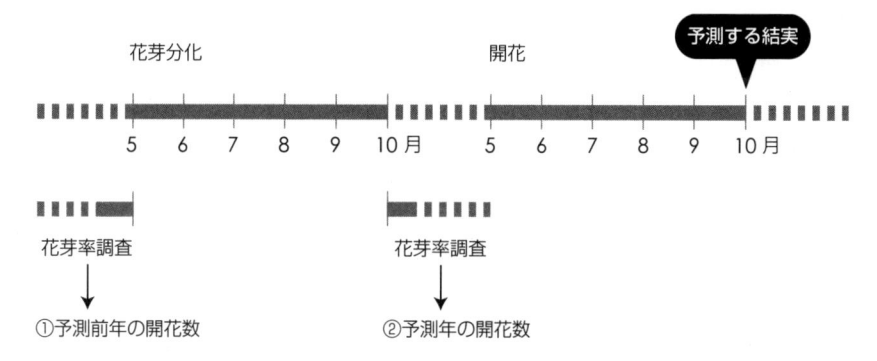

図 6.11 ブナの開花結実時期と結実予測のための冬芽調査時期 (八坂ら, 2001)

葉する前に枝を採取して花芽率を調べれば図 6.5 の (1) 式により求められる。②についても秋に再度，同じ林分で花芽率を調べれば同様にして推定できる。今年の開花数を推定するために開葉前の花芽率を調べるのは，昆虫による花の食害は開花後すぐに始まり，虫害がひどい年には開花した花のほとんどが夏までに落下してしまうからである。したがって，すでに開葉してしまっても虫害による雌花の落下が始まっていなければ大丈夫だ。あるいはシードトラップを設定しているのであれば，虫害で落下した雌花も含めた通年の合計数で求めても良い。

　花芽率を調べるための枝は，林縁木を用い 10 m 以上の高さの日当たりの良い樹冠部から採取する。採取する枝の長さは 30 cm から 50 cm 程度で，10 個体から 5 本ずつ合計 50 本程度採取すればよいだろう。採取した枝は冬芽を分解し花芽率を求める。説明を繰り返すことになるが，開葉前の花芽率から今年の開花数を，秋の花芽率からは来年の開花数を，それぞれ (1) 式を用い推定する。推定した開花数の連年比（来年／今年）を (2) 式に代入して結果率を算出する。算出した結果率に来年の開花数を乗ずれば種子生産数を定量的に予測することができる。

　例えば，秋の冬芽調査によって調べた花芽率が 50 % ならば，来年の開花数は (1) 式より 564 個 /m² と推定される。このとき，すでに開葉前の冬芽調査によって調べておいた今年の花芽率が 0.1 % であったとすると，今年の開花数は同じく (1) 式を用いて 14 個 /m² と推定される。そうすると，来年と今年の開花数の前年比は 564 ÷ 14 で 42 となり，結果率は (2) 式より 36 % と推定

される。そして，充実種子数は，開花数と結果率の積であるから 564 × 0.36 で 202 個/m² と予測され，豊作が期待できることになる（私たちは 200 個/m² 以上の充実種子が落下した時を豊作，50 個/m² 以下の時に凶作としている）。一方，予測年の開花数が同じ 564 個でも，仮に前年比が 3 であったときには，(2) 式より結果率は 7.6 ％となり充実種子数は 43 個/m²(=564 × 0.08)と予測され，豊作は期待できないことになる。また，予測前年の花芽率が 0.006 ％，予測年の花芽率が 3 ％のときには，開花数はそれぞれ 3 個/m² と 104 個/m² となり最初の例と同様に前年比は 42 で結果率は (2) 式より 36 ％となるが，充実種子数は 37 個/m² となり凶作になる。このように，春と秋に枝を採取し冬芽を観察することで，1 年先のブナの豊凶が定量的に予測できる。

　この手法において注意すべき点は，開花数や結果率を予測するうえで，虫害以外の要因による大量の種子の未熟落下は想定していない点である。この理由は，ブナ天然林 5 林分での 11 年間の観察で，冬期の枝の落下や虫害以外による種子の未熟落下は年変動が少ない，もしくは無視できるほど小さかったからである。しかし，風害や霜害など予測不可能なごくまれな気象により雌花の大量落下が発生した場合，本手法による予測は，凶作予報については問題ないが，豊作予報についてははずれることがあるだろう。

　また，本手法の北海道以外のブナ林での有効性については検証が必要だろう。東北地方のブナの開花結実過程を調査した例（Igarashi & Kamata, 1997）では，ブナの豊凶は北海道と同様に開花数と虫害率の年変動により引き起こされることがわかっているので，北海道のブナ林と林分構造も比較的似通っている東北地方では本予測手法は有効であろう。一方，太平洋側のブナ林など林分構造などが北海道とは明らかに異なる林分では，本予測手法の適用には注意が必要である。

7. 結実予測のブナ林再生における活用事例
7.1. 天然林施業での利用

　1997 年，結実予測技術を開発して初めて北海道南部でブナの豊作年を迎えた。この豊作は 1996 年の秋に行った冬芽調査によって予測されていた。初めての豊作の予報に反応してくれたのは，ブナの天然林施業を長年にわたり事業

的に実施していた道有林の松前林務署（現・渡島西部森づくりセンター）であった（加藤ら，1990）。森づくりセンターが管理している道有林の森林施業は，国有林と同様に5年単位で計画が組まれ行われる。したがって，ブナ林施業においても，ブナの更新を促進するための地表処理の実施面積も，基本的にはブナの豊凶にかかわらず5年間毎年同じであり，1996年の時点で1997年の予定面積はすでに決まっていた。

　多くの場合，組織が大きくなればなるほど新たな技術革新がすぐには取り入れられない。新規技術の導入には，既存の制度や慣例的な仕事のやり方が障壁となる。こうした状況で結実予測をブナ林施業に取り入れることができたのは，現場の担当者の意欲があったからこそであった。当時の松前林務署でブナの天然林施業の担当者であった濱津潤さんは，ブナの豊凶にかかわらず実行されていた地表処理作業を豊作に合わせて実施することができれば，ブナの天然更新の成功率が向上するのではと考えていた。実際，当時のデータでは地表処理作業を実施した林分で，樹木の更新に成功した場所を調べてみると，半分以上がカンバ林になっていて，ブナが更新した林分は3分の1以下であった（第13章参照）。

　豊作予報の発表は，北海道内の林業関係者対象の研究発表会で行った。発表を行ってから数日後に私の職場へ濱津さんから電話があった。「研究発表聞きました。来年豊作になるなら，地表処理の面積を増やしたいと思っています。そのためには，結実予測について北海道庁で説明しなければならないので，プレゼン用の資料作成に協力してもらえますか」という内容であった。この申し出に私は少なからず戸惑った。もちろん，結実予測の研究を始めてから，ブナ林の天然林施業に予測が取り入れられることを目指し研究をしていたわけだが，こんなに早く予測が利用される場面が来るとは思っていなかった。研究発表では，自信満々に「来年は豊作です」と言ったものの，こういう状況になると少し不安になった。

　豊作年に地表処理の面積を増やし，凶作年には減らすという計画変更を行った場合，予測が当たればブナが更新できる可能性は高まるが，もしも予測がはずれた場合は逆にブナ以外の樹種の更新の可能性を高め，ブナ林再生にはマイナス効果をもたらしかねない。また，初めての予測をせっかく現場に取り入れてもらっても，予測がはずれてしまえば信頼を回復するのは難しい。予測は絶

対に当てる必要があった。濱津さんに依頼されたプレゼン用資料には，予測は初めての試みであり試行段階であることを注記すると同時に，春にブナの開花を確認すれば予測はより確実であることを付け加えた。この資料を参考に北海道庁で協議が行われ，春に開花状況を確認することを条件に1997年の地表処理は予定より面積を増やし1998年以後は減らすことが決定された。

そして，1997年の春にはブナは見事に開花し秋には渡島半島の全域で豊作を迎えた。予測では一部地域では並作としていたが，これは前述した枝の採取高に問題があったためであった。初めての結実予測は大成功に終わった。このようにして，結実予測技術は北海道南部のブナ天然林施業に利用され，施業のあり方に改革をもたらしたのである。その後，道有林では森林管理の主目標を木材生産から公益的機能の発揮に方向転換したため，北海道のブナ天然林においても，伐採や地表処理を行う面積が大きく減少した。現在では，結実予測による予報は，より柔軟な形で利用されている。豊作年にはブナの母樹が比較的多く残っている場所で，ブナの更新を狙った地表処理を実施し，凶作年にはブナの母樹が少なくブナの更新が期待できない場所で，カンバなど他の広葉樹の天然更新促進のために地表処理が実施されている。

7.2. 苗木生産での利用

最近ではブナの結実予測は，長坂晶子さん，小野寺賢介さん，阿部友幸さんに引き継がれ，ホームページで豊凶予報が公表されている（図6.12）。ブナの豊凶予報では，ブナ天然林における充実種子の生産量を凶作（50個/m² 未満），並作（50〜200個/m²），豊作（200個/m²以上）に分け，渡島半島の6林分の作柄を予測している。ちなみに，的中率は2006年時点までに，90％という好成績をおさめている（表6.1）。こうした情報は，この地方でのブナの苗木生産においても利用されている。

天然更新によるブナの更新は，ある程度母樹となる天然木が残っていなければ不可能である。母樹がなければ，ブナ林の再生は植栽によることになる。苗木を植えるには，苗木をつくるための種子を確保しなければならない。カラマツやスギのように採種園（種子採取のために造成した林分）のないブナの種子は天然林で採取することになる。豊凶の著しい樹種では，いつどこで種子が採れるかわからないので，種子採取の効率は非常に悪い。しかし，来年どのあた

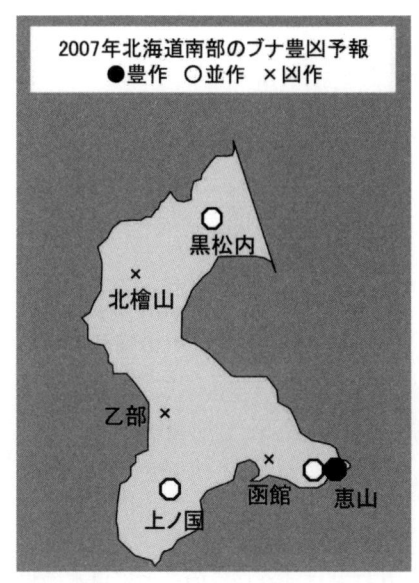

図 6.12 ホームページで公開している豊凶予報
http://www.hfri.pref.hokkaido.jp/11donan/buna/bunayoho.htm

表 6.1 結実予測とその当否

結実年\調査地	北桧山	黒松内	乙部	函館	恵山	上ノ国
1997	豊作	並作×（豊作）	凶作×（豊作）	並作×（豊作）	並作	豊作
1998	凶作	凶作	凶作	凶作	凶作	凶作
1999	凶作	凶作	凶作	凶作	凶作	凶作
2000	凶作	凶作	並作×（凶作）	並作	並作	凶作×（並作）
2001	凶作	凶作	凶作	凶作	凶作	凶作
2002	豊作	豊作	豊作	並作	並〜豊作（並作）	豊作
2003	凶作	凶作	凶作	凶作	凶作	凶作
2004	凶作	凶作	凶〜並作×（豊作）	凶作	凶作	凶作
2005	凶〜並作×（豊作）	凶作	凶作	凶作	凶作×（並作）	凶作
2006	凶作	凶作	凶作	凶作	凶作	凶作

ゴシック体：予測当たり，明朝体：予測はずれ，（ ）は予測はずれ時の実際の作柄
作柄の基準：豊作（200 個/m² 以上），並作（50 〜 200 個/m²），凶作（50 個/m² 未満）

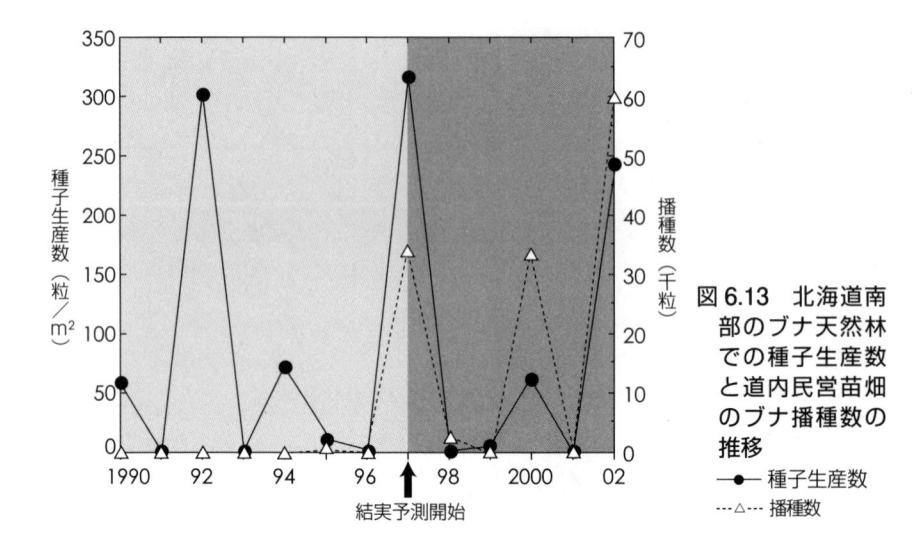

図 6.13 北海道南部のブナ天然林での種子生産数と道内民営苗畑のブナ播種数の推移
　　──●── 種子生産数
　　┄┄△┄┄ 播種数

りで種子が採れるかあらかじめわかっていれば話は違う。このことは苗木の生産量についての統計資料（民営苗畑生産実態調査）にあらわれている。

　図 6.13 は 1990〜2002 年における北海道南部のブナ天然林 5 か所の平均種子生産量と民間苗圃のブナの種子播種量を示したものである。この地方全体で見ると，ブナ種子の生産量は，1992, 1997, 2002 年は豊作，1990, 1994, 2000 年は並作であった。苗圃でのブナの播種量は，私たちが豊凶予報を行う 1996 年までは，天然林の種子の豊凶にかかわらずわずかなものであった。しかし，豊凶予報を始めた 1997 年以降はブナの播種量は，天然林の豊凶に呼応し，豊作年の 1997, 2002 年および並作の 2000 年に 3〜6 万粒の種子が播種されている。実際，2002 年については，豊凶予報がブナの苗木生産に取り入れられ，林業試験場の豊凶予報に基づいて，国有林や苗木生産者ら官民の連携により種子の採取が実施された。これら播種量の増加は，ブナの苗木生産量の統計にも反映されている（図 6.14）。私たちが豊凶予報を始めた 1997 年以降は，それ以前に比べ苗木の生産量（成苗得苗数）が 10 倍以上に増加している。これらの苗木は，渡島東部森づくりセンターなどで利用されており，地域のブナ林再生に貢献している。

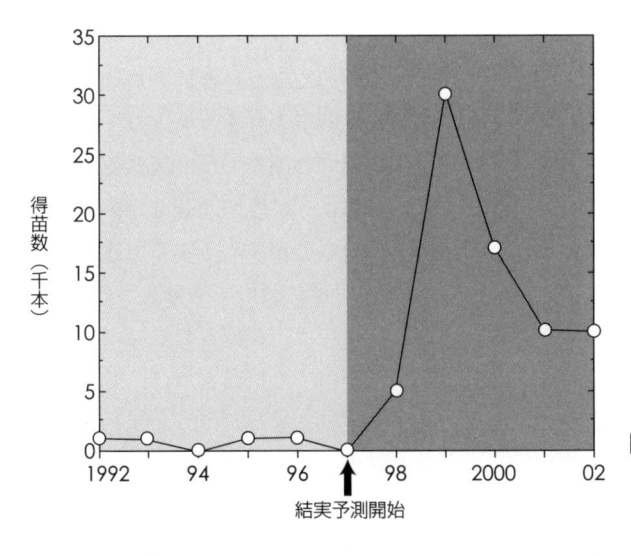

図 6.14 道内民営苗畑におけるブナ成苗の得苗本数の推移

8. 結実予測と自然再生

　わが国の生物多様性の保全を推進するために定められた「第三次生物多様性国家戦略」や「自然再生推進法」では，失われた生態系の積極的な再生が強く謳われている。生物多様性は，景観の多様性，種の多様性，遺伝子の多様性など，いくつかのレベルに分けられ，各レベルでの保全への配慮が必要とされる。なお，ここで言う自然再生とは，人間活動等の影響により，過去に失われた自然林や湿地などを再生する行為である。
　自然林の再生では，その方法は植栽など既存の林業技術が応用されるが，苗木の産地については特に注意が必要だ。というのは，同じ種の樹木でも，地域によって遺伝的変異があることが知られているからである。例えば，ブナの場合，地域によって形態的にも遺伝的にも違いがあることが知られている（萩原，1977；Tomaru *et al.*, 1997, 1998；小池，1998；第10章参照）。したがって，遺伝的に異なる地域のブナを無秩序に移入すると，将来的にはブナの遺伝的な多様性を喪失させてしまうおそれがある。こうした問題へも，結実予測技術は貢献できるはずだ。天然更新や植栽により自然林再生を進めるとき，結実予測技術を取り入れた場合のメリットや課題について考えてみよう。
　天然更新では，もともとその場所に生えていた樹木から散布された種子を利

用するので，苗木代がかからないという経済上のメリットと同時に，他の地域から苗木や種子を持ち込むといった遺伝子汚染が起こらないという自然再生上のメリットもある。しかし，天然更新では再生させる森林をコントロールできるレベルにはまだない。前述のように北海道南部での調査では，天然更新により再生した森林の多くがカンバ林であり，ブナのように豊凶の著しい樹種の場合，成功の確率は低くなる。樹木には豊凶を持つものが多く，本章で述べたような豊凶を意識した天然更新技術がブナ以外の樹種においても確立されれば，その再生の可能性が高まることが期待される。今後は，豊作年の意識だけでなく，地表処理の季節的な時期や処理方法などについても検討すれば，さまざまなタイプの自然林再生に天然更新技術は有効な手段となるだろう。

　一方，植栽により自然林再生を行うとき，ブナのように遺伝的あるいは形態的な地理変異があるとき，その苗木の産地には注意を払う必要があるとされる（第10章参照）。しかし，現在のところ，遺伝子の多様性という観点から，苗木の移動可能範囲を示す明確なガイドラインはつくられていない。したがって，当面はできるだけ近い産地の苗木を用いることになる。理想的には，それぞれの地域で種子を確保し苗木を生産し，産地を明示した形で流通させることが望ましい。さまざまな地域で効率的に種子を採取するには，来年はどこの地域でどの樹種が豊作になるといった広域での多樹種についての結実予報があれば都合がいい。

　こうした問題はブナに限ったことではない。特に広葉樹の種子は豊凶がある樹種が多く，今後，自然林再生を推進するにあたり，各地域の種子をいかに供給するかは大きな問題になるだろう。さらに，これらについては技術的なことだけでなく，制度的にも整理すべき課題がいくつかある。1つは種子の採取場所の問題である。今後，自然林再生にあたり遺伝子の多様性の保全を重視するのであれば，国内のほとんどの天然林を抱える国有林などの公有林おける地域の種子の供給場所としての役割が，よりいっそう期待されるであろう。

　また，公共事業における苗木の調達方法にも工夫が必要だろう。特に，国立公園などの自然環境への配慮が必要とされる場所では，より限定された地域の種子由来の苗木を必要とするが，そういった苗木は一般には流通しておらず急には準備できない。したがって，何年後に何本苗木が必要だから，今年から苗木の養成を委託するといった委託生産等についても十分検討する必要があるだ

ろう。

　現在，結実予測技術は，野生生物の保護管理など私たちがまったく予測していなかった未知の領域を歩み始めており，私が結実予測技術を開発して以降も，小山浩正さん，今博計さんなどその後の担当者によって，技術も進化し続けている。それらについては，次章以後に譲る。

引用文献

萩原信介　1977．ブナにみられる葉面積のクラインについて　種生物学研究 **1**: 39-51.
Igarashi, Y. & N. Kamata. 1997.　Insect predation and seasonal seedfall of the Japanese beech, *Fagus crenata* Blume, in northern Japan. *Journal of Applied Entomology* **121**: 65-69.
加藤清・松井弘之・須田一　1990．道有林松前経営区のブナ林施業（I）　北方林業 **42**: 36-41.
小池孝良　1998．ミトコンドリア DNA でみるブナ林の歴史．遺伝 **52**: 42-46.
Komai, F. 1980. A new genus and species of Japanese Laspeyresiini infesting nuts of beech (Lepidoptera: Tortricidae). *Tinea* **11**: 1-7.
小山浩正・八坂通泰・寺澤和彦・今博計　2000．かき起こしのタイミングがブナ天然更新の成否に与える影響−豊凶予測手法の導入の有効性　日本林学会誌 **82**: 39-43.
三上進・北上彌逸　1983．ブナの花芽及び胚の発育過程とその時期　林木育種場研究報告 **1**: 1-14.
Piovesan, G. & J. M. Adams. 2001. Masting behaviour in beech: linking reproduction and climatic variation. *Canadian Journal of Botany* **79**: 1039-1047.
寺澤和彦・柳井清治・八坂通泰　1995．ブナの種子生産特性（I）北海道南西部の天然林における 1990 年から 1993 年の堅果の落下量と品質　日本林学会誌 **77**: 137-144.
Tomaru, N., T. Mitsutsuji, M. Takahashi, Y. Tsumura, K. Uchida, & K. Ohba, 1997 Genetic diversity in *Fagus crenata* (Japanese beech): influence of the distributional shift during the late-Quaternary. *Heredity* **78**: 241-251.
Tomaru, N., M. Takahashi, Y. Tsumura, M. Takahashi, & K. Ohba, 1998 Intraspecific variation and phylogeographic patterns of *Fagus crenata* (Fagaceae) mitochondrial DNA. *American Journal of Botany* **85**: 629-636.
八坂通泰・小山浩正・寺澤和彦・今博計　2001．冬芽調査によるブナの結実予測手法　日本林学会誌 **83**: 322-327.
Yasaka, M., K. Terazawa, H. Koyama & H. Kon. 2003. Masting behavior of *Fagus crenata* in northern Japan: spatial synchrony and pre-dispersal seed predation. *Forest Ecology and Management* **184**: 277-284.

第7章　豊凶予測の発展型
── どこでもできる予測手法 ──

小山浩正（山形大学農学部）

　　　　ブナ結実予測の予測精度は高く，北海道では森林管理の現場でも利用されている。しかし，ある年の結実を推定するためにはその前年の開花量を知る必要があるため，調査データのない新たな林で予測を行うことは困難だった。データのない林での予測は不可能なのだろうか？　この難題を解く鍵は，ブナ自身の上に刻まれていた。

1. なぜ，どこでもできる手法が必要なのか？

　前章では，ブナの豊凶予測手法が開発されるまでの経緯が紹介された。この手法を「プロトタイプ（原型）」と呼ぶことにする。プロトタイプは実地の森林施業に応用できる潜在力を持っており，北海道では現実に利用され始めている。予測精度も高いので基本的な原理に間違いはないだろう。しかし，実際に運用する場合を考えるとなお改良の余地がある。ここではその問題点について整理し，これを克服するために開発した発展型の手法を紹介する。ただし，これにはプロトタイプの基本原理がどうしても必要なので，再度，要点だけまとめておく。すでに前章でプロトタイプを十分に理解された方は，次の段落は読み飛ばしていただいてもかまわない。

1.1. ブナ豊凶予測の原理

　ブナの豊凶予測には，雌花の開花量とその前年比に関する情報が必要となる。たとえば，来年が豊作となるには，まず1）来春に500個/m^2以上の雌花が開花することが必要条件であり，これより少なければ凶作になってしまう。この条件を満たした場合には，さらに2）来春の開花量が今年の開花量の20倍以上でなければならない。種子を捕食する昆虫を飽食させてすべての種子が食べつくされてしまうことから逃れるためである（捕食者飽食仮説：第1章）。もし，

前年比が10〜20倍ならば並作，10倍以下の時は凶作になる。したがって，来年の豊凶を予測するには今年の開花量と来年の開花量の両者を知る必要がある。今年の開花量は，春に枝を採取して花芽率*から算出するか，シードトラップ（以下，トラップと呼ぶ）を用いて落下種子の総数を調査して求める。一方，来年の開花量については，秋に目的の林分を訪れて枝を採取し，冬芽の花芽率を調べて推定する。こうして得た2年分の開花量の推定値を上の2つの条件に照らし合わせて，来年の作柄（豊凶）を予測するのである。

1.2. プロトタイプの限界

このプロトタイプによる結実予測の的中率はかなり高いことが前章で述べられた。では何が問題なのだろう。

私たちが1996年から発表している豊凶予報では，当年の開花量としてトラップ調査による落下種子数のデータを用いているために，トラップを設置した5つの調査地（図5.2：1995年からは新たに1か所を加えて6調査地となっている）をベースポイントとしている。しかし，結実予測を生かそうとする実際の森林施業や作業，つまり天然更新のための地表処理や育苗用の種子採取という行為は，当然ながらトラップを設置した林分だけで行われるわけではない。むしろそれ以外の林分で行われる場合がほとんどと言ってよいだろう。その場合，プロトタイプによる予測結果を生かすことができるだろうか。ブナは開花や結実が比較的広い地域で同調するので，目的の林分から最も近いトラップのデータからある程度は推測できる。しかし，たとえば**第1章の図1.2**をご覧いただきたい。ここには，私たちが渡島半島においてトラップで調べた5か所の調査地の落下種子数が示されている。この図の1994年における充実種子数に注目すると，北桧山では豊作だったが黒松内では凶作だったことがわかる。「では，両者の中間地点の作柄は？」と問われたらどう答えるべきなのだろう。まさか中間をとって並作とするわけにもいくまい。

理想的な解決方法は，その中間地点にもシードトラップを設置することである。しかし，トラップを使った開花結実調査は，毎年雪解けとともに現地で組み立て，それ以降も定期的に落下物を回収してカウントするから時間も手間も

＊：ブナの花は，葉とともに「混芽」に内包されているので，正しくは「混芽率」と呼ぶべきだが，ここでは便宜上「花芽率」とする（**第5章**，p.85 参照）。

かかる．研究を生業とする者ならそれも覚悟のうえだろうが，他の通常業務も抱える一般の森林・林業関係者には負担が大きい．したがって，安易にトラップを設置すれば解決するというものでもない．それに，もし中間地点に設置できたとしても，さらに「その中間地点は？」という数学の証明問題のような話になってしまう．したがって，任意の場所で手間をかけずに予測する方法がどうしても必要なのである．

こうして「トラップとトラップの中間地点」の疑問は「任意の場所における豊凶予測」というより一般的な命題へと発展した．この思考過程は少し考えれば誰もが行き着くものだから，もちろん私もこの問題には気づいていた．しかし，気づいたからと言ってすぐに解決策が思い浮かぶわけもない．こんな時の対処方法はただ1つ，「問題を直視しない」ことである．そういうわけで，これについてはしばらく頭の隅へと追いやっていた時期があった．ところが，最初の予測発表（1996年）から3年が経った冬のある日，ついに避けられない事態が来てしまったのである．ことの発端は以下の通り．

1.3. 求められた問題解決

1999年に私たちは例によってプロトタイプの方法による結実予報を発表していた．この時点で翌2000年に並作以上の結実が予測されていたのは函館と恵山周辺であった．この情報を聞きつけた北海道渡島支庁の自然保護係の職員の方が，「来年のガルトネルのブナ林は豊作になりますか？」と尋ねに来られたのである．あまりに単刀直入な問いに私はたじろいだ．

ガルトネルは明治の開国期に来日したドイツの商人である．開国直後の函館周辺で土地取得に絡む事件を起こすなど，歴史上の評判は必ずしも良くない．しかし，後世の私たちには貴重な遺産をいくつか残してくれた．1つは，ドイツからのサクランボ導入である．彼が持ち込んだ6本の苗木が日本のサクランボ生産の先駆けとされている．私は，現在，北海道からサクランボの一大産地である山形に移って居を構えているが，この地の今の名声はある意味でガルトネルのサクランボに源がある．なぜならば，山形は函館からサクランボの苗木を移入しているからである．

サクランボに加えてもう1つの立派な遺産と言えるのが「ガルトネルのブナ林」である．彼の故郷であるドイツにもヨーロッパブナ *Fagus sylvatica* というブ

図 7.1 ガルトネルのブナ林（北海道七飯町）

1869 年に植栽されたブナ人工林。林分材積 602 m³/ha，平均直径 33 cm，平均樹高 22 m（北海道林業改良普及協会，1995）。当初は数 ha にわたって植栽されたと言われているが，その後開墾などにより面積は減少し，現在は 0.38 ha が保護されている。

ナ属の樹木がある。ドイツ人の森好きはよく知られており，老若男女を問わず実によく散策をする。故郷を遠く離れたガルトネルは，森への想いを一層強くしたのだろう。1869 年に近郊の山から採取したブナの山引き苗を今の七飯町に植えたとされている。植栽から 100 年以上経過して立派に成熟したこのブナ林は，現在では 0.38 ha ほどしかないが，真っ直ぐ，そして高くそびえた姿を国道からもうかがうことができる（図 7.1）。今でこそブナの人気が高まり植栽も各地で行われるようになったが，これほど早い時代に造成された人工林は珍しい。学術的にも，また歴史的文化遺産としても貴重なものと認識されて 1974 年には学術参考保護林に指定された（北海道林業普及協会，1995）。こうした経緯があるので函館近郊の住民にも比較的なじみの深い森である。私を訪ねて来られた北海道庁の方は，このブナ林から種子を取り，育てた苗木を函館駅前に植えてガルトネルのブナ林の二代目を並木としてつくりたいと考えていた。その際に，種子採取から育苗，植栽までの過程を近郊の小学児童と一緒に行うことで，子供達に地元の歴史を学んでもらうとともに，かつて賑わった函館駅周辺にも再びスポットライトを当てたいということであった。彼としてはすぐにでも始めたいのだが，種子が取れなければ話にならないので相談に来られたと言うのである。

この素敵なアイデアに私も心を打たれた。しかし，もちろん私たちはこの人

工林にトラップなど設置していない。先にも述べたように，いつもシードトラップを設置している場所での解析では，翌年の函館のブナ林は結実するだろうと予測されていたから，隣町の七飯町でも結実する可能性は高いと思われた。しかし，そもそもこの人工林の苗木の由来が不明だし，低地に植えた人工林の結実が山地の天然林と同調すると言い切れる自信はなかった。とにかく一緒に現地に行って枝を採取してみたところ，冬芽のほとんどは花芽だったから翌年に大量の花が咲くのは間違いなさそうだった。しかし，すでにこの時点で冬になっていたので当年の春にどのくらいの雌花が咲いたのかはもはやわからない。つまり，来年の開花量が今年の20倍を超えるかどうか確認できないわけだ。申し訳ないが，プロトタイプの原理を説明したうえで，「来年は大量開花しますから，虫害さえなければ豊作になります。しかし，今年の開花量が分からないのでその確証がありません」と答えるしかなかった。間違いのない回答ではあるが，なんとも曖昧な返事である。結局，種子採取の可否は相手に委ねているので後味が悪い。現場で使える生態学を志向していたのに何も役に立てなかった無力感をかみしめながら彼の背中を見送った。こういう時がつらい。いよいよ問題を直視しなければならなくなったのである。

　このエピソードは，プロトタイプのどこに弱点があるかを端的に示している。任意の地点で来年の結実を予測したいと考えた時，来年の開花量の推定に関してはその場所で枝を採取すれば冬芽からわかるのでプロトタイプで支障がない。ところが，トラップを設置していないために今年の開花量を知る術がない。このことが予測を不可能にしているのである。逆に言えば，トラップに頼らずに今年の開花量を推定できればよいわけで，そうなれば任意の場所で予測が可能になる。

2. ヒントはすでにあった

　問題を正面に据えると解決のきっかけを捕えるチャンスも増えるのだろうか。それからしばらく経ったある日，私は突然大事なことを思い出した。その年の夏に，ブナの花や葉を餌とする昆虫を研究されている金沢大学の鎌田直人さん（現・東京大学）が共同研究のために私たちの職場を訪ねて来られたことがあった。この時に，ブナは開花すると雌の花序の着生していた痕跡（図7.2）

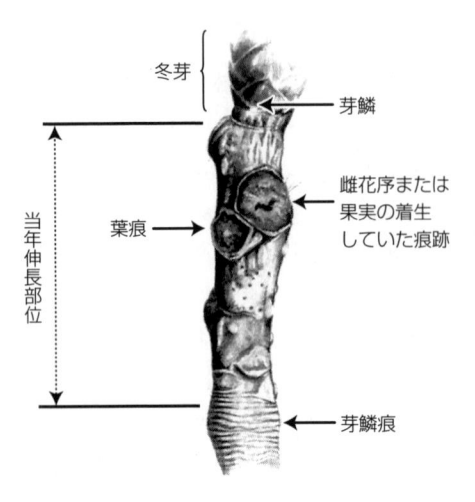

図7.2　ブナの当年枝と各部位の名称

秋に落葉すると葉柄の根元の痕跡が枝に葉痕として残る。もし当年に開花していたならば、葉の付け根に雌花序がついていたのでその痕跡が葉痕に隣接して残っている。ブナの冬芽は芽鱗に覆われており、これが脱落すると芽鱗痕が残る。芽鱗痕をたどることで、過去5〜6年程度までさかのぼって年枝を認識できるので、それぞれの年の伸長量や開花の状況を知ることができる（本文参照）。
【イラスト / 赤勘兵衛】

が枝に残り、しかもそれが数年間は肉眼でも確認できることを実地に教えてくださっていたのである。どうして、すぐに気がつかなかったのだろう。すでに答は手中にあったのだ。当年枝上に残る開花の痕跡で今年の開花数を推定できるかもしれない。それが可能ならば、秋に枝を採取して開花の痕跡と花芽率を調べるだけで、どこの林分でも豊凶予測ができることになる。ただし、それには先に確かめておかねばならない大事なことがあった。

　実は、ブナの枝に開花ないしは結実の痕跡が残ることはすでに知られており、これを使って過去の結実を再現する試みもいくつかの報告例がある（梶ら，1993；伊藤ら，2000）。ただし、開花と結実を区別した場合、この痕跡が虫害などで未熟落果したものも含めて開花したすべての花序について残るものか（この場合は雌花序痕と呼ぶのがふさわしい）、それとも秋まで枝に着いていた果実だけに残るのか（この場合は果柄痕となる）、そのいずれかが必ずしもはっきりしていなかったのである。

　春先に未熟落果した場合、雌花序の痕跡はその後の枝の成長過程で治癒して残らない可能性は十分に考えられる。したがって、この痕跡に対する表記の仕方も、雌花序痕と呼ぶ場合と果柄痕と呼ぶ場合が混在し、論文や書籍でも統一されていなかった。たいした違いはなさそうだが、予測をする場合には雌花序痕か果柄痕かで事情は大きく異なる。と言うのも、果柄痕であればその年の結実の状況そのものは再現できるが、開花全体を反映していないので予測には使

えない。結実予測には、結実量ではなく未熟落果も含めた開花総数が必要だからである。したがって、結実を予測するという観点からは雌花序痕であった方が都合がよい。

それだけではない。もし雌花序痕だとしたら、この痕跡は5〜6年は肉眼で確認できる状態で残るので、過去の開花状況も年ごとに再現できるかもしれない。ブナのように冬芽が芽鱗に包まれた落葉広葉樹は1年成長するたびに枝に輪状の芽鱗痕を残す（図7.2）。芽鱗痕と芽鱗痕の間がその年に伸長した部分である。したがって芽鱗痕を手がかりに枝先からたどると、どこからどこまでが何年前に伸長した部分なのかがわかるのである。その年に伸長した部分の枝を年枝と呼ぶが、年枝ごとに痕跡を調べれば過去数年間の開花の推移を知ることができそうだ。そのためにも、この痕跡が果たして雌花序痕なのか、あるいは果柄痕なのかを確認する必要がある。この確認作業は私たちにはもはや簡単なことだ。なぜなら、すでに10年以上におよぶトラップデータの蓄積があるわけだから、6か所の天然林で何年にどのくらい開花して、そのうちどれくらいが結実に至ったのかすべてわかっている。したがって、この6林分で枝を取って、各年次に相当する年枝の開花または結実の痕跡の有無を調べて比較すればよい。あとは実際に枝を取って来て確かめるだけだ。

3. 確認作業

2000年の春の雪解けを待って、さっそくいつもシードトラップを設置している調査地で枝を採取してきた。それぞれの林分で枝を取りやすい10個体程度を対象として、1個体当たり5〜10本の枝を採取した。採取した枝は実験室に持ち帰り、年枝を識別しながら痕跡を数えた。

図7.3はその結果である。各調査地の図において、上段はシードトラップによって調べた1994年以降の落下種子を示している。このうち秋まで枝に残って結実に至ったものは黒で塗りつぶしてある。白い部分は虫害を受けて未熟落果したものとしいな（未成熟を含む）である。したがって、黒と白の部分を合わせた合計がその年に開花した雌花の総数ということになる。一方、下段の図は痕跡率を示している（まだ雌花序痕か果柄痕かわからないので、痕跡率としておく）。痕跡率は、各年に対応する年枝ごとに、観察した枝の総数のうち痕

134　第 7 章　豊凶予測の発展型

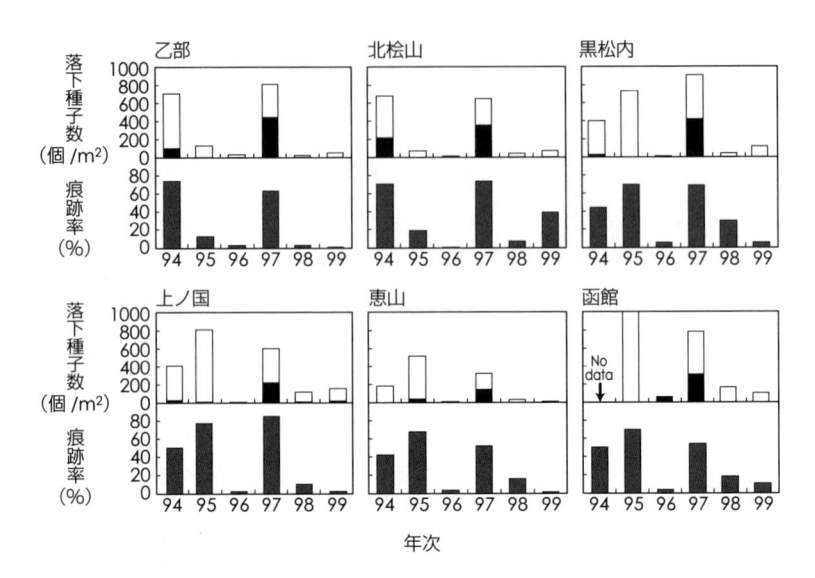

図 7.3　シードトラップで調べた落下種子数(上段)と痕跡率(下段)の年次推移(6 調査地)
各調査地の上段の図において，黒は充実種子，白は虫害種子＋しいな・未成熟種子をあらわす。したがって，黒と白を合わせた数は開花した雌花の総数をあらわしている。下段の痕跡率の変動は，上段の落下種子の総数（開花した雌花の総数）と連動していることがわかる。

跡が 1 個でも見つかったものの割合を百分率で示した。この図を見ると，問題の痕跡は結実数（黒の部分）ではなく，開花の総数（黒と白の合計）を反映していることがはっきりとわかる。たとえば，黒松内，恵山，上ノ国などでは，上段の落下種子の図に示されているように，1994 年と 1995 年に大量に開花しているがほとんど結実には至らなかった。もし痕跡が果柄痕であるならば，下段の痕跡率もゼロに近いはずである。しかし，実際の痕跡率は 40 〜 80 ％とかなり高い値を示している。したがって，この痕跡は結実に至った果実にだけ残るのではなく，開花した雌花序ならばすべてに残る痕跡と判断してよいであろう。つまり，これは果柄痕ではなく雌花序痕だったのである。そこで，これ以降は雌花序痕という呼び名で統一する。

　図 7.3 を見れば，シードトラップによって調べた開花量と枝の雌花序痕率は互いによく連動していることが明らかである。開花の多かった年には雌花序痕率も高いし，雌花序痕率が低い年は開花も少なかった。そこで，図 7.3 のデータを 1 つにまとめて雌花序痕率と雌花数（開花）の関係を見ると，やはり雌花序痕率が

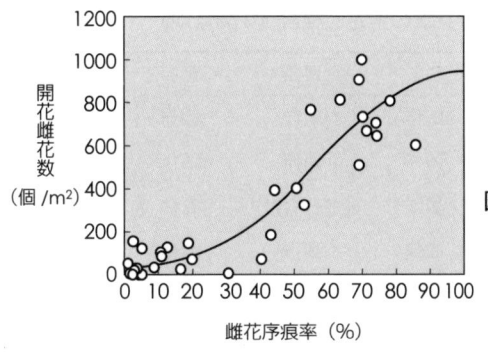

図7.4 雌花序痕率と開花雌花数の関係

ロジスティック曲線で回帰させると
$F_t = 1000/\{1+\exp(3.73-0.067\cdot\psi)\}$
が得られ，決定係数 $r^2=0.86$ であった．

表7.1 雌花序痕率を利用した過去の開花・結実状況の推定（上ノ国）

年次	1994	1995	1996	1997	1998	1999
雌花序痕率[1]（%）	50.5	78.0	3.0	85.6	10.7	2.4
推定開花数[2]（個/m²）	413.6	**816.8**	28.6	**881.4**	46.8	27.4
前年比[3]	—	2.0	0.03	**30.9**	0.1	0.6
推定された結実状況	凶作	凶作	凶作	豊作	凶作	凶作

1 雌花序痕率は2000年に採取した枝を用いて，各年次に対応する年枝の雌花序痕の有無を調べて求めた．
2 推定開花数は雌花序痕率を（1）式に代入して得た．
3 前年比は，（当年の推定開花数/前年の推定開花数）を示す．
注）ゴシック体で示した値は，結実が豊作となる条件を満たしている値．

高いほどその年の開花数が多い関係にあることがわかる（図7.4）．この関係をロジスティック曲線で回帰すると，次のような回帰式を得ることができた．

$$F_t = 1000/\{1+\exp(3.73-0.067\times\psi)\} \quad (1)$$

ここで，F_t は開花雌花数，ψ は雌花序痕率（%）である．この式を用いれば，雌花序痕率からその年の開花量を推定できる．さらに過去数年にわたる連年の開花量の推定値が得られるので，プロトタイプの原理から結実状況の再現さえも可能になる．実際に，これが可能かどうか検証してみることにしよう．

表7.1は上ノ国の調査地での過去の開花量と結実状況の推定を試みた例である．表の第1行には年次，第2行には各年次に対応する年枝の雌花序痕率（（1）式の ψ）を示してある．第3行にはこれを（1）式に代入して求めた各年次の推定開花数（雌花）を示した．豊作になるためには，その年に500個/m²以

表7.2 雌花序痕率を用いた過去の結実状況の推定と検証（6調査地）

年次＼調査地	北桧山	黒松内	乙部	函館	恵山	上ノ国
1995	凶作	凶作	凶作	凶作	凶作	凶作
1996	凶作	凶作	凶作	凶作	凶作	凶作
1997	豊作	豊作	豊作	×並作（豊作）	並作	豊作
1998	凶作	凶作	凶作	凶作	凶作	凶作
1999	凶作	凶作	凶作	凶作	凶作	凶作

豊作，並作，凶作は2000年に採取した枝の雌花序痕（1994から1999年）から推定した作柄を示す。シードトラップによって調べた実際の結実状況と比較して推定が外れていた場合には×で示し，（　）内に実際の作柄を示した。

上の雌花の開花が必要であることから，1995年と1997年がこの条件を満たしていることがわかる。さらに第4行には，その年の推定開花数を前年の推定開花数で割った前年比を示してある。虫害を免れて豊作になるためには，この前年比が20以上にならなければならない。表中で前年比の値が20以上になっているのは1997年だけである。このことから，上ノ国のブナ林では1997年は豊作となったと推定され，一方1995年は大量開花したものの開花量が前年の20倍以上という条件が満たされないために虫害を免れられずに凶作になったと推定される。また，その他の年はそもそも開花が少なかったために凶作になったであろうと推定された。これらの推定の当否はどうであろうか？　再び**第1章の図1.2**を見ていただければ，これらはみごとに的中していることがわかる。同様の検証を他の5林分についても行った。その結果は**表7.2**に示した通り，1つのケース（1997年の函館）を除いてすべての推定に成功していて，的中率は実に90％を超えていた。雌花序痕を使うことによって過去の開花状況だけでなく結実状況についてもよく再現できると言える。

4. 発展型結実予測手法

　雌花序痕を用いた任意の地点の結実予測手法をまとめると，来年の結実を予測をするためには，秋に対象林分に行き枝を採取する。どれだけの枝を採取すればよいのかについては，まだ検討すべき課題であるが，1つの林分について，少なくとも10個体前後を対象として1個体から5〜10本程度の枝があれば

十分と思われる。まず，プロトタイプによる予測方法と同様に，採取した枝の先端にある冬芽を観察して花芽率を求め，花芽率と開花数（雌花）の関係（図6.5）から来年の開花数の推定値を得る。この値が，豊作のための最初の条件，すなわち開花数が 1 m² 当たり 500 個以上か否かを検討する。これが満たされなければ来年は凶作である。次に，今年伸長した当年枝の雌花序痕率を求めて，(1) 式を使って今年の開花数を推定する。先の手順で来年の推定値がでているから，これと比較して来年の開花数が今年の開花数の 20 倍であるという結果が得られれば来年は豊作だと予測できる。10 倍以下ならば凶作，10 から 20 倍の間であれば並作と判断することになる。この方法は，枝を採取するのみでトラップを必要としないので，任意の林分で予測できる点で優れている。

予測の発展型ができたうえで，私たちが提案しているきめ細かい結実予測方法は次のような流れである。林業試験場などの専門機関は，トラップ設置箇所においてプロトタイプによる予測を行いその情報を公開する。毎年秋にインターネットなどで来年の各地点の豊凶予測を発表すればよいだろう。(第 6 章 図6.12) 天然更新施業や育苗用の種子採取を考えている森林・林業の関係者はこの情報をまず利用することができる。施業や種子採取を予定している林分に最も近いトラップ設置地点の予測が豊作であったなら，予定作業を実行できる可能性が高い。ただし，林分が異なる以上，作柄がまったく同じである保証はないから，予定の林分に実際に行きこの章で紹介した雌花序痕を利用した予測方法を適用してみればよい。これによって各対象林分での予測はより確実なものとなり，作業などをより効率的に展開することができるであろう。

5. 広がる可能性

雌花序痕という武器を手にした今，もしかしたら，いろいろと新たな応用が期待できるのではないかと思われる。以下に考えられる可能性をいくつか挙げてみよう。

5.1. ピンポイントの予測と再現

今回紹介した予測手法が優れているのは，なんと言っても，目的とする所でピンポイント予測ができることである。ピンポイント予測が可能ということは，

たくさんの場所で調べれば，ブナの開花・結実がどのくらいの範囲で同調するかをマッピングできることを意味する．しかも，雌花序痕は過去の履歴についても5年程度まではさかのぼれるので，これまでに，どのような範囲で開花・結実が同調しながら推移してきたか再現することも可能である．さらには，この方法は開花と結実を分けて再現することさえできるのだ．ブナは地域的な広がりをもって開花・結実が同調すると言われているが，実際にどれだけの範囲がひとまとまりなのか検討した例は少ない（正木，2000；Suzuki et al., 2005）。普通にこれを実行しようとすると，かなり広い範囲について長い年月をかけて観察を続けなければならない．しかし，雌花序痕を利用する方法ならば，1回の枝のサンプリングで少なくとも5年程度は過去に遡って解析することができるので，少ない努力で相当のデータを手に入れることができる．

5.2. 野生動物の保護管理への活用

最近，クマが人里に出没し，農作物が被害を受けたり，人身被害が起きたりしている．特に2006年は，ツキノワグマの出没に関するニュースが頻繁に報道された．この現象にはさまざまな要因が関係していると思われるが，その1つとして，奥山のブナ林の凶作が考えられている（Oka et al., 2004）。東北日本海側のブナ林では2005年に5年ぶりの大豊作となったが，翌2006年はまったく花が咲かない凶作であった．このことが，クマが人里に降りてきた一因ではないかと報道された．ブナの種子は栄養価が高いので，確かにクマをはじめとする野生動物にとっては非常に魅力的な餌資源の1つである．したがって，結実の年変動が彼らの生活に何らかの影響を強く与えていることは間違いないであろう．そして，もしツキノワグマが人里へ降りてくる行動が本当にブナの結実と関係があるとするならば，きめ細かい地域の情報として雌花序痕を利用した結実予測は，クマの出没に対する警戒警報として貢献できるかもしれない．これに関して現在，山形県環境科学研究センターの伊藤聡さんと，県内の作柄履歴とツキノワグマの出没の相関を調べるためのモニタリングを開始したところである．もっとも，クマはブナだけでなく，ミズナラなどのドングリも秋の重要な食料源としているから，ブナが凶作でもドングリがなっていれば大きな被害が生じないかもしれない．したがって，クマに関する警報をより精度の高いものにするためには，ミズナラを含めた種子生産量の予測が必要になる（Oka

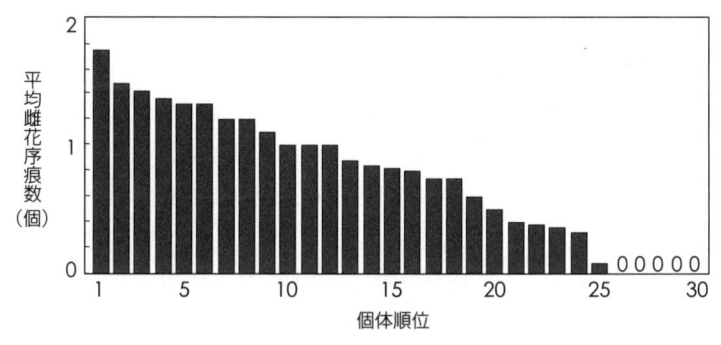

図 7.5 個体別に見た豊作年（1997 年）の平均雌花序痕数（上ノ国）
枝を採取した 30 個体について，平均雌花序痕数の多い順に並べた。

et al., 2004；今，2005)。残念ながら，ミズナラの豊凶予測は確立していない。ブナ以外の主たる構成種の豊凶予測は今後の大きな課題である。

5.3. 個体ごとの開花結実特性の評価と利用

シードトラップは上からの落下物をただ捕捉するだけなので，林分全体としての平均的な開花量や結実量の把握には適しているが，個体ごとの評価はできない。これに対して雌花序痕を使う方法は，個体ごとに枝を調べれば開花の程度を個体単位で知ることができる。1 つの例をあげると，図 7.5 は 1997 年に豊作になった上ノ国の調査地でブナ 30 個体から枝を採取し，その年の平均雌花序痕数が多い個体から順に並べたものである。単に豊作年と言っても個体により開花の程度は実にさまざまで，大量に開花した個体とそうでない個体があることが明らかである。遺伝的な選抜が進んだ農産物ではあまり考えられない現象ではないだろうか。こうなると将来の天然更新施業はもっときめ細かい配慮が必要になるかもしれない。現在，ブナの天然更新に有効とされている「母樹保残法」では，収穫時に次世代の種木となる母樹を一定密度で残すことにしているが，開花量の多い多産な個体ばかりをたまたま伐採してしまうと，残った母樹では天然更新のために必要な種子を十分に供給できないかもしれないからだ。逆に，多産な個体を見極めてこれを選択的に残すようにすれば天然更新の成功率はもっと上がるかもしれない。ところが，さらに踏み込んで調べると事情はもっと複雑なことがわかってきた。何度も強調するように，雌花序痕による方法は過去にさかのぼって開花を評価できる。そこで，2 回の豊作年につ

いて個体単位での開花程度を比較してみると，前の豊作年に最も多く開花した個体が次の豊作年にも一番になるとは限らなかったのだ（大山ら，2005）。豊作年ごとに開花程度の序列が一定ではないので，多産性を施業に応用しようとするとやや複雑なことになる。今後の検討すべき課題だ。

　また，個体の多産性は豊作年における開花量だけでは評価できない。開花の到来頻度も個体間で違うことがありえるからだ。事実，豊作は 5 〜 7 年に一度とは言われているが，多くの林分ではその間に中〜大規模な開花が起きていることがシードトラップによる調査でも明らかになっている。再度，**第 1 章**の**図 1.2** を見てほしい。たとえば，黒松内では 1995 年に大量開花しているがほとんどが虫害に遭って凶作になっていた。これは，前年の 1994 年にも中規模な開花があったからである。**第 1 章**で解説されたように捕食者飽食がブナの豊凶性を進化させた究極要因とすると，このような中途半端な開花などない方が確実に種子を残せるはずである。しかし，他の林分でも同様に中規模な開花年は必ず見られる。

　このような中途半端な開花に何か意味があるのだろうか。最近，私たちはこの中規模開花の現象的な実態をおさえる調査を始めた。この現象が生じる内訳としては次の 2 つの場合が想定される。すなわち，1）林分内の各個体が同調して少しずつ開花する場合と，2）特定の少数個体のみが大量に開花している場合である。山形県の日本海側にあるブナ林で，雌花序痕を利用して 90 本程度の個体の開花挙動を調べてみた。この地域では 2000 年と 2005 年が豊作年だったが，2002 年にも中規模な開花，結実が起きている。雌花序痕の解析の結果，やはり多くの個体は 2000 年と 2005 年にだけ開花していたが，10 ％程度の個体が 2002 年に開花していた（大山ら，未発表）。しかも，これらの個体は 2000 年と 2005 年にも開花しているのである。つまり，中規模な開花年は，少数の個体が開花することで生じるもので，かつそれらは開花頻度も高い個体だったのだ。資源状態が良い個体は開花頻度が高いのかもしれないが，このような開花をすることに何か適応的なメリットがあるのか否かなど，現在のところ明快な解答は得られていない。しかし，これまでは林分全体として論じていた結実特性を，今後は個体まで還元して論じることによって，ブナの結実特性の生態学的な理解やその森林管理への応用に新たな展開が期待できるのではないだろうか。

医学の世界では「テーラーメイド治療」という言葉が頻繁に使われるようになってきた。従来，投薬の量や構成はどの患者に対しても平均的かつ画一的な処方が施されていたが，これからは患者それぞれの遺伝的特性の違いなどを考慮して個人に適した治療法を見つけて処置する時代になりつつあるという。天然林は，農作物のように育種による遺伝的均一化が進んでいないので，多様な個性を有する個体の集団と言える。このような集団を相手にしている森林施業や自然再生事業には，テーラーメイド医療のような発想が必要なのかもしれない。近年は，遺伝解析により親子関係など目に見えない関係も明らかにできるようになってきた。天然状態において次世代を残しやすい個体が特定され，その個体の開花挙動が雌花序痕調査で明らかになれば，中規模開花年にも花を咲かせるような一見無駄なことをしているような個体にも思わぬ適応的な意義が見つかるかもしれない。このような個体まで還元した開花結実特性の観察や解析は，今後の豊凶現象の理解にいっそうの深みを付与するであろう。

引用文献

伊藤祥子・小川陽祐・木村勝彦 2000．ブナの年枝解析による開花・結実量推定 日本生態学会大会講演要旨集：109.
北海道林業改良普及協会 1995．北海道林業の見どころ p. 276．北海道林業改良普及協会．
梶幹男・沢田晴雄・佐々木潔州・大久保達弘 1993．果柄痕によるイヌブナ豊作年の推定．第104回日本林学会大会講演要旨集：166.
今博計 2005．ブナとミズナラの堅果生産の豊凶がヒグマに与える影響 モーリー **13**: 22-25.
正木隆 2000．ブナの実の不思議な性質 *In*; 森林総合研究所東北支所（編著）東北の森：科学の散歩道．p.345．熊沢印刷出版部．
Oka, T., S. Miura, T. Masaki, W. Suzuki, K. Osumi, & S. Saitoh. 2004. Relationship between changes in beechnut production and Asiatic black bears in northern Japan. *Journal of Wildlife Management* **68**: 979-986.
大山智子・小山浩正・高橋教夫 2005．ブナ豊作年次の個体による開花の違い．東北森林科学会第10回大会講演要旨集：71.
Suzuki, W., K. Osumi & T. Masaki. 2005. Mast seeding and its spatial scale in *Fagus crenata* in northern Japan. *Forest Ecology and Management* **205**: 105-116.

第8章 フェノロジカル・ギャップの発見
―開葉のタイミングと稚樹の分布―

小山浩正（山形大学農学部）

　森の上層を覆う樹木が枯れたり，大きな枝が折れるなどして林床に光が届くようになった場所を「ギャップ」と言う。一般に，そこは次世代の樹木が育つ場所となる。ところが，夏にブナ林を歩いてみると，ブナの若木は意外にギャップには少ないことに気づく。通い詰めたブナ林でこそ着想できた，新たな更新シナリオの仮説とは？

1. 極相林に関する誤解

　私たちは高校時代に「植生遷移」という概念を学んだ。そのなかで二次遷移は次のように進行すると教えられた記憶がある。裸地に最初入るのは草本類で，続いて陽樹が侵入して陽樹林が成立する。しかし，耐陰性の低い陽樹の稚樹は自らの林床（森林の地表面のこと）では生育できず，やがてここには陰樹が定着しはじめる。陰樹の稚樹は耐陰性が高いので林床でも生育できる。だから，以降は陰樹による世代交代が繰り返され，森林は極相林として安定的に持続するというシナリオである。しかし，この説明は矛盾をはらんでいる。なぜなら，これが本当に正しければ，陽樹はとっくにどの森林からも駆逐され，消滅しているはずだからだ。しかし，実際にはかなり成熟した森林でも陽樹は必ず存在している。この矛盾が生じる原因は，次の2つの誤解によると思われる。1つは，陰樹（以降は極相種と呼ぶ）は暗い場所での生育を好んでいるという誤解である。事実は，陽樹（同じく先駆種と呼ぶ）に比べれば光の少ない環境下でもある程度耐えることができるだけであり，極相種も決して暗がりが好きなわけではない。だから，極相種の稚樹が森林の中で地道に成長を続け，やがて林冠層に到達できると考えるのは誤りで，被陰が長期に及べばやがて枯れる。もう1つの誤解は「極相林は安定している」という前提である。確かに，以前は

図 8.1 林冠のギャップ（小山ら，2007 より）
手前に見える影は枯死した個体の幹。この個体の樹冠がなくなったことでギャップができた。

遷移の進んだ極相林は安定していると考えられてきたが，実際には成熟した森林でも，破壊と再生・修復が繰り返されて維持されていることが明らかになってきた。

2. ギャップダイナミクス

森林の上層部は決して樹冠で隙間なく埋め尽くされているわけではない。所々に大小の空隙（ギャップ）が存在する（図8.1）。これらは，樹木が大風などの攪乱により幹折れや根返りを起こしたり，菌類に侵されて立ち枯れしたりして欠損した樹冠のなごりである。ギャップができると，直下の林床では光条件が好転する。このため，すでにあった稚樹や新たに侵入した種子から発芽した実生の成長が促され，ギャップはやがてこれらの稚樹により修復される。そのうち，また別の場所にギャップが形成され，そこでも稚樹によるギャップの修復が始まる。このように森林は攪乱による部分的な破壊と若返りを繰り返しながら，全体として恒常的な景観を維持しているのである。このパターンは世界の森林生態系に共通するもので，林冠が 60 m 程に達する熱帯雨林でも，森林を平面的にみると，成熟個体の樹冠群（成熟相）の中に，できたばかりのギャップ部や，稚樹が林冠を目指して成長し，ギャップが修復されつつある部分

図 8.2 ブナ林の林床に成立した稚樹バンク

山形県庄内地方の国有林内で2001年に撮影。この林分では2000年に豊作年となり、翌年に大量に稚樹が発生した。

（建設相）といった発達段階の異なるパッチがモザイク構造をなしている（Whitmore, 1984）。このように、ギャップ形成とそれを契機とした森林の再生維持メカニズムは「ギャップダイナミクス理論」と呼ばれて、1980年代ごろから森林生態学や林学の分野でさかんに調査研究が進められた（山本 1981, 1984; Nakashizuka & Numata, 1982; Nakashizuka, 1987; Yamamoto, 2000）。

では、ギャップダイナミクス理論により、先の極相林に先駆種が共存する矛盾はどのように解消されるのだろう。ギャップの面積はさまざまで、大きな台風により数本の林冠木がまとまって倒壊すれば大きなギャップができるし、雪の重みで1つの大枝が折れてできるギャップなら小さい。通常は20 m^2 未満のものが多いが、中には500 m^2 を超える大きなギャップも存在する（Tanaka & Nakasizuka, 1997）。林床の明るさは、ギャップの大きさに依存するから、耐陰性の低い樹種は比較的大きなギャップでないと更新できない。これに対して、耐陰性の高い極相種の稚樹は小ギャップでも更新できる。極相種の稚樹は暗い林床でもしばらく生存できるので、上層林冠にギャップができるのを待つことができる。ギャップを待機している稚樹が林床で多数集まった状態を稚樹バンクと呼ぶ。図8.2は、豊作翌年に発生したブナの稚樹バンクである。これらは、何もなければ次第に本数を減らしやがて消滅するが、もしどこかにギャップが形成されたならば成長が促され、そこで生育を続けるだろう。ギャップを形成する攪乱の質や強度も重要である。幹折れや立ち枯れでできるギャップでは、地表面の土壌や植生をさほど攪乱しないから、稚樹バンクなどすでに林床に存在していたものがギャップを修復する確率が高いだろう。この場合には、種子

の発芽からスタートする先駆種は競争に負けて定着しずらい。しかし，根返り倒木や地すべりなどは林床植生を破壊するので，先駆種も更新できる余地がある。このように，多様なギャップサイズと形成要因の複合的な組み合わせにより，先駆種も更新できる機会が与えられ，極相種とともに森林の構成種として共存できるのである。

3. 稚樹の空間分布

　前節において，極相種が稚樹バンクによってギャップの形成を待機している様子を見た（図8.2）。ここでは，林床における稚樹バンクの空間的な分布に焦点を合わせ，この章の本題であるブナ稚樹の分布と更新様式について考える。
　耐陰性に優れた極相種の稚樹バンクといえども，稚樹は林床に均一に分布しているわけではなく，必ず局所的な集中性を示す。この不均一性が生じる原因は，種子から稚樹の定着に至るまでの各段階で生じる。第1に，種子の散布量は母樹からの距離に応じて指数関数的に減少する（Harper, 1977）。そもそも種子のステージで母樹付近に偏った分布が生じるのである。ただし，種子があればどこでも稚樹バンクができるわけではない。自然条件のなかで，温湿度や土壌の物理性など種子の発芽に適した環境を持つ場所をセーフサイトと呼ぶ。このセーフサイトも林床で局所的に点在する。種子の散布領域（シードシャドウ）とセーフサイトが重なったところでしか発芽は起きない。セーフサイトであっても種子が到達しなければ実生は出現しないし，種子が大量に散布されてもセーフサイトがなければ無駄になる。セーフサイトに種子が落ちたとしても，動物による被食を受けることもある。近年，林床性の小動物による種子捕食が，植物の定着や分布を決定するうえで大きな役割を果たしていることが明らかになってきている（箕口，1996; Ida & Nakagoshi, 1996; Shimano & Masuzawa, 1998）。発芽に成功した実生も次のふるいにかけられる。動物による食害は引き続き実生の生存を脅かすし（Hoshizaki et al., 1997），菌類にも頻繁に侵される（Pecker & Clay, 2000）。これらの死亡要因も空間的に一様に発生するわけではないから，残った稚樹も局所的な集中性を示すことになる。こうして形成された稚樹バンクの後継樹としての成否を最後に決定するのがギャップの有無である。稚樹バンク上部にギャップがなかなかできなければ，いずれそのバンクは崩壊して，

次のバンクの成立を待たねばならないが，もしギャップができれば，それらが後継樹集団となり一段上のステージに移行するだろう。

　日本の冷温帯林を代表するブナ林でも，林床のササが稚樹バンクの形成を妨げるという付加的なメカニズムがあるとはいえ，基本的にギャップダイナミクス理論があてはまるとされている（Nakashizuka & Numata, 1982；中静, 1984; Yamamoto, 1989）。しかし，私が初めて見たブナ林の印象は必ずしもそうではなかった。前章までに紹介したように，私たちはブナの豊凶特性を調べるために北海道南部のブナ林にシードトラップを設置し，毎年何度も足を運んだ。稚樹やギャップを探すのが目的ではなかったが，林内踏査中に無意識にさまざまなものを目で追う癖がついている。ギャップダイナミクスが当てはまるなら，ギャップに対応してブナの稚樹バンクがあるはずだ。ところが，実際は理屈どおりにいかない。確かにブナ林の林床には稚樹の集中箇所はあるし，林冠にはギャップが所々に見られる。だが，どう見ても両者は一致していない。その一例を私たちが調査した林分で示す。ここで紹介するのは北海道の渡島半島南部に位置する恵山町（2004年12月より函館市に編入）にあるブナ保護林である。保護林なので少なくとも最近数十年は伐採などの人為的影響はないと考えてよい。この林分はブナが本数で全体の約8割を占めており，その他に，ホオノキ，イタヤカエデなどが混交する典型的なブナの純林である。この森林に1辺100 mの正方形の調査区（1 ha）を設定し，さらにこれを5 m × 5 mの小区画400個に分割して，それぞれの小区画内に存在するブナ稚樹をすべて数えた。ここでは高さ50 cm～1 mまでのブナを稚樹と定義している。通常，天然林の林床で実生が生き残り，高さ50 cm以上まで成長するのに何年もの歳月がかかる。すなわち，この程度の大きさになった稚樹は，後継樹の候補として定着を果たしたものと考えてよいだろう。これらの稚樹の空間分布を見たのが図8.3である。やはりこのブナ林においてもブナの稚樹は均一に分布しているのではなく，いくつかの集中斑を形成していた。特に稚樹が多い場所をいくつか中に点線で囲っておいた。

　ところで，生物個体の空間的な分布様式には「規則分布」，「集中分布」，「機会（ランダム）分布」の3つのパターンがありえる。規則分布とは，個体どうしが均等に配置する分布で，魚類や動物が縄張りを持つ場合など，個体どうしが互いに排他的な関係にある時によくあらわれる。一方，集中分布は，特定の

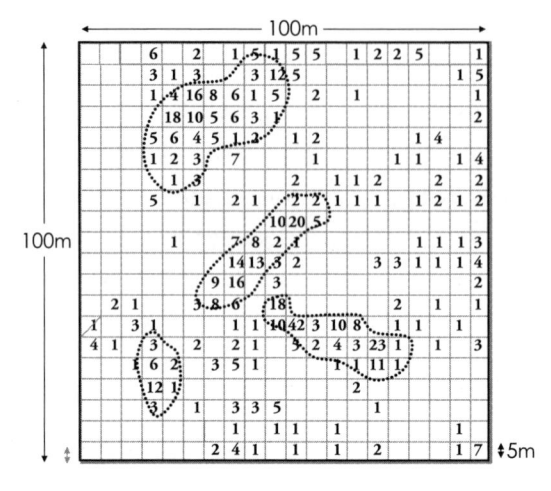

図 8.3 ブナ稚樹の空間分布

1 ha の調査地を 400 個の小区画（5 m × 5 m）に分割し，中にある稚樹（50 cm ～ 1 m）の数を数えた。図中の数字は小区画内の稚樹の本数を示す。特に稚樹の集中斑を点線で囲った。図 8.4 もあわせて参照。

場所に個体が集中するパターンで，その場所にしか生育適地がない場合や，天敵から身を守るために互いに集まった方が都合の良い場合など，集合することで何らかのメリットが生じる場合などに生じる。最後の機会分布は，個体どうしが何の影響を及ぼさない，つまり，互いに反発もしなければ誘引するメリットもなくて，まったく独立に存在する時に生じる。調査対象とした生物集団がこれら 3 つの分布パターンのいずれに分類されるかを定量的に評価する指標として，Morishita（1959）の I_δ（アイデルタ）指数がしばしば使われる。これは，以下の式より算出される。

$$I_\delta = n \sum x_i (x_i - 1) / \{N(N-1)\} \tag{1}$$

ここで，N は総個体数，n は分割した小区画の数（図 8.3 の例では 400），x_i は i 番目の小区画内にある個体数を意味している。$I_\delta > 1$ の時に集中分布，$I_\delta = 1$ の時は機会分布，$I_\delta < 1$ で規則分布と評価される。図 8.3 で見た稚樹の分布について I_δ を算出すると 5.85 となり 1 より大きかった。したがって，客観的に評価してもブナの稚樹は集中分布をしていると言える。

前節で説明したギャップダイナミクス理論がこの林分で成り立つならば，これら稚樹の集中斑に対応するように，上層にギャップが存在しているはずだ。そこで，図 8.4 に上層の林冠の状態をあらわす樹冠投影図を示した。この図では丸く囲った 1 つ 1 つが各樹木の樹冠をあらわしているので，これに覆われ

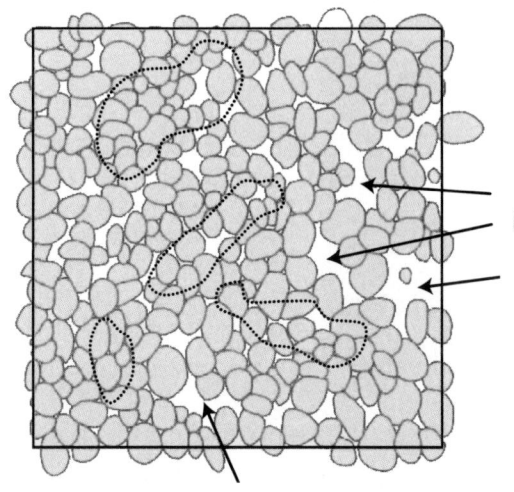

図 8.4 調査地の樹冠投影図
1つの線で囲まれた円形が1個体の樹冠をあらわす。調査地には大きなギャップ（矢印）も散見される。図中の点線は図 8.3 の稚樹の集中斑を示す。ギャップと稚樹の集中斑は重なっていないことがわかる。

ていない部分がギャップを意味する。このブナ林でも所々にギャップが存在していることがわかる。なかには，矢印で示したような比較的大きなギャップも存在している。しかし，図 8.4 のギャップの位置と図 8.3 および図 8.4 の点線で囲った稚樹の集中斑の場所と見比べてみてほしい。両者はほとんど一致していない。したがって，ギャップの下に後継樹があるとは言えないのである。少なくともこのブナ林ではギャップダイナミクス理論が成り立たない。教科書的セオリーがここでは通用しなかったのである。この調査林分は，前章までに見た開花結実調査をしていた林分なので，シードトラップの回収のために頻繁に訪れていたが，そのたびに心に引っかかっていた。しかし，理論が現実と合わないことは珍しいことではない。だから，それ以上深く考えずにいた。

4. フェノロジカルギャップの発見

しかし，上の疑問はある日突然氷解する。1999 年 5 月下旬のことである。私たちにとって春はブナ林にシードトラップを設置するのが恒例の行事となっていた。雪解け間もないこのブナ林で設置作業をしながら，ふと上を見上げた時に，本来ギャップのない場所にギャップ状の空間を発見したのである。このギャップの正体を理解するには，「フェノロジー」という言葉を解説しておく必要がある。

図 8.5 ブナ林の林冠にできたフェノロジカルギャップ
（1999 年 5 月 20 日撮影）
春先にブナの開葉が完了し，ホオノキが開葉していな時期（5月 20 日）には，ホオノキの樹冠の形にギャップ状の空間が生じる。

　フェノロジーは，日本語で「生物季節学」と訳され，生物の季節利用の仕方を調べることを指すが，生物の季節利用特性そのものを意味する時にも使われる。日本列島のように四季がはっきりしている温帯地方では，生物が季節の移り変わりに対応して活動を開始したり，停止したりする。例えば，秋に落ちた種子が季節を無視してただちに発芽すれば，その実生は厳しい冬に直面するので生き残れない。したがって，通常は休眠種子として越冬し，春の到来を待って発芽する。これを「発芽フェノロジー」と呼ぶ。開花にも枝の成長にもフェノロジーがある。そして，これらは種によって違いがあるのが普通だ。「梅は咲いたか，桜はまだかいな」という歌のフレーズがあるが，これは樹木の開花フェノロジーが両者で異なり，同じ環境にあってもウメの方が，サクラよりも開花時期が早いことを示している。

　ここで問題にしたいのは，樹木の「開葉フェノロジー」である。開花と同様に，葉の展開の季節利用にも種による違いがあることがわかっていて，大きく「一斉開葉型」と「順次開葉型」に大別される（菊沢，1986）。一斉開葉型は，当年に開葉すべき葉を春先の短い期間に一挙に展開するタイプで，多くの極相種がこれに属する。前年の冬芽の中に翌年に展開すべき葉原基が用意されており，これをすべて最初に展開させるやり方である。一方，順次開葉型は，春から秋にかけて条件さえ良ければ葉を生産し続けて次々と展開するタイプである。このタイプは先駆種に多いとされている。先駆種が生育する裸地は一年中明るい環境が提供されているので，可能なかぎり成長し続けることが他個体との競争上有利なのだろう。逆に，これらは耐陰性が低いので，成長期間に終始

図 8.6 完全に閉鎖した林冠
（1999 年 7 月 10 日撮影）
ホオノキやイタヤカエデの開葉が完了すると，林冠が完全に閉鎖する。

明るくなければ生育できない。

　開葉開始のフェノロジーも種により異なる。ブナとミズナラはどちらも日本を代表する極相種で，ともに「一斉開葉型」に属するが，開葉の開始時期はブナの方が断然早い。ブナは落葉広葉樹種全体を見ても開葉のきわめて早い樹種である。一方，ブナとよく混生するホオノキは開葉が遅いグループに属している。私が訪れた 5 月下旬はちょうどブナの開葉は完了したが，ホオノキなど他の樹種はまだ芽吹いていない時期であった。この時期にブナ林で，ホオノキ林冠を見上げると，どんな状態になっているか容易に想像できる。その様子を撮影したのが図 8.5 である。開葉がすっかり完了したブナの樹冠に囲まれて，まだ芽吹いていないホオノキの樹冠部分が空隙となっている。図 8.1 で見たギャップとよく似た状態になっている。ホオノキが何本かまとまって生育している場所では，まるで大ギャップのごとき様相を呈していた。樹冠層をもう一度よく見渡すと，ホオノキだけでなく，イタヤカエデなどブナ以外の樹種はこの時期にはまだ開葉していないので，同様のギャップ状態が散見された。当然，これらギャップ状の場所では陽光が林床に差し込んでいたのである。

　もちろん，ホオノキもイタヤカエデも枯れているわけではないから季節が進行すれば開葉し，次第にこのギャップ状の空間は閉鎖する。7 月初旬に再び訪れると，林冠は完全に閉鎖して（図 8.6），ホオノキやイタヤカエデの樹冠下でも，もはや陽光は差し込んでいなかった。森林内の光環境を季節に応じて測定した。測定したのはブナの樹冠下，ホオノキなどブナ以外の樹冠下，そして樹冠に覆われていないギャップ下の 3 種類で，相対 PPFD（相対光合成有効光量子束密

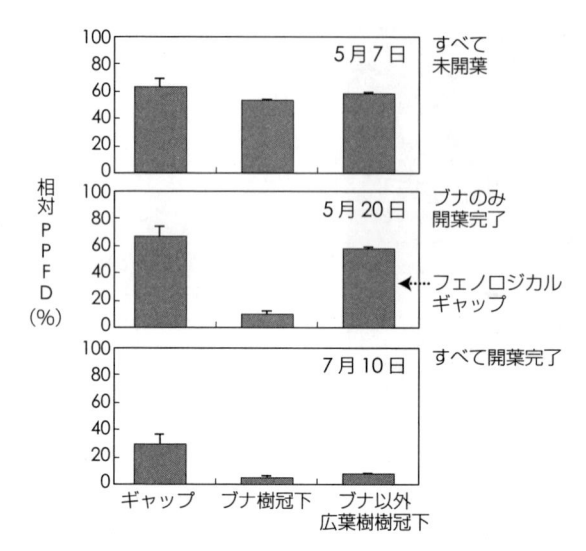

図 8.7 林床のタイプ別の相対 PPFD（%）の季節的推移

度）を測定した。これは、その場所の明るさを示す指標で、光合成に利用できる光の量を裸地に対する相対値（百分率）で評価したものである。図 8.7 に測定結果を示した。ブナを含めてどの樹種もまだ開葉を始めていない 5 月上旬では、相対 PPFD はどの林床タイプでも 50％以上と明るい。しかし、ブナの開葉が完了した 5 月下旬になるとその樹冠下の相対 PPFD は 10％程度までに低下していた。これに対して、この時点でまだ開葉が始まっていないブナ以外の樹種の下ではギャップとほぼ同程度の明るさ（50％以上）を保っていた。さらに、7 月に入るとすべての樹種が葉の展開を完了し、ブナ以外の樹冠下でもブナの樹冠下と同様に 10％前後まで低下していた。

以上のように、ブナ林では、ブナ以外の樹種の樹冠が一時的にギャップ状態を呈し、光条件の良好な場所が局所的に分布することが明らかになった。これらは、真夏になれば閉鎖してしまうので、通常のギャップとは異なり季節的に限定されたギャップである。そこで,最初「シーズナルギャップ」と名付けたが、のちに名古屋大学の山本進一氏から、「『フェノロジカルギャップ』と呼ぶ方が適切だろう」というアドバイスを受けたので、以降はそう呼ぶことにしている。

このフェノロジカルギャップこそが、ブナの後継樹である稚樹が集中的に分布するところだったのだ。図 8.4 で見た上層木の樹冠投影図の中から、ブナ以外の樹種の樹冠だけを抜き出したものを図 8.8 に描いた。すなわち、フェノロ

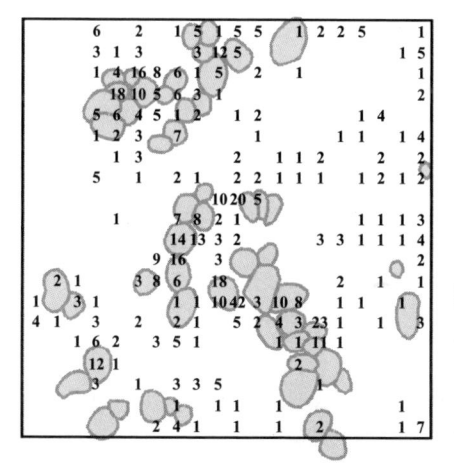

図 8.8 ブナ以外の広葉樹の樹冠投影図と稚樹の分布

図 8.4 からブナ以外の広葉樹樹冠を取り出して，図 8.3 の稚樹の分布に重ねたもの。両者はよく重なっていることがわかる。

ジカルギャップになる空間だけを抽出したものである．これに，図8.3で見た稚樹の本数を重ね合わせると，見事に稚樹の集中斑とフェノロジカルギャップは一致していることがわかる．すなわち，ブナの稚樹は，ブナ以外の広葉樹の樹冠の下（フェノロジカルギャップ）を利用して更新していると言えるのだ．

ブナの稚樹がフェノロジカルギャップに特異的に集中しているかどうか，客観的に判断するために，次のような解析を行った．まず，先の400個に分割した5m×5mの小区画を，上の林冠の状態によって3つの属性に分類した．まずブナ樹冠下，そしてブナ以外の樹冠下（すなわち，フェノロジカルギャップ），最後に真正ギャップである．ギャップとフェノロジカルギャップがあって紛らわしいので，いわゆる通常のギャップをここでは真正ギャップと呼ぶことにする．小区画上部は2つ以上の属性にまたがることがある．たとえば，ブナ樹冠とギャップの境界領域では，両者が1つの区画に入りうる．このような時は目視で判断して，その小区画の中で面積的に最も大きい割合を占めている属性に分類することにした．以上の作業により，400区画を3つに分類したのが図8.9である．この結果，ブナ樹冠下，ブナ以外樹冠下，真正ギャップとして分類されたのはそれぞれ280区画，79区画，および41区画となった．1ha全体でカウントされた稚樹の総数は643本である．もし，これらの稚樹が林床に均一に分布している（つまり規則分布している）としたならば，各分類タイプに見られる稚樹本数は，280：79：41の比で配分されるはずである．これを期待値と呼ぶが，それぞれ450本，127本，66本になる（図8.10：白抜きのグ

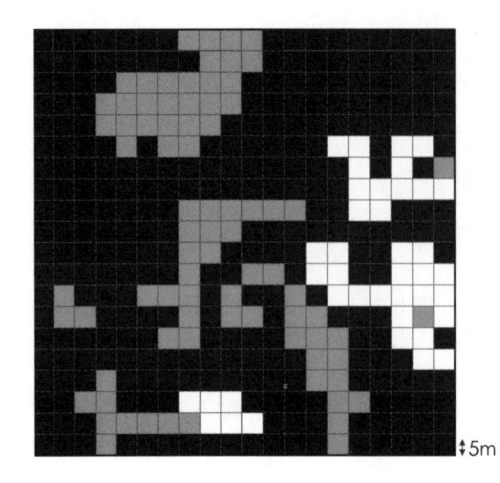

図 8.9 400 個の小区画を上の林冠の状態に応じて分類したもの

■ブナ樹冠下　■ブナ以外樹冠下　□ギャップ

280 個の小区画がブナ樹冠下，79 個がブナ以外の樹冠下，41 個がギャップと分類された。このうち，ブナ以外の樹冠下がフェノロジカルギャップに相当する。

ラフ）。しかし，実際に各タイプにおいてカウントされた実測本数（図 8.10: 黒塗りのグラフ）は，やはりブナ樹冠下で期待値よりも大幅に少なく，ブナ以外の広葉樹樹冠下で期待値の約 3 倍あることがわかる。これを χ^2 乗検定にかけると，有意に期待値と異なる結果となった（$p < 0.01$）。したがって，ブナ稚樹はフェノロジカルギャップに依存して生育していると結論してよさそうだ。

5. フェノロジカルギャップに稚樹が集中する要因

　ブナの稚樹はなぜフェノロジカルギャップの下に多いのだろうか？　稚樹の成長フェノロジーと上層木の開葉フェノロジーの種による違いを考慮すると理解できる。図 8.11 は，苗畑で育てたブナ稚樹（4 年生）の伸長成長の季節的推移である。苗畑だから森林内部のように上部が覆われていない。光条件が制限されていないブナ本来の成長パターンと考えることができる。ここでもブナは 5 月初旬ごろから芽吹き，素早く成長して 2 〜 3 週間以内には当年の成長をほぼ完了させていた。すでに述べたように，ブナは一斉開葉型なのである。

　他の落葉広葉樹に比べて開葉時期が早く，しかも一斉開葉型の葉の展開パターンを持つブナ稚樹が，ブナの天然林内で生育している状態を想定してみよう。まず，ブナ稚樹の上にブナの樹冠が覆っている場合はどうだろうか。上層のブナも早い時期に一斉開葉するのだから，下のブナ稚樹は，開葉（= 成長開始）直後から被陰下に置かれる。したがって，ここの稚樹は苗畑で育てた時のよう

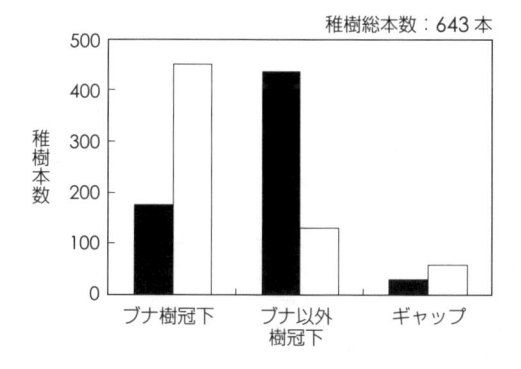

図8.10 小区画の分類タイプごとの稚樹の期待値と実測本数　■実測本数　□期待値　稚樹総本数：643本

な満度の成長は達成できないだろう。そういう状態が何年も続けば生存し続けること自体が難しいだろう。この章の最初で誤解を解いておいたように，陰樹と言われる極相種は光不足にしばらく耐えられるだけで，被陰下が好きなわけではなく，この状態が続けば枯れてしまう。この調査で稚樹と定義したのは，かなり長い間をかけて生存し，定着を果たしたと推定される樹高 50 cm 〜 1 m の稚樹である。この程度まで成長した稚樹がブナの樹冠下に少ないことは，この場所は後継樹として定着しにくい場所と言えるのだろう。

　一方，ホオノキの樹冠下，すなわちフェノロジカルギャップの下はどう評価されるだろうか。ブナの稚樹が開葉を開始する頃にはまだ上部のホオノキは芽吹いていないから，ギャップに準じる明るさのもとで成長できる。ホオノキが葉の展開を完了してフェノロジカルギャップが閉鎖するまでのほぼ1か月の間，ギャップ下に近い光環境を享受することができる（図8.11）。このことが，ブナの稚樹がブナ以外の樹冠の下で多く存在できる理由なのであろう。私が北海道の林業試験場に在職していたころに先輩として研究を指導しくれた清和研二さん（現・東北大学）とその研究室の学生だった冨田瑞樹さんは，宮城県の林分で，同様にブナの樹冠下ではブナ稚樹の密度が低く，ミズナラやホオノキの樹冠下のプロットに多いという結果を得ていた（Tomita & Seiwa, 2004）。さらに，落葉広葉樹の中でクリはホオノキ以上に開葉が遅い樹種だが，このクリが林冠層の構成種となっている岐阜県の林分で広葉樹稚樹の分布を調べた岐阜大学の小見山章さん達は，やはりクリをはじめとする開葉の遅い樹種の樹冠の下に下層木が集中していることを見いだしている（Komiyama, et al., 2001）。小見山さんの研究グループは，さらに開葉フェノロジーの異なる場所に一年生のツ

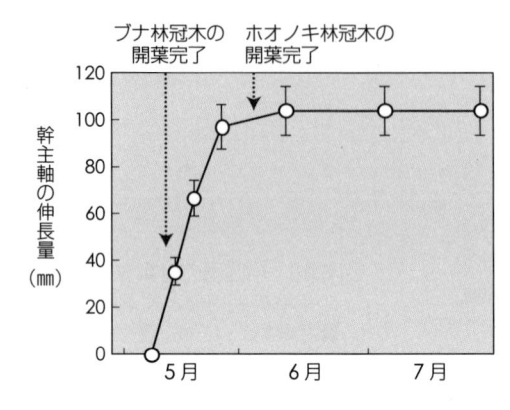

図 8.11　裸地（苗畑）におけるブナ稚樹（4年生）の幹主軸伸長量の季節的推移
同じ地域の天然林におけるブナとホオノキの林冠木の開葉完了期をそれぞれ矢印で示した。

リフネソウを移植して，開葉の遅さが成長量に大きな違いをもたらすことを実験的に確かめている（小見山ら，2001）。このように，私たちがフェノロジカルギャップの重要性に気づき始めたころ，いろいろな地域の森林で，同じく上層木の開葉フェノロジーが下層の稚樹や植生の生育に影響を与えているとする証拠が出され始めていた。

ただし，以上の説明だけではフェノロジカルギャップの下に稚樹があることは説明できても，真正ギャップの下でブナの稚樹が少ないことの説明にはなっていない。これはなぜだろうか。図 8.7 で見たように，真正ギャップは一年中明るいのでブナのライバルも多く繁茂できるのである。例えば，カンバのような先駆樹種やホオノキのようなギャップ依存種が侵入してくる。成長の良いこれらの樹種が侵入すると，成長速度の遅いブナはその被陰下に置かれて定着が困難になってしまう。真正ギャップではササも繁茂しやすく（清和，2005），成長の遅いブナは定着困難な場合も多い。

その点でフェノロジカルギャップは晩春以降のほとんどの生育期間は暗い状態にあるので，通年で明るい環境が必要な先駆樹種が生育できない。一斉開葉のブナだけが晩春以降の閉鎖に致命的な影響を受けずに，フェノロジカルギャップを有効かつ独占的に利用することができると言えるだろう。

6. 新たなブナ林の更新のシナリオ

これまで見てきたように，ブナの更新にフェノロジカルギャップが大きな役

割を果たしているとするならば，ブナ林の世代交代の仕方は従来の「ギャップダイナミクス理論」を越えてどんなシナリオを描くことができるだろうか。以下，想像をたくましくして考えてみる（図8.12）。

　ブナは純林を形成しやすい樹種である。特に，東北日本海側のブナ林ではブナの純林率（森林内でブナが占める割合）は80～90％と非常に高い。しかし，ブナ純林といえども，さすがにブナしかないような場所は珍しい。普通は他の広葉樹がいくらかは混交するものである。その代表種がホオノキである（北村，1998）。これらの樹種の樹冠はフェノロジカルギャップとなって，下層にブナ稚樹の定着場所を提供する。この場所は，開葉時期が早く，かつ一斉開葉型のブナが独占的に利用できて，他の種は侵入定着できない。結果として，そこはブナ稚樹の集中斑，つまり稚樹バンクが形成されて，成長を持続しながら待機している。やがて，フェノロジカルギャップを形成していた上層木が死亡すれば，下層で待機していたブナ稚樹が置き換わってその場の世代交代が完了する。ブナ以外の広葉樹があった場所は次世代にはブナに置き換わるのである。ならば，時間（世代）が十分に経過すると，次々とブナに置き換わり，ブナ以外の樹種は次第に林分から駆逐されてしまうようにも思える。ところが，おそらくそうはならない。なぜならば，ブナの上層木が死亡した時には真正ギャップができるからだ。すでに見たように，ブナの下にはブナの稚樹が少ない。しかも，ブナは浅根性と言われ，根の張りが浅い（苅住，1979）。それゆえに風倒を起こす時には根返りを起こす場合が多い（北村，1998）。先にも述べたように根返りすると地表も攪乱されて植生が破壊され，土壌が裸出する。このような立地は先駆性の種が入りやすい。ホオノキなどは種子が土壌中で長く休眠できることが知られている（中静，2004）。土壌中にたまった休眠種子の集団を土壌シードバンクと呼ぶが，これらが根返りによって土壌表面に浮上する機会を得ると発芽する。上層は真正ギャップだから一年中光環境は良好で，発芽した実生の生育場所として申し分ない。このように，ブナの樹冠下は次世代ではブナ以外の広葉樹が侵入する確率の方が高いと考えられる。さらに，これらが成長して林冠に達するとその樹冠下はフェノロジカルギャップとなり，再びブナの更新立地を提供するので，このサイクルが繰り返されて行くのである。

　このように天然のブナ林では，ブナとその他の広葉樹は交互に置き換わりながら世代交代をしているのかもしれない。つまり，ブナとその他の広葉樹は世

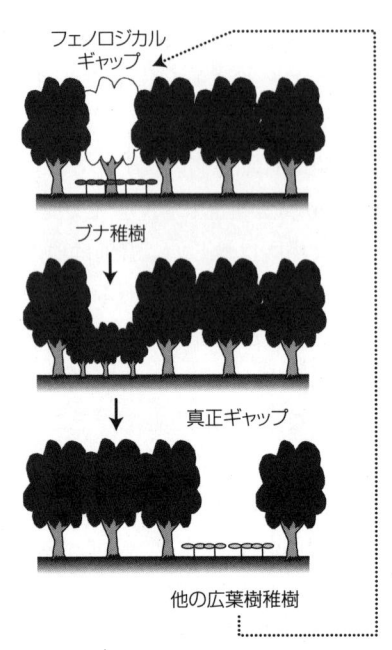

図8.12 フェノロジカルギャップを考慮したブナ林の世代交代のシナリオ

代をまたいで共存しているとも考えられる。ブナはそれ以外の広葉樹がないと更新できないし、ブナ以外の広葉樹もブナの死亡がないと世代交代できないことになる。これについての詳しい解析や概念整理は将来の課題としようと思う。

7. 森林施業への応用

　最後に、ブナ稚樹とフェノロジカルギャップの結びつきを天然林の施業に応用することは可能だろうか？　ブナ林の更新施業として今後取り組んでみるべき方法として「林内先行かき起こし」（片岡、1982）がある。これは、前章で紹介した母樹保残法と異なり、母樹を伐採する前に林床のササなどの植生を取り去って更新面を造成し、そこに稚樹バンクが成立したことを確認してから上層木を伐採する方法である。この方法はまだ事業としての実績に乏しいが、北海道有林での施業事例でも好結果が得られており（第13章：図13.9）、確実な施業法と考えられる。もしこの更新方法が実践に移されるようになれば、今回のフェノロジカルギャップの知見から、施業の具体的な方法や実施場所について

いくつかの提案ができるだろう。林内先行かき起こしは，地表処理と上層木の伐採に時間的な隔たりがあり，それぞれのタイミングの設定が大事になる。地表処理の時期は，すでに見てきたように豊作年に行うべきであり，そのために前章までに紹介した結実予測が役に立つ。問題は，上木の収穫のタイミングである。豊作年に地表処理を行えば，ササをはじめとする林床植生や落葉・落枝のような発芽・定着を阻害する因子が除かれた上に大量に種子が落下するので，相当数の実生発生が期待できる。いわば稚樹バンクの形成を人為的に促進しているのである。ところが，今回の結果から明らかなように，ブナの樹冠下は後継稚樹の定着場所としては必ずしも適していない。少なくとも今回の調査対象としたような樹高50 cmに達する前にブナの下ではバンクは崩壊してしまうのである。したがって，少なくともこれより前の比較的早い段階で上層を疎開させてやる必要があるだろう。一方，もしホオノキなど他の広葉樹があるならば，ここはフェノロジカルギャップとして機能するから，地表処理さえしてやれば，あとは勝手にブナが定着，再生するだろう。このような場所は，後々の手間がかからずにブナの再生が可能なのだから積極的に地表処理をするべきである。

さらに，かき起こし作業は大型機械を使用するので急傾斜地では実行できない問題点を抱えている。このような場所の更新確保には林内のササだけでも刈り払う方法は検討に値する。ササの刈り払いも豊作年に実行すれば，とりあえず実生の発生は見込めるだろう。しかし，刈り払いは手作業で行うしかないので大面積で実行するのは難しい。ある程度，場所を絞って行うとしたら，ブナ以外の広葉樹の樹冠下を狙って刈り払いを行うことが，ブナ稚樹の生残を保証する有効な方法となるかもしれない。以上の提案の中には，すでに試験を開始しているものもあり，これから検証結果が報告されるであろう。結果が楽しみな試験である。

引用文献

苅住昇 1979. 樹木根系図説 p. 675-676. 誠文堂新光社.
菊沢喜八郎 1986. 北の国の雑木林：ツリー・ウォッチング入門　蒼樹書房.
北村昌美 1998. ブナの森と生きる　PHP研究所.

片岡寛純 1982. ブナ林の保続 農林出版.
Harper, J. L. 1977. Population biology of plants. Academic Press, London.
Hoshizaki, K., W. Suzuki & S. Sasaki. 1997. Impacts of secondary seed dispersal and herbivory on seedling survival in *Aesculus turbinata*. *Journal of Vegetation Science* **8**: 735-742.
Ida, H. & N. Nakagoshi. 1996. Gnawing damage by rodents to the seedlings of *Fagus crenata* and *Quercus mongolica* var. grosseserrata in a temperate *Sasa* grassland – deciduous forest series in southwestern Japan. *Ecological Research* **11**: 97-103.
Komiyama, A., S. Kato & M. Teranishi. 2001. Differential overstory leaf flushing contributes to the formation of a patchy understory. *Journal of Forest Research* **6**: 163-171.
小見山章・鵜飼奈美・加藤正吾 2001. 上層木の開葉フェノロジーが林内に移植したツリフネソウの伸長成長に与える影響 森林立地 43: 17-21.
小山浩正・今博計・紀藤典夫 2007. ブナ林内におけるブナ稚樹の空間分布と他樹種の林冠との関係 植生学会誌 **24**: 113-121.
箕口秀夫 1996. 野ネズミからみたブナ林の動態―ブナの更新特性と野ネズミの相互関係― 日本生態学会誌 **46**: 185-189.
Morisita, M. 1959. Measuring of the dispersion of individuls and analysis of the distributional patterns. Memoirs of the Faculty of Science, Kyushu University. Series E, Biology 2: 215-235.
中静透 1984. ブナ林の更新 遺伝 **38**: 62-66.
中静透 2004. 森のスケッチ 東海大学出版会.
Nakashizuka, T. 1987. Regeneration dynamics of beech forests in Japan. *Vegetatio*, **69**: 169-175.
Nakashizuka,T. & M. Numata. 1982. Regeneration process of climax beech forest I. Structure of a beech forest with the undergrowth of *Sasa*. *Japanese Journal of Ecology* **32**: 57-67.
Packer, A. & K. Clay. 2000. Soil pathogens and spatial patterns of seedling mortality in a temperate tree. *Nature* **404**: 278-281.
清和研二 2005. 森林の遷移 中村太士・小池孝良（編著）森林の科学―森林生態系科学入門―, p. 54-59. 朝倉書店.
Shimano, K. & T. Masuzawa. 1998. Effects of snow accumulation on survival of beech (*Fagus crenata*) seed. *Plant Ecology* **134**: 235-241.
Tanaka, H. & T. Nakashizuka. 1997. Fifteen years of canopy dynamics analyzed by aerial photographs in a temperate deciduous forest, Japan. *Ecology* **78**: 612-620.
Tomita, M. & K. Seiwa. 2004. Influence of canopy tree phenology on understorey populations of *Fagus crenata*. *Journal of Vegetation Science* **15**: 379-388.
Whitmore, T. C. 1984. Tropical rain forest of the Far East. 2nd. ed. Clarendon Press, Oxford.
山本進一 1981. 極相林の維持機構―ギャップダイナミクスの視点から― 生物科学 **33**: 8-16.
山本進一 1984. 森林の更新―そのパターンとプロセス― 遺伝 **38**: 43-50.
Yamamoto, S. 1989. Gap dynamics in climax *Fagus crenata* forests. The Botanical Magazine, Tokyo **102**: 93-114.
Yamamoto, S. 2000. Forest gap dynamics and tree regeneration. *Journal of Forest Research* **5**: 223-229.

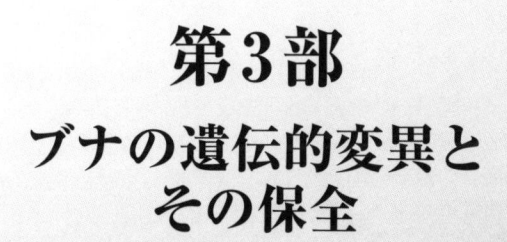

第3部
ブナの遺伝的変異とその保全

第9章 ブナの分布の地史的変遷
—— 動的にみた北限 ——

紀藤典夫（北海道教育大学函館校）

　第四紀の気候変動の中で，他の生きものと同じく，ブナもその分布域を大きく変化させてきた。最終氷期以降では，縄文時代にあたる6000年前より以前に津軽海峡を北に渡ったと考えられ，現在の北限は北海道の黒松内にある。しかし，現在の気候下でのブナの分布拡大は，本当にこの地でとどまっているのだろうか？　ブナの北限の意味をさまざまな証拠から再考する。

はじめに

　地球の気候は，長い歴史の中でさまざまな変化を遂げてきた。地質時代のなかでも最も新しい時代，第四紀はそのなかでもとりわけ激しく気候が変化した時代で，氷河が周期的に発達して，寒冷な気候と温暖な気候が交互に訪れた時代である。一般に「氷河時代」と呼ばれているので，氷に閉ざされた時代が長く続くものと誤解されていることもあるが，現在と同じくらい暖かかった時期もある。専門家は，その中の寒冷な気候の時期を「氷期」と呼び，温暖な気候の時期は「間氷期」と呼んで区別する。我々が生活している現在は，間氷期にあたり，約1万年前に始まった（図9.1）。それ以前は，ヨーロッパや北アメリカ大陸の北部に広大な氷河（氷床）が発達し，世界各地の高山に山岳氷河が形成された寒冷な時代だった。

　この第四紀は，今から約170万年前に始まるが，現在の地表の環境に最も影響を与えた時代である。本書で取り上げるブナを初めとして，多くの生き物はこの時代の気候の変化に応じてその分布域を変化させ，寒冷な時代には温暖な地域へ移動し，温暖な時代には高緯度地域や山地に移動して生き延びてきた。また，このような変化に対応しきれなかった生き物は，地域的に絶滅したり，地球上から姿を消すこととなった。いま，我々が目にする植物・植生やさまざ

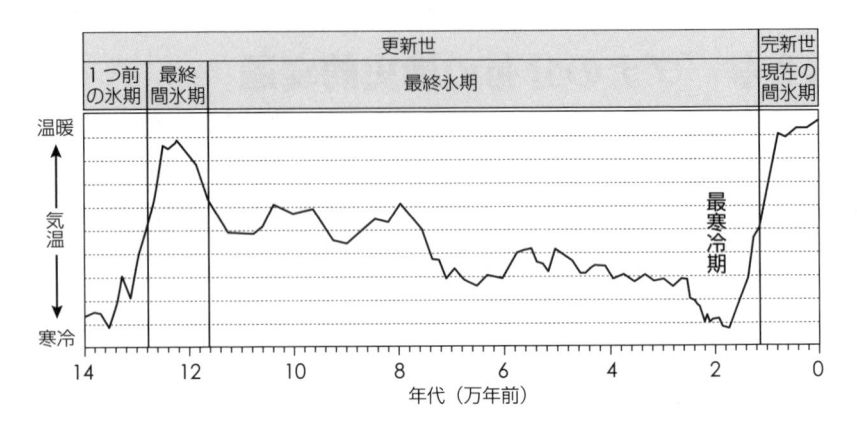

図 9.1　最近 14 万年間の地球の気候の変化

温暖な時期を「間氷期」，寒冷な時期を「氷期」と呼ぶ。最終氷期は，11 万 5000 年前から約 1 万年前まで。2 万年前は，最も寒冷になった時期で，「最寒冷期」という。気候の変化カーブは，Martinson *et al.*（1987）に基づく。

まな動物などは，そのような歴史を経てきた結果としての姿を見せているのである。

さて，ここではブナがどのような歴史を経て現在の日本列島の植生の中に位置づいているのかを，これまでの研究からたどってみたい。また，ブナは現在は北海道の南部，黒松内に分布の北限があるが，この北限の成立に関しては，さまざまな意見が出されてきた。その北限の成立がどのような原因によるのかを，これまでの研究者の考え方を紹介しながら筆者の考えを提示したい。

1. ブナの歴史

1.1. 最終氷期以前

ブナの出現は，第四紀の初期にさかのぼる。大阪の丘陵地域の土台をつくる大阪層群と呼ばれる地層は，第四紀初期に形成された地層で，その時代の記録を良く保存していることで知られている。この大阪層群からブナの化石が産出し，その出現は第四紀の初め，およそ 100 万年前にさかのぼる。この地層からは，スギやシナサワグミ近似種，メタセコイア，キクロカリアなど多くの暖温帯種に混じって，ハマクサギ，シマサルナシなど亜熱帯の植物が産出し，そ

のなかにブナやキハダなどの現在は冷温帯に生育する種がわずかに含まれる (Momohara et al., 1990)。現在の植生には共存しない種の組み合わせが見られるのが、この時代の特徴である。その後の化石の記録は十分でなく、ブナが日本列島のどこに分布し、どのような植生の中に生育していたのかはよくわかっていない。

　時代はぐっと現在に近くなるが、栃木県塩原の約30万年前の湖底の地層からは、保存状態の良い化石が大量に産出し、「木の葉石」として知られている。ここから産出する植物化石は171種におよび、その構成はブナ、イヌブナ、クリ、オノオレカンバ、ミズナラ、ヤシャブシなど、現在の植生に類似した植生が成立し、そのなかでもブナが主要な構成要素だったことがわかっている（尾上、1989）。

　山形県の山間に位置する川樋盆地のボーリング試料を花粉分析した結果は、気候の変化とブナの増減の関係がよくあらわれていてたいへん興味深い。花粉分析とは、地層の中から花粉化石を取り出し、その種類を見分けながら数を数え、昔の植生を復元する方法である。ただし、花粉では種を見分けられることはまれで、属という分類レベルで見分ける場合が多い。ブナの場合も、ブナ属と同定されることが多く、第四紀後期の地層から見出されるブナ属の花粉は、ブナとイヌブナの花粉が含まれていると考えられる。

　さて、川樋盆地のボーリングで得られた試料は、最も深いところでおよそ13万年前まで達していると推定され（日比野ら、1991）、その間の植生の様子がほぼ連続的に読み取れる。今から13万年前から11万年前は最終間氷期と呼ばれ、現在と同程度の温暖期であった。川樋盆地では、ブナ属の花粉が最終間氷期に限って高い割合で産出し、温暖期の東北地方を特徴づける種類であることが明瞭に示されている（図9.2）。

　現在はブナが分布していない北海道東部の十勝平野からもブナの化石が見つかっている。ナウマンゾウのほぼ完全な骨格が発掘されたところとして有名な忠類村である。ナウマンゾウの骨が埋まっていた周囲の地層からは、ブナの殻斗が産出し、付近にブナが生育していたことは間違いない。その年代は、一説には最終間氷期（約13〜11万年前）、また別の説ではその前の間氷期（約20万年前）で、まだ決着がついていない。

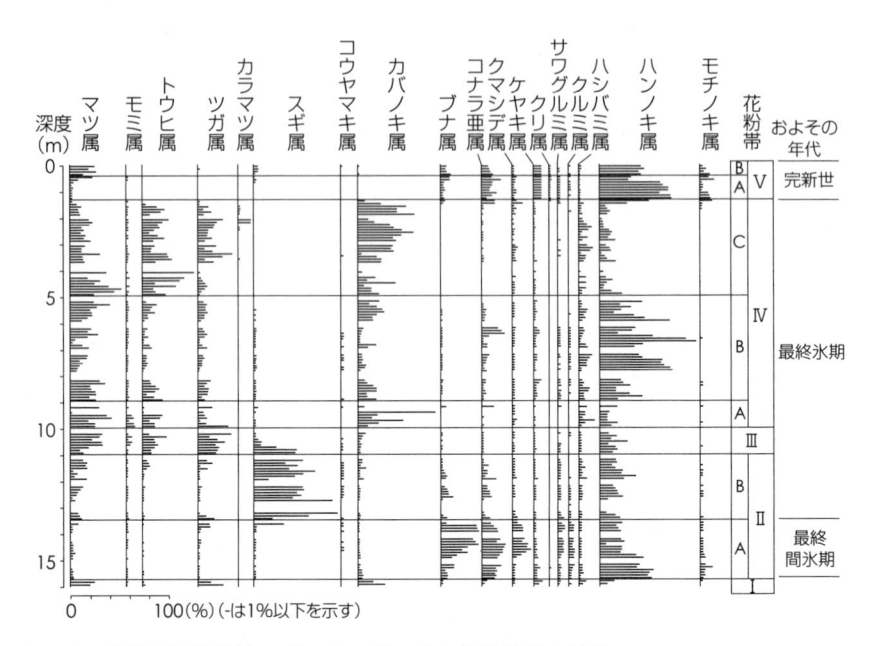

166　第9章　ブナの分布の地史的変遷

図 9.2　山形県川樋盆地のボーリングコアの花粉分析の結果（日比野ら，1991 を改変）
縦軸は，地層の深さを示す。樹木の花粉の割合を，百分率で示している。ブナ属は，最終間氷期と完新世の温暖期に割合が高くなる。

1.2. 最終氷期以後

　今からおよそ11万年前に，現在とほぼ同じ程度温暖だった最終間氷期が終了した。それ以後，約1万年前までの10万年間は最終氷期と呼ばれ，段階的に寒冷化が進行した時代である。初期にはそれほど寒冷でなかった日本列島も，小規模な寒暖の変化を繰り返し，今から約2万年前には，最も寒冷な気候となった。その時期は，最終氷期最寒冷期あるいは最終氷期最盛期と呼ばれ，北米や北欧では厚さ 3000 m にも達する氷河が形成された。日本列島でも，日本アルプスや日高山脈の高山に山岳氷河が形成されていたことが知られている。海面は 100 m 以上も低下し，本州・四国・九州は陸続きとなって，北海道もサハリン・沿海州とつながって大陸の一部になっていた。
　最終氷期初期から中期の植生の記録も断片的である。東北地方より北の地域では，この時代にブナが存在したはっきりした証拠はない。一方，現在はブナ

の分布が限られている中部地方以南の地域で,多くはないながら,ブナ属の花粉が産出する。とくに,九州ではマツ属・モミ属・ツガ属に伴ってブナ属の花粉が高い割合で産出するのが特徴で (Hatanaka, 1985),温帯針葉樹にブナ属などの落葉広葉樹が混交する植生が復元されている (畑中ら,1998)。これらのことから考えると,この時代のブナの分布は,中部地方以南に中心があり,東北地方以北にはわずかに生育していただけなのかもしれない。

　最終氷期最寒冷期には,日本列島の年平均気温は7〜8℃低かったと推定されている。その当時の植生は,北海道・東北地方から中部地方の標高が高い地域は亜寒帯針葉樹林に覆われ,東北地方南部から九州にかけては冷温帯林が覆っていたと考えられている (図9.3)。冷温帯林はブナの生育する地域であるが,現在のようにブナが優占するようないわゆる「ブナ林」の様相を呈していたとは考えられていない (南木,1996)。いずれの地域でも,ブナ属花粉の出現率は数％と低く,その他の落葉広葉樹や亜寒帯針葉樹に混じって生育していたらしい。例えば,新潟県村上市の約2万2000年前の地層からは,エゾマツ,チョウセンゴヨウ,コメツガの球果や葉にまじってスギの小枝やブナの殻斗が産出し,亜寒帯針葉樹にスギやブナがまじる植生が復元されている (鴨井ら,1988)。このように亜寒帯針葉樹にまじって産出するブナ化石は,三重県からも知られており (南木・松葉,1985),この時代,中部地方以南の低地では,亜寒帯針葉樹にブナなどの落葉広葉樹やスギなどの温帯針葉樹の生育地が接近あるいは混交する植生が復元されている (高原,1998)。

　現在のようなブナ林が形成されなかった理由は,当時の気候の状態にあると考えられている。現在のブナの分布域は日本海側にその中心があり,積雪がさまざまなかたちでブナの生育に好適な条件をもたらすことが知られている (本間,1999)。最終氷期は,全般に気温が低いので,大気中の水蒸気は少なく,雨が少なくなる傾向にある。それに加えて,海面が120 mほども低下していたため,対馬海峡の幅は現在よりもかなり狭く (図9.3),日本海側の地域に大量の雪をもたらす対馬暖流が日本海に流入せず,日本海側においても雪は少な

＊：ここに示された数万年前より新しい年代は,放射性炭素を用いて年代測定されている。この放射性炭素による年代値は,実際の年代より10％程度新しい年代を示すことが知られており,近年は実際の年代に換算し直した年代（較正年代）が使われるようになってきた。この本で使用した年代は,特に断りがない限り換算していない年代で示し,較正年代の場合には「cal yr BP」の単位を付した。

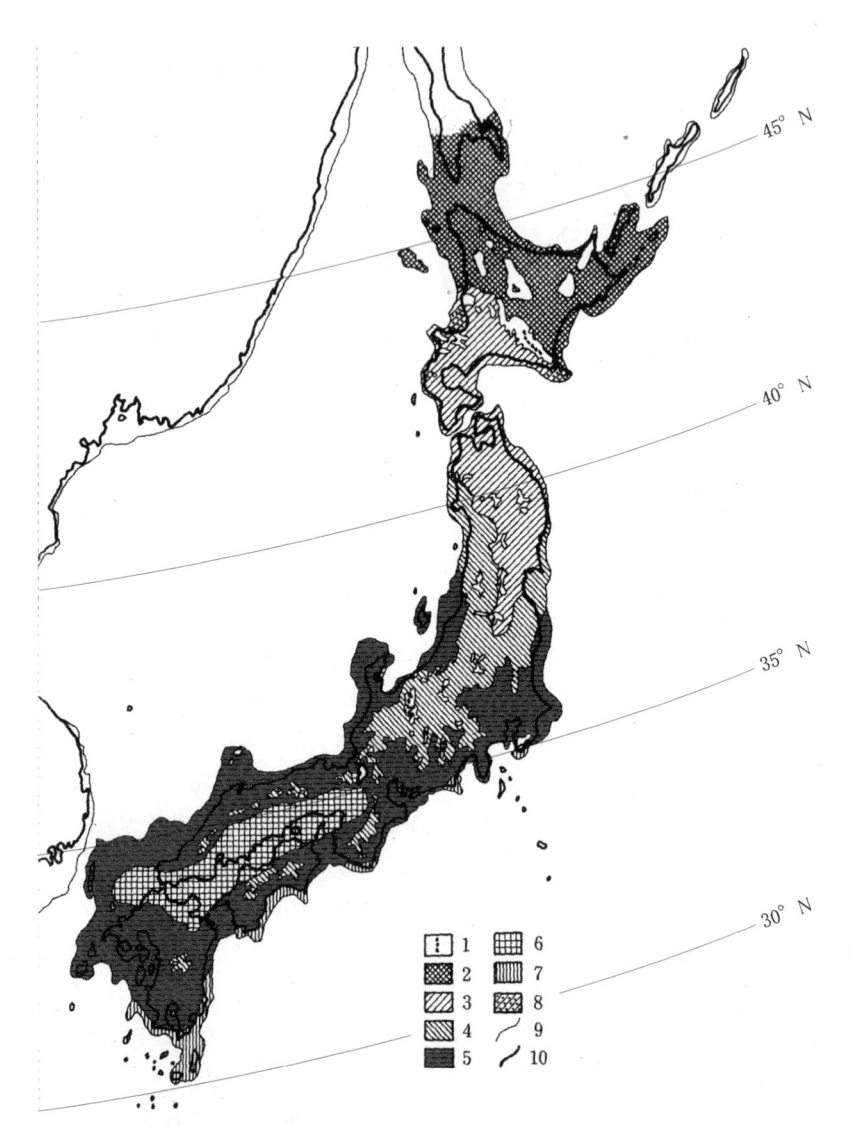

図 9.3 最終氷期最寒冷期の古植生図（小野・五十嵐，(1991) および那須 (1985) より）

1：氷河（黒点）および高山の裸地，草地（ハイマツ帯を除く高山帯に相当する地域），2：グイマツ・ハイマツを主とする疎林と草原，3：グイマツを主とする亜寒帯針葉樹林，4：グイマツをともなわない亜寒帯針葉樹林（中部地方，および近畿地方では一部カラマツをともなう），5：冷温帯針広混交林（ブナをともなう），6：ブナをほとんどともなわない冷温帯針広混交林，7：暖温帯常緑広葉樹林，8：草原，9：最終氷期最寒冷期の海岸線，10：現在の海岸線。

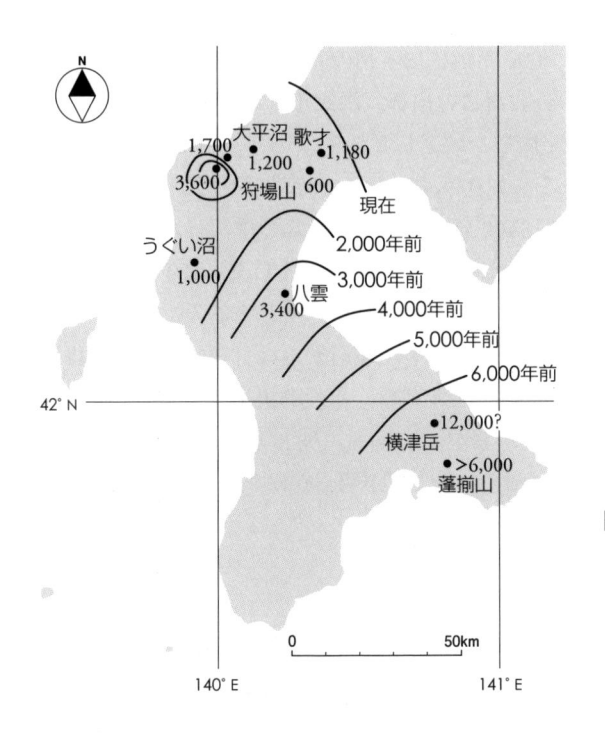

図 9.4 北海道におけるブナの北進の経過

(紀藤・瀧本, 1999 に加筆修正)

それぞれの地点の数字は，ブナが到達したと推定される年代（年前）。

かったと考えられている（安田, 1985）。このような気候下では，仮に気温がブナの生育に適していても，現在のようなブナ林を形成することはできなかったようだ。

この時期のブナの分布北限は，北緯38°付近，新潟県北部から福島県あたりであったと考えられている（Tsukada, 1982b; 塚田, 1986）。先に述べた新潟県村上市の地層からはブナの殻斗が産出しているし，福島県のこの時代の地層からは，ブナの花粉がわずかながら連続的に産出するからである（Sohma, 1984）。

最終氷期最寒冷期の後，寒冷な気候はやわらぎ，約1万2000年前には本州南部以南の各地で植生の変化が明瞭にあらわれてくる。針葉樹に替わって落葉広葉樹の増加が始まり，その中でブナも各地で明瞭な増加を見せる（Tsukada, 1982b）。このことは，本州南部以南の各地にブナは生育しており，気候の温暖化に反応して増加したものと考えられる。

今から約1万年前は，気温が急激に温暖化し，氷期が終了して完新世と呼ばれる時代を迎えた。東北地方以北では，約1万年前に各地で針葉樹の減少とと

もにブナの増加が始まり，約9000年前には本州の北端にまで到達したと考えられている（Tsukada, 1982b）。北海道の南部，函館市の山地では，5300年前以前にすでにブナの花粉が一定の割合に達しており（小野・五十嵐, 1991），この地域におけるブナの到達はこれよりいくぶん早い時期だったことがわかる。その後もブナは北上を続け，約3400年前には渡島半島の中部（八雲町）に到達し，1000年前あるいはそれ以後に現在の北限に到達した（図9.4）。北海道南端の函館では約1万2000年前にブナが存在していたとする分析結果があるが（滝谷・萩原, 1997），現在筆者が進めている検討からは肯定的な結果は得られていない。現在の分布北限に到達した年代は，年代的根拠が十分でない頃には7000年前と推定されたこともあるが（Tsukada, 1982bなど），最近の研究で約1000年前あるいはそれ以降に到達したことが明らかにされている（Sakaguchi, 1989など）。

2. 海峡を渡る

ブナが本州から北海道に渡り分布を広げるには，津軽海峡を避けて通ることはできない。現在の津軽海峡の幅は，最も狭いところでは約19 kmある。ブナはおそらく6000年前よりは古い時代に北海道に到達しただろうが，そのころの津軽海峡は現在とほとんど同様の規模だったと考えて間違いない。ブナの種子はどのように北海道に渡ったのだろうか？ 縄文人が運んだのかもしれない，鳥が運んだのではないか，海流に流されたのかもしれないなど（小野・五十嵐, 1991），さまざまなことが考えられているが，いずれも証拠はない。

筆者は鳥が運んだ可能性が高いと思うが，それでも問題がないわけではない。ブナの実（種子）が熟すのは秋である。鳥の移動は，この季節は普通北から南に向かうので，本州から種子が運ばれたとすると，方向が逆になってしまう。鳥の中には，この季節に南から北に渡るものがいるのだろうか？

海流によって運ばれたのではないかと考える人もいる（北原, 1987）。しかし，海岸に打ち上げられたブナの種子に生き延びる道はあったのだろうか？ 長年渡島半島の海岸を見ているが，ブナの芽生えや若木など見たことはないし，海岸の環境から考えて生き延びることは難しいだろう。海岸に打ち上げられた種子が無事に生き延びるには，鳥や小動物あるいは風によって運よく条件のよい

ところまで運ばれなければならない（北原, 1987）。

渡島半島の日本海側に浮かぶ奥尻島にもブナが分布しており，広く耕作された島の南部を除くほとんどの地域で立派なブナ林が見られる。北海道からは最短距離で約 18 km。この島にも，ブナはどのようにして渡ったのだろうか？ その方法がどのようなものかはわからないが，津軽海峡のことも合わせて考えると一定の時間（2000 〜 3000 年程度？）のうちには 18 〜 19 km の海上を渡るチャンスが来ることだけは確かなようだ。

3. ブナの移動速度

東北地方の南部以南に分布していたブナが最終氷期の終了後，順次北上してきたとすると，その移動速度はどのくらいになるのだろうか？ 先に述べたブナの分布域の変化から，本州における平均の移動速度は 120 m / 年，東北地方北部の日本海側におけるブナの移動速度は 233 m / 年と計算された（Tsukada, 1982b）。一方，北海道に上陸してからの移動速度は，20 m / 年程度で（五十嵐, 1994；紀藤・瀧本, 1999），明らかに東北地方北部における移動速度よりも格段に遅くなる。ちなみに，北米やヨーロッパにおけるブナ属の移動速度は 100 〜 300 m / 年程度で（Delcourt & Delcourt, 1987; Huntley & Birks, 1983 など），本州北部における移動速度と同様の値を示す。

ブナの場合，発芽してから種子を形成するまでには 40 〜 50 年程度かかるとされている（橋詰, 1986 など）。木の高さは 20 〜 30 m になるが，種子がこの木から落下すると散布される距離は，ほぼこの木の高さと同じくらい，すなわちせいぜい 20 〜 30 m 程度といったところだろう。50 年かかって 20 〜 30 m の散布距離とすると，移動速度は 0.4 〜 0.6 m / 年となる。仮にネズミなどの動物が 100 m 程度運んだとしても 2 m / 年程度にしかならない。このことから考えると，年間 200 m の移動速度はたいへん速いということがわかるだろう。実は，このような速い移動速度は，ヨーロッパや北アメリカのさまざまな樹種で知られていて，古くから疑問が持たれていた（Clark *et al.*, 1998）。

このような速い移動速度は，どのようなことが起れば可能なのだろうか？これには，2 つの説がある。年間 200 m も移動したとなると，例えば 50 年に 1 度，10 km 程度遠方まで種子が散布されなければならない。すなわち，きわ

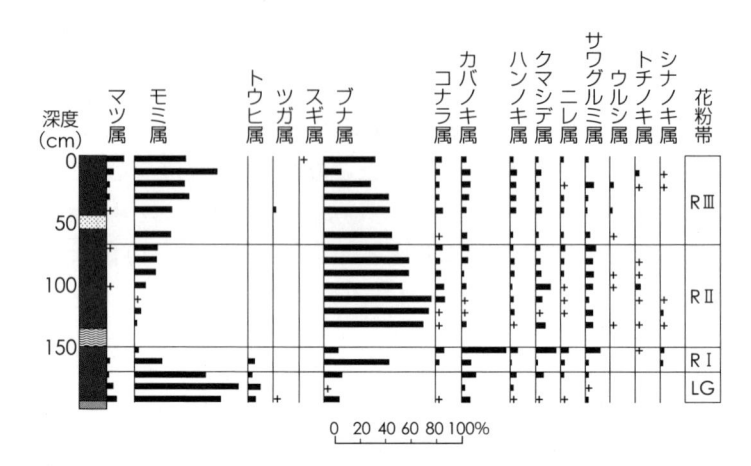

図9.5 青森県八甲田山の高田谷地における花粉分析の結果 (Yamanaka, 1978 を改変)
■ 泥炭　▨ 火山灰　▧ 火山灰と礫　■ 粘土
一番左側は，湿原の地層の積み重なりをあらわす。地層の深さによって，含まれる花粉の割合が異なる。地層の一番下は，モミ属やトウヒ属が多く，落葉広葉樹が少ないことから，最終氷期と思われる。モミ属・トウヒ属が急に減少するところ（花粉帯のRⅠ）で，ブナ属が急に増加することに注意。

めてまれな現象であるが，種子が遠距離にまで散布される，と考えるのが1つの説である。

一方，そのような速い移動速度は，見かけのものだと考えるのがもう1つの説である。東北地方を北上したように見えるブナは，実際には北上したのではなく，各地にほそぼそと生き残っていたブナが，気候が温暖化した時にその数を増やし，見かけ上分布域が北に拡大したように見える，と考えるのである（Clark *et al.*, 1998; Stewart & Lister, 2001）。

いずれの説も証明することはなかなか難しい。種子が長距離に散布されるとする説は，まれな現象であれば，観察することができるかどうかは運を天にまかせるしかない。氷期にほそぼそと生きていたブナの化石を探し出すことも，よほどの幸運がなければ難しいだろう。

最終氷期以降のブナの北上過程については，すでに述べたように東北地方南部から順次北上してきたと考えられており，いまのところこれに異論を唱える人は少ない。すなわち，1万2000年前に東北地方南部から北上し約9000年前には青森県に到達した，という考えである。ところが，実際には，東北地方

南部から徐々にブナの出現が新しくなっているわけではない。青森県においても，複数の地点で最終氷期終了直後の亜寒帯針葉樹減少期にブナは増加を開始しており(Yamanaka, 1978)，この時点で既にブナは存在していた可能性がある(図9.5)。東北地方における高い移動速度は，花粉分析から検出される見かけの速度をあらわしているのかもしれない（滝谷・萩原，1997；内山，2003）。

最近は，生物の遺伝情報を検出することが可能になり，個体群や親子関係など生物集団のいろいろなレベルの遺伝的関係の解明に利用されている。ブナについても，各地のブナの個体群がどの程度異なるのかが調べられた（Tomaru et al., 1997；1998）。その結果，東北地方各地と北海道はほとんど区別できないことが明らかにされた。このことは，これまでの考えどおり，最終氷期以降にブナは急速に広がったので，遺伝的にそんなに違いがないのだ，という考えに矛盾しない。一方，関東地方より南の地域では，おおまかな地域ごとに遺伝的形質が異なり，ブナが最終氷期に各地に孤立して分布していたからだと考えて一応うまく説明できる。しかし，遺伝的な違いがいったいどの程度の時間で生じたのかは，今のところよくわかってはいない。ヨーロッパで行われたバッタの一種の研究によると，このような遺伝的な違いが生じるには，数十万年程度の時間が必要と考えられている（Hewitt, 1996）。私は，日本列島各地のブナの遺伝的形質が異なることとなったのは，最終氷期の間のできごとではなくて，もっと長い時間のできごとなのではないかと疑っている。

4. 北限の制限要因

1900年代の初頭にはすでに，黒松内にブナの分布北限があることは知られていた。と同時に，黒松内付近で画然とブナの分布が途絶えること，もっと寒冷な地域にまで分布できるはずのブナが黒松内にとどまっていることは奇異に思われていたようである。例えば，田中 (1900) は，「山毛欅（ブナ）の後志に於て尽きたるは，私は実に奇異の現象と思います。如何となれば，植物の気候に随い尽きるは人為の如く画然たる限界を示すものではありませぬ」（原文句読点なし）と述べているし，南部 (1927) も「果たして然らば，若し植物の分布にして年平均気温若しくは夏期平均気温により定まるべくんば，ブナは当然全道に分布して然るべきなり。」と疑問点を指摘した。このような観点は，

吉良（1949）の暖かさの指数による日本の森林帯の説明によって明確なかたちで裏付けられた。暖かさの指数45〜85℃・月のブナの分布範囲から判断すると、北海道の高山を除くほとんどの地域がブナの分布可能域と見なされたからである（図9.6）。その制限要因が気温ではないとすると，どのようなものがあるであろうか。研究者たちはこれまでに，その説明を試みてきた。

ブナの分布北限を制限する要因に関する説を検討した東京大学の渡邊定元教授（1985；1987；1994）は，自説も含め7つの説を示した。その後に提唱された説を加えると，少なくとも9つの説がある。すなわち，山火事説（本多，1900），種子分布歴史的沿革説（南部，1927），羊蹄火山群阻害説（古畑，1932），気候特性反映植生配置説（吉良ら，1976），降水量制約説（Tsukada，1982a），ニッチ境界説（渡邊，1985），黒松内低地帯高温説（大森・柳町，1988），晩霜害説（林，1996），気候要因複合説（八木橋ら，2003）である。それぞれの説を簡単に説明し，その問題点を指摘しよう。

- **山火事説**：黒松内町より東の地域のブナが山火事により消失したとする説。
- **種子分布歴史的沿革説**：ブナは分布域を北に拡大中であるとする説。北進途上説と呼びかえた方がわかりやすいだろう。
- **羊蹄火山群阻害説**：羊蹄山周辺の火山活動がブナの北進を阻害したとする説。
- **気候特性反映植生配置説**：冬の強力な大陸気団の影響を受け，黒松内より北方にブナを欠如した大陸型の落葉広葉樹林が成立したとする説。
- **降水量制約説**：黒松内低地帯では，ブナ生育期の降水量が不足しているとする説。
- **ニッチ境界説**：北方に分布の中心がある種（トドマツ・ミズナラなど）との競合関係が黒松内低地帯付近で互角となり，ブナが北進できないとする説。ニッチとは，生態的地位とも言われ，生物が生存するのに必要な資源の要素（生息環境や餌など）のことである。
- **黒松内低地帯高温説**：黒松内低地帯が，ブナの生育要件から判断して夏に暑過ぎて北進できないとする説。低地帯の東側には広大な生育可能域があることを認めている。
- **晩霜害説**：黒松内低地帯より東方には，ブナが開葉を開始する温量を越

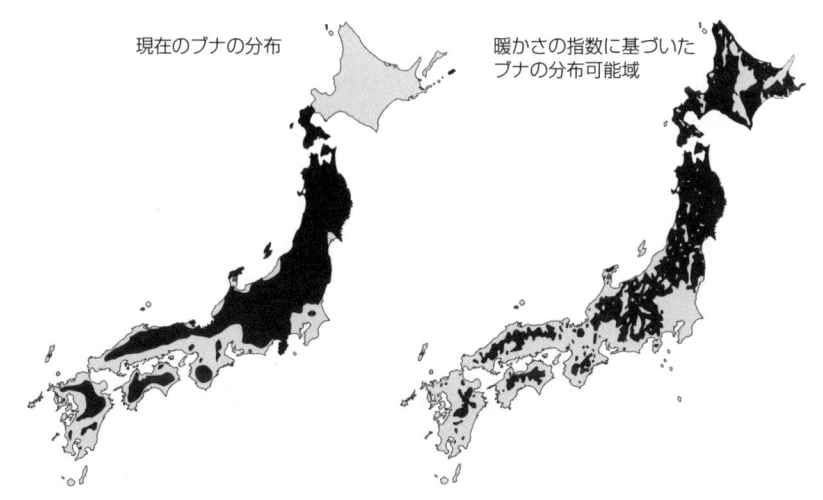

図 9.6　現在のブナの分布と暖かさの指数に基づいたブナの分布可能域

（大場（1985）および林（1984）より）

北海道のかなりの地域がブナの分布可能域になることに注意。

えてから霜害がある地域（岩内・倶知安）があるので，霜に弱いブナは北進できないとする説。

・**気候要因複合説**：成長期の降水量が少なく，冬季の寒さが厳しく，雪が少ないことが要因とする説。

ブナの分布は，「黒松内低地帯が北限」と言われるが，実際には，後で述べるように黒松内低地帯よりも東側にも分布域がある。したがって，上の説のうち黒松内低地帯の気候条件を制限要因とした説（降水量制約説，黒松内低地帯高温説）では，実状をうまく説明できない。山火事は，すべての樹木を焼き尽くしてしまうわけではないから，山火事説は考えにくいという（渡邊，1987）。山火事が起こる前には，黒松内よりも東の地域に分布していたことを前提としているので，本当はもっと東の地域にも分布することを暗に語っている。羊蹄火山群阻害説は，この周辺の火山（ニセコ山塊）が，ブナが分布北限にやって来た時代よりもはるかに古い時代に活動しているので，つじつまが合わない。

吉良ら（1976）は，ブナの分布北限の要因について，北進途上説と気候特性反映植生配置説の両方の可能性を指摘した。彼らは，大陸的な冬の気候がブナの分布を制限している可能性を述べる一方で，「大陸的な気候の特徴である冬

の寒さをどのような方法で表現しても，それだけでは北海道のブナの分布は説明しきれない」と述べており，説明の中にすでに矛盾がある。

ニッチ境界説は，黒松内低地帯付近においてブナと混交林構成広葉樹（主としてミズナラ）やトドマツがエコトーンを形成し，互いにすみわけているとする説である。エコトーンとは，植生や植物群落が移り変わる地域のことである。この説に関連し，萩原（1988）は，ブナの幹の成長速度が分布北限域においては本州各地より速く，ブナの早い更新サイクルがミズナラ・トドマツ等の競合種との関係を変化させ北限が成立している可能性を指摘した。ニッチ境界説に基づけば，北海道において完新世以降のブナの北上速度が著しく遅いのは，厳しい種間関係が原因であると説明されるであろう。筆者は，この説については，このエコトーンがなぜ黒松内低地帯周辺の狭い地域に形成されるのかが明確には説明される必要があると考えている（紀藤・瀧本，1999）。また，樹齢がニッチ境界の形成に関係しているかどうかは，ブナ林が成立している地域においても競合種の樹齢との関係がどのようになっているかの検討が必要であろう。

ブナが晩霜に弱いことはよく知られている。筆者も，黒松内町でブナの分布調査を行っていた1998年5月，かなりの範囲のブナが，開き始めたばかりの葉を一晩にして赤または黒色に変色させて萎れているのを目の当たりにしたことがある（口絵8-A）。ブナが他の樹種に比べて霜に弱いことは，その時他の樹種がほとんど影響を受けていなかったことからも明らかであった。森の中で変色したブナは遠目にも一目でわかるほどであったので，ブナの分布調査には大いに役立った。本州においても，晩霜が降りやすい地域ではブナの分布を制限すると考えられている（樫村，1978）。現時点では，晩霜がブナ分布北限域において，実際にどのように影響しているかは明らかではないので，この説については今後の研究が待たれる。

気候要因複合説は，現在のブナの分布域が気候要因に規制されているという前提のもとに，どのような気候要因がブナの分布を規制するかを，コンピュータを用いて検討したものである。したがって，この方法では，現在の分布域をできるだけうまく説明する要因が取り上げられることになる。もしも，ブナが，まだ北まで分布を拡大するとしても，制限要因を見つけ出してしまうのである。

現在のブナの分布北限が，何らかの要因によって制限されているのか，あるいは分布域を拡大している途上にあるのかについてはまだ確たる証拠はない。

これまで考えられてきたような，ある1つの制限要因で説明できるのかどうかも考える必要があろう。ブナが森林を維持している機構は，気象条件や土壌だけではなく生物間相互作用などきわめて複雑であり（本間，1999），これらの要因が複雑に関連して分布限界が形成されている可能性もある。しかし，筆者は現在もブナは北進を続けているのではないかと考えている。その理由は，後に述べることにしよう。

5. 北限におけるブナの分布

すでに述べたように，ブナの分布北限が黒松内町周辺に位置することは，1900年にはすでに知られていた。舘脇（1948）は，北限域の主として隔離分布しているブナ林の位置を示し，舘脇（1958）はさらにそれらの林分の広がりや構成樹種などを詳しく記述した。一般的に，ブナの分布北限は黒松内低地帯と言われているが，実際には黒松内低地帯を越えて東側の地域にも分布していることは，この時点ですでに明らかにされている。しかし，筆者が分布北限に興味を持ったとき，北限域における分布状態が詳しく研究された例はなかった。そこで，舘脇（1948）によって示された分布を自らの目で確かめながら，北限域のブナの分布図を作成することにした。

調査は，1998年4月20日〜5月20日までの1か月をあて，その後も折を見て補足の調査を行った。ちょうど，大学から6か月間のサバティカル（教育を離れて研究に専念してよい期間）を与えられていたので，講義や会議などに拘束されることなく，調査をすることができた。別の研究目的で北限のブナの調査に来ていた東邦大学の学生・院生と3人で黒松内町に一軒家を借りて，山の中を走り回り，双眼鏡で山の斜面をなめまわす毎日を過ごした。4月20日頃の黒松内町は，あちこちの日陰に融けきらない雪が残り，ミズバショウが咲き始める頃で，ブナはまだまったく開葉していない。しかし，慣れてくると灰色の樹幹や繊細な枝ぶり，赤く見える芽などから，遠くからでも識別できるようになる。ゴールデンウィーク頃になるとブナは葉を開き出す。他には，ナカカマドやシラカンバ（シラカバ）なども葉を開き出すので，識別は慎重にしなければならない。それでも，5月下旬までは，木の葉は緑一色ではなくそれぞれ特徴のある色をしているので，見分けることができる。ブナの若葉は，明る

い黄緑色のとりわけ美しい色をしており，その頃にブナ林の中に入ると，身も心もとてもさわやかである．この色を「しあわせ色」と表現した人がいるという（戸丸，2001）．

さて，筆者が行った調査の結果では，寿都半島の付け根から長万部川河口を結ぶ低地（口絵9，A線）より西側の地域は，大平山やカニカン岳より連なる山地帯の延長にあり，天然林であれば一般的にブナがどこにでも高い密度で分布する．これより東側の地域においても，ブナはまれではないがその分布地や個体数は少なくなり，小さな個体群に分かれている．これは，この地域が黒松内低地帯の中に位置し，低地が広がりその大部分は耕作地や居住地等として利用されているからである．また低山地もほとんどが民有林で，森林は人工林や小径木からなる二次林，あるいは伐採地となっていることが関係している．この地域に残されたブナの生育地は，大部分が二次林内か河岸段丘の段丘崖，あるいは伐採を逃れた沢沿いの狭い地域である．自然の状態をとどめたブナ林は，黒松内町歌才の保護林（歌才ブナ自生北限地帯；国の天然記念物），白井川のブナ保護林（北海道の保護林）などごく限られた地点に残るのみで，大部分の地点は，太い樹木はきわめてまれにしか存在しない二次林である．このように，現在のブナの分布北限域は人の活動の影響を強く受けているが，ブナの分布地の数や個体数が縁辺に向かって減少する傾向を示し，人為的影響が加わる前の分布域の限界は現在の位置とそれほど大きくは違わなかったものと思われる．その連続的な分布を示す範囲を，隣接するブナ林から約1km以上離れていない範囲とすると，分布の東限は黒松内町東栄付近・目名峠・寿都町歌棄を結ぶ線（口絵9，B線）となる．

口絵9に示した連続的な分布域の外側には，1～6kmを隔てて比較的大きな個体群がある．このようなブナ林のうち，「赤井川ブナ林」や「小川ブナ林」は，胸高直径60～70cmに達する大径木を交えてブナが比較的広い範囲に優占する林である．ブナのほか，ミズナラ，ウダイカンバ，シラカンバ，イタヤカエデ等を交え，林床にはクマイザサ，ハイイヌガヤ，ツルシキミなどが生育する．いずれの地点でも，ブナの実生・幼木を普通にみとめることができ，ブナの生育や更新に障害があるようには見えない．このような，主要な分布域の外側に分布するブナ林のうち，舘脇（1948）が示したもののいくつかは，伐採により消失したものと思われる（口絵9）．また，この分布線の外側には，孤立

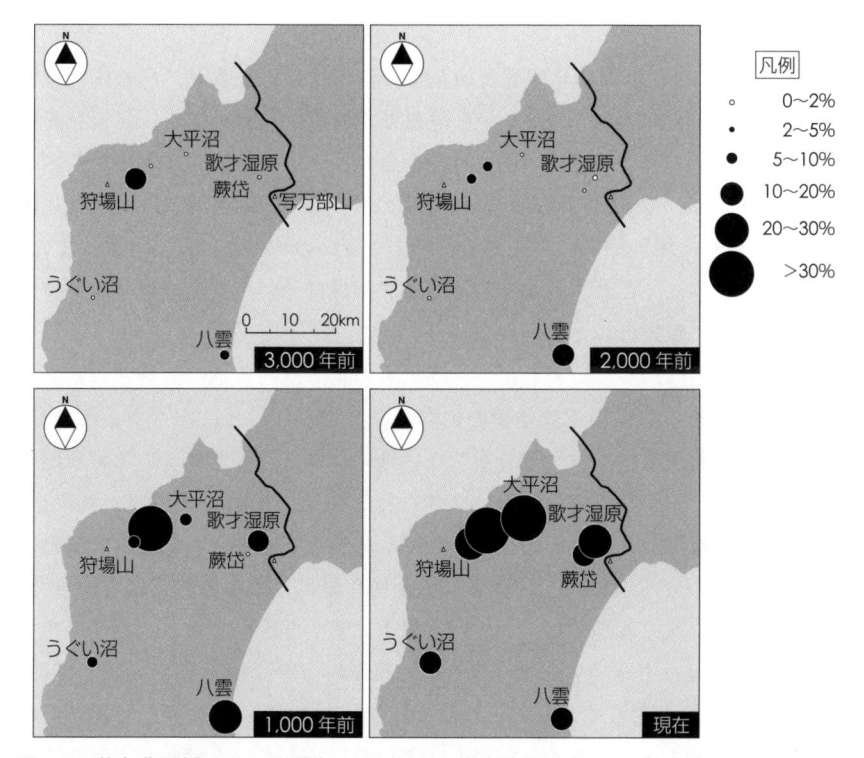

図9.7 分布北限域における過去3000年間の樹木花粉に占めるブナ花粉の割合の変化
年代は較正年代（cal yr BP）。
（萩原・矢野（1994），星野（1998），五十嵐（1994），小野・五十嵐（1991），紀藤・瀧本（1999），Sakaguchi（1989）より作成）

木が点在するが，そのようなブナの樹下には新たに芽生えた実生や幼木は見られない。これは，ブナは自家不和合性（自身の花粉では種子を形成しない性質）が強いためだと思われる（第4章参照）。

6. 北進するブナ

さて，ブナは現在も北上の途上にあると筆者が考えるのは，以下の根拠に基づいている。まず，現在の分布北限域にブナがたどり着いたのは1000年前，あるいはそれ以後のごく最近のできごとだということである。北海道のブナの樹齢は200年程度とされるから，北限のブナ林の歴史はたかだか数世代とい

うことになる。

　次に，最近3000年間の北限周辺の花粉分析の結果によると，黒松内低地帯周辺では1000年前（cal yr BP）から現在までの変化においても，ブナ花粉の割合は増加傾向を示している（図9.7）。寿命の長い木の歴史のことである。その変化の傾向は，数百年から1000年程度の時間スケールで見るべきだろう。とすると，現在も増加傾向の中にあると考えてよいのではないだろうか。また，先に述べたように，これまでのところ分布北限域においてブナの個体群維持に関して何らかの障害はみとめられていない。

　さらに，渡邊（1987）によると，札幌以東の北海道内各地に植栽されたブナは健全な生育を示し，樹下に幼樹の生育がみとめられるところもあるという。筆者も同様に北海道内でブナが分布しない地域に植えられたブナの生育状況や実生が生じているかを見て回った。調べたところは，江別市，様似町，美唄市，富良野市，厚岸町である。その結果，いずれの地点でも植えられたブナは良く成長し，自然の分布地に生えているブナと何ら見劣りするところはなかった。また，厚岸町を除く各地では，いずれも樹下に実生を生じており，種子の生産や発芽に問題はなさそうだった（図9.8）。厚岸町（厚岸樹木園）に関しては，19本のブナが植えられており，その幹の太さも20〜30 cmに達して開花しているが，実生はまったくなく，枝についていた種子もしいなばかりだった。いずれにしても，現在の北限よりも北の地域でブナが生育でき，実生を生じていることが，すぐさまブナが北進できる確かな証拠とはならないが，必要条件の1つをクリアしていることを示す。

　以上のことは，すなわち，分布北限にたどりついたのはきわめて最近で，いまだ増加の傾向を示し，その北方にも生育可能域が広がっていることを示す。ブナの移動を妨げるような地理的障壁はないので，分布域は拡大するであろうというのが筆者の見解である。ただ，現在の分布北限の実体は，先に述べたように人の活動の影響が大きく，北進の潜在的可能性があるというべき状況だろう。

7. 北限の意味

　ブナが北進を続けている途上にあるとすると，現在の分布北限からは植物の移動に関して，多くの情報が引き出されるであろう。まず，現在の分布の状態

図 9.8　分布北限よりも北に植えられたブナ
1：江別市千古園に植えられたブナ。成長は良好で，直径 1m 近くにまで成長したものもある。
2：富良野市山部に植えられたブナから生じた実生。多数の実生が発生しており，直径数cm 高さ 2 m 程度まで成長したものもある。
3：植栽位置。
4：厚岸町に植えられたブナ。木は大きく成長しているが，樹下に実生は見られない。

はブナが北進する際の分布前線の状態を示していることになる。すでに述べたように，この地域における人為的影響は無視できないが，まだ過去の状態を推定できる程度にはあるのではないか。このことから，ブナの前線の外側にある個体群はブナ分布拡大の「前進基地」を構成しているものと捉えることができる。自家不和合性の強いブナが，飛び離れた地点に分布域を拡大するには，少なくとも繁殖可能な齢に達した 2 個体以上が受粉できる距離に生育している期間がなくてはならない。これには，同時に複数の種子が散布されるか，相互に受粉できる範囲に少なくとも 2 回以上の散布が行われる必要がある。分布北限

域は，地史的変遷を通じて行われたブナの分布域拡大・移動のメカニズムを明らかにできる可能性を秘めているだろう。

　森林を構成する樹木のように，寿命の長い生物の動態は，人間の観察の歴史の中ではいまだに証明することが難しい。植生は大局的には気候と平衡状態にあり分布可能な地域には行き渡っていると考えられている（Huntley et al., 1989 など）。このことは，現在の植物分布や植生が過去の環境や気候を復元する際の前提条件になっている。しかし，第四紀と呼ばれる最近の約170万年は気候変動が著しい時代であり，氷期と間氷期を繰り返しながら現在に至っている。寒冷な氷期には北方の生物が南下し，温暖な間氷期には南方の生物が北上した。寒冷な最終氷期が終了したのは約1万1500年前であり，それ以降現在までの温暖な期間がはたして多くの植物にとって分布可能域に行き渡るのに十分な時間であったのだろうか。言い方をかえると，今我々が目にしている自然は，完新世という比較的安定した温暖期にあって，変わらない状態であると考えていいのか，それとも変わりつつある自然を見ているのだろうか。北限のブナの状態は，自然の見方に新しい観点を提供してくれるかもしれない。

8. 気候の変化と植物の分布

　先に，ブナは現在の分布限界をはるかに越えて十勝平野まで分布域を広げていた時代があると述べた。その当時は，現在よりもいくらか暖かい時代であったから，と考えられている（五十嵐・熊野, 1971；大江・小坂, 1972）。しかし，すでに述べたように，ブナが現在の気候条件下でも十勝平野まで生育が可能とすると，単純に気温が高かったからという理由以外にも理由がありそうである。

　北海道へ上陸してからのブナの移動速度が20 m／年で，今後も移動を続けるとすると，ブナは1万5000年後には十勝平野に到達することができる。現在のような間氷期（温暖期）は，約10万年ごとにおとずれたことが知られており，その継続時間は2万〜2万2000年程度とされている（Winograd et al., 1997）。もし現在の間氷期もさらに1万年続けば，ブナは十勝平野近くまで分布域を広げる可能性がある。つまり，移動を開始してからの時間が分布域の広がりを制限する要因の1つである。

　もう1つの要因は，出発点の問題である。そのことを考えるためには，まず，

現在ブナが今あるような分布域になった背景を振り返ってみよう。最終氷期に東北地方（南部であれ北部であれ）にあったらしいブナは，氷期の終わりと同時に北上を開始し，つい最近に北限に到達した。もしも，この出発点が北海道の中にあったとしたら，ブナは現在の北限よりはもっと北の方まで分布を広げることができるだろう。出発点を決めるのは，主要にはその前の氷期の寒さの程度やその他の気候要因だろうから，温暖期前の気候の状態がその後の温暖期のブナの分布に影響することになる。

　このような気候の変化に応じたブナの分布の変化のしくみは，他のあらゆる植物についてもあてはまるだろう。現在のような間氷期の植生は，その時の気候の状態だけで決まるのではなく，その前の氷期の気候条件などの影響を強く受けるということになる。これまでは，現在の植生が過去の間氷期にも繰り返し同様に成立してきたと漠然と考えてきたが，このようなことから類推すると，間氷期の植生はそのつど異なるものと見られるようになってきた（Tzedakis & Bennet, 1995）。

引用文献

Clark, J. S., C. Fastie, G. Hurtt, S. T. Jackson, C. Johnson. G. A. King, M. Lewis, J. Lynch, S. Pacala, C. Prentice, E. W. Schupp, T. Webb III & P. Wyckoff. 1998. Reid's paradox of rapid plant migration. *BioScience* **48**:13-24.

Delcourt, P. & H. Delcourt. 1987. Long-term forest dynamics of the temperate zone. pp.437, Springer-Verlag, New York.

古畑葉二　1932. 本道植物分布上に於ける羊蹄山を中心とする安山岩群に就いて．北海道林業会報 **358**: 521-524.

萩原法子・矢野牧夫　1994. 渡島半島におけるブナ林の北限到達年代．北海道開拓記念館研究年報 **22**: 1-9.

萩原信介　1988. 北限界林におけるブナの肥大成長速度．国立科博専報 **21**: 99-106.

橋詰隼人　1986. 自然林におけるブナ科植物の生殖器官の生産と散布．種子生態 **16**: 17-39.

Hatanaka, K. 1985. Palynological studies on the vegetational succession since the Wurm Glacial Age in Kyushu and adjacent areas. *Journal of the Faculty of Literature, Kyushu University*, series **18**: 29-71.

畑中健一・野井英明・岩内明子　1998. 九州地方の植生史　安田喜憲・三好教夫（編）図説日本植生史　p. 151-161. 朝倉書店．

林一六　1984. 植生からみた日本のブナ帯　市河健夫・山本正三・斉藤功（編）日本のブナ帯文化　p. 33-41. 朝倉書店.
林一六　1996. ブナ　王者の森をつくる　井上健（編）植物の生き残り作戦　p. 43-52. 平凡社.
Hewitt, G. M. 1996. Some genetic consequences of ice ages, and their role in divergence and speciation. *Biological Journal of the Linnean Society* **58**: 247-276.
日比野紘一郎・守田益宗・宮城豊彦・八木浩司　1991. 山形県川樋盆地における 120000 年 B. P. 以降の植生変遷に関する花粉分析的研究. 宮城農業短期大学学術報告 **39**: 35-49.
本多静六　1900. 日本森林植物帯論. 大日本山林会報 **205**: 4-35, **206**: 7-39, **207**: 1-25.
本間航介　1999. 環境変動に対する森林植生変化の予測－問題点と展望　河野昭一・井村治（編）環境変動と生物集団　p. 70-87. 海游舎.
星野フサ　1998. 北海道の植生史（2）南北海道　安田喜憲・三好教夫（編）図説日本植生史　p. 51-61. 朝倉書店.
Huntley, B., P. J. Bartlein & I. C. Prentice. 1989. Climatic control of the distribution and abundance of beech (*Fagus* L.) in Europe and North America. *Journal of Biogeography* **16**: 551-560.
Huntley, B. & H. J. B. Birks. 1983. An atlas of past and present pollen maps for Europe: 0-13000 years ago. Cambridge University Press, Cambridge.
五十嵐八枝子　1994. 北上するブナ. 北海道の林木育種 **37**: 1-7.
五十嵐八枝子・熊野純男　1971. ホロカヤントウ層の花粉分析による分帯. 北海道開拓記念館研究報告 **1**: 63-69.
鴨井幸彦・斉藤道春・藤田英忠・小林巖雄　1988. 新潟県北部に産する最終氷期の植物遺体群集　第四紀研究 **27**: 21-29.
樫村利道　1978. ブナ，ミズナラ，およびコナラの春先における耐凍性の消失過程について　吉岡邦二博士追悼植物生態論集　p. 450-465.
吉良竜夫　1949. 日本の森林帯（林業解説シリーズ 17）（吉良竜夫　1971. 生態学からみた自然所収　p. 105-141. 河出書房新社）
吉良竜夫・四手井綱英・沼田真・依田恭二　1976. 日本の植生. 科学 **46**: 235-247.
北原曜　1987. 海流による植物の分布拡大　北方林業 **39**: 113-118.
紀藤典夫　2003. 北限のブナ：その地史的背景　森林科学 **37**: 46-50.
紀藤典夫・瀧本文生　1999. 完新世におけるブナの個体群増加と移動速度　第四紀研究 **38**: 297-311.
Martinson, D. G., N. G. Pisias, J. D. Hays, J. Imbrie, T. C. Jr. Moore & N. J. Shackleton. 1987. Age dating and the orbital theory of the Ice Age: Development of a high-resolution 0 to 300,000-year chronostratigraphy. *Quaternary Research* **27**: 1-29.
南木睦彦　1996. ブナの分布の地史的変遷　日本生態学会誌 **46**: 171-174.
南木睦彦・松葉千年　1985. 三重県多度町から産出した約 18,000 年前の大型植物遺体群集　第四紀研究 **24**: 51-55.
南部一男　1927. 林木の垂直分布に関する二，三の資料　北海道林業会報 **292**: 232-239.
Momohara, A., K. Mizuno, S. Tsuji, S. & S. Kokawa. 1990. Early Pleistocene Plant Biostratigraphy of the Shobudani Formation, Southwest Japan, with reference to extinction of plants. *The*

Quaternary Research **29**: 1-15.
那須孝悌　1985．先土器時代の環境．岩波講座日本考古学　第2巻　人間と環境　岩波書店．東京　51-109．
大場達之　1985．日本と世界のブナ林　梅原猛他（著）ブナ帯文化 p.201-230．思索社．
大江フサ・小坂利幸　1972．北海道十勝国忠類村におけるナウマン象化石包含層の花粉分析　地質学雑誌 **78**: 219-234．
大森博雄・柳町修　1988．ブナ林帯上限および下限の温度領域と更新世末期から完新世中期にかけての夏期気温変化　第四紀研究 **27**: 81-100．
小野有五・五十嵐八枝子　1991．北海道の自然史　北海道大学図書刊行会．
尾上亨　1989．栃木県塩原産更新世植物群による古環境解析　地質調査所報告 **269**: 143p.+31pls．
Sakaguchi, Y. 1989. Some pollen records from Hokkaido and Sakhalin. *Bulletin of the Department of Geography, University of Tokyo* **21**: 1-17.
Sohma, K. 1984. Two Late-Quaternary pollen diagrams from northeast Japan. *Science Reports of Tohoku University, 4th series.* (*Biology*) **3**: 351-369.
Stewart, J. R. & A. M. Lister. 2001. Cryptic northern refugia and the origins of the modern biota. *Trends in Ecology & Evolution* **16**: 608-613.
高原光　1998．近畿地方の植生史　安田喜憲・三好教夫（編）図説日本植生史 p.114-137．朝倉書店．
滝谷美香・萩原法子　1997．西南北海道横津岳における最終氷期以降の植生変遷　第四紀研究 **36**: 217-234．
田中攘　1900．北海道植物帯に就いて．大日本山林会報 **209**: 11-22．
舘脇操　1948．ブナの北限界．生態学研究 **11**: 46-51．
舘脇操　1958．北限地帯ブナ林の植生　舘脇操（編著）日本森林植生図譜（IV）p.164+13pls．函館営林局．
戸丸信弘　2001．遺伝子のきた道：ブナ集団の歴史と遺伝子的変異　種生物学会（編）森の分子生態学　p.85-109．文一総合出版．
Tomaru N, T. Mitsutsuji, M. Takahashi, Y. Tsumura, K. Uchida & K. Ohba K. 1997. Genetic diversity in *Fagus crenata* (Japanese beech): influence of the distributional shift during the late-Quaternary. *Heredity* **78**: 241-251.
Tomaru, N., M. Takahashi, Y. Tsumura, M. Takahashi & K. Ohba. 1998. Intraspecific variation and phylogeographic patterns of *Fagus crenata* (Fagaceae) mitochondrial DNA. *American Journal of Botany* **85**: 629-636.
Tsukada, M. 1982a. Late-Quaternary shift of *Fagus* distribution. *Botanical Magazine Tokyo* **95**: 203-217.
Tsukada, M. 1982b. Late-Quaternary development of the Fagus forest in the Japanese archipelago. *Japanese Journal of Ecology* **32**: 113-118.
塚田松雄　1986．関東地方における第四紀後期の植生史　日本植生誌（関東）p. 78-103．至文堂．
Tzedakis, P. C. & K. D. Bennet. 1995. Interglacial vegetation succession: a view from southern

Europe. *Quaternary Science Reviews* **14**: 967-982.
内山隆　2003. 日本の冷温帯林および中間温帯林の成立史　植生史研究 **11**: 61-71.
渡邊定元　1985. 北海道天然生林の樹木社会学的研究　北海道営林局.
渡邊定元　1987. 北限のブナ林　182pp. 北海道林務部.
渡邊定元　1994. 樹木社会学　pp.450　東京大学出版会.
Winograd, I. J., J. M. Landwehr, K. R. Ludwig, T. B. Coplen and A. Riggs. 1997. Duration and structure of the past four interglaciations. *Quaternary Research* **48**: 141-154.
八木橋勉・松井哲哉・中谷友樹・垰田宏・田中信行　2003. ブナ林とミズナラ林の分布域の気候条件による分類　日本生態学会誌 **53**: 85-94.
安田喜憲　1985. 東西二つのブナ林の自然史と文明　梅原猛他（著）ブナ帯文化 p. 29-63　思索社.
Yamanaka, M. 1978. Vegetation history since the late Pleistocene in northeast Japan 1. Comparative studies of the pollen diagrams in the Hakkoda Mountains. *Ecological Review* **19**: 1-36.

第10章　ブナ集団の遺伝的変異と遺伝的構造
―― 地史的分布変遷の影響 ――

戸丸信弘（名古屋大学大学院生命農学研究科）

　最終氷期末から分布を拡大し，現在では本州北部を中心に北海道南部から鹿児島県まで分布するに至ったブナ。その集団の遺伝的な変異と構造を分子生物学的な手法で明らかにし，日本のブナ集団の歴史を掘り起こす。こうして得られた情報からは，ブナの植林を行う際に留意しなければならない点も浮かび上がってくる。

はじめに

　現在の我々が生きているこの時代は地質年代で言うと第四紀と呼ばれている。この第四紀は，約170万年前に始まり，氷期（寒冷期）と間氷期（温暖期）が繰り返し訪れるという大規模な気候変動が起こってきた時代である。この気候変動に対して，現在まで生き延びてきた生物種の多くは分布域を移動させて対応してきたと考えられる。たとえば，北東から南西に細長く，それに沿うように数多くの山脈が伸びている日本列島に分布する生物は，気候変動に対して太平洋側や日本海側を南下しまたは北上し，あるいは山腹を下降しまたは上昇してダイナミックに分布域を変動させてきたのであろう（塚田，1980）。

　さて，現在のブナの分布域は，北海道黒松内低地周辺から鹿児島県の高隈山までである（Horikawa, 1972）。現在のブナ林には北海道南部から中部地方までの日本海側に分布の中心がある。スギなどの人工造林やそれ以外の土地利用によりその分布域が分断・縮小されてきたが，現在においても比較的広い地域を覆っている。一方，関東・中部地方の太平洋側から四国，九州地方にかけてのブナ林はほとんどが各山岳に隔離分布している。このように現在のブナ林は東北日本に偏って分布しているが，過去の分布はそうではなかったようである。最終氷期以前と以後のブナの歴史については**第9章**で詳細に述べられているが，最終氷期最寒冷期（2万5000年〜1万5000年前）以降のブナの分布変

遷についてのみ Tsukada（1982a, b）の推定を中心に簡潔にまとめると以下のようになる。

　最終氷期最寒冷期には，北緯38度より南の海岸地域に沿って分布し，いわゆるブナ林を形成せずに，冷温帯針広混交林の中に避難していた（このように気候変動などの環境変動による絶滅を免れて，生き残ることのできた限られた範囲の地域をレフュージアと言う）。その後，気候が温暖化・湿潤化すると，1万2000年前頃からブナは分布を北方へ，あるいは高標高地へ移動し始めた。東北日本では急速に北進し，約9000年前には本州北端に達し，約6000年前までには北海道に渡って（五十嵐，1994），現在の北限地帯には1000年前あるいはそれ以降に到達した（例えば Sakaguchi, 1989）。一方，西南日本では高標高地に移動し，隔離分布するようになった。このようにしてブナは分布の中心を北東へ移動したと推定されている。現在の分布の中心がある日本海側は，多雪環境によって多くの落葉樹や針葉樹の分布が制限されている地域である。この多雪環境は，さまざまな理由からブナにとって有利になると考えられている（本間，2003）。したがって，最終氷期以降の気候変動にともなって生じた植物相の空白域が多雪化し，多雪環境に有利なブナが進入して，北方へと分布を広げたと考えられている（原，1996）。

　このようなブナの分布変遷がブナの遺伝的変異や遺伝的構造に強く影響を及ぼしたことは，これまでの研究によって明らかにされてきた（Tomaru et al., 1997, 1998; Fujii et al., 2002 など）。ここでは，ブナがどのような遺伝的変異と遺伝的構造を保有しているのか，そして，それらはブナの分布変遷とどのような関連があるのかを解説する。近年，森林の公益的機能に対する期待からブナの植林が行われるようになった。明らかとなったブナの遺伝的変異や遺伝的構造のパターンには，ブナの植林に対してどのような有益な示唆があるのかについても，本章の最後で述べる。

1. 集団と遺伝的変異

本題に入る前に少しだけ専門用語の解説をしたい。

　生物の分布域には，しばしば地理的に分割された集団がみとめられる。すなわち，種を構成する個体が，分布域内を空間的にランダムに分布することはめ

ったになく，たいていは個体が高い密度で存在する場所が個体の存在しない場所に島状にあるいは斑紋状に分布する。このような個体の集まりでどの個体も他の個体と潜在的に配偶できる個体の集まりを集団遺伝学では**集団**と呼ぶ。生態学では，この集団のことを**個体群**と呼んでいるが，本章では集団を用いることにする。

　集団に属する個体間で遺伝子型が異なるとき，その「集団内に遺伝的変異がある」と言う。一方，集団間で遺伝的組成が異なるとき，その「集団間に遺伝的変異（遺伝的分化）がある」と言う。種内のすべての遺伝的変異は，このような**集団内変異**と**集団間変異**とに分割してとらえることができる。ついでに言うと，最近，遺伝的多様性という用語がよく使われるが，これは遺伝的変異とほとんど同じ意味である。

　地理的に分割された集団間には種によって程度の差はあれ遺伝的分化が見られる。集団間に遺伝的分化が見られるということは，たいていの場合，分布域内に地理的な遺伝的構造が存在することを意味する。この**遺伝的構造**とは，集団の地理的位置によってその遺伝的組成が異なることである。この遺伝的分化・遺伝的構造には2つの成因がある。緯度や経度，標高が異なる地域の間には環境（気温や乾湿，光，土壌など）に違いがある。このような環境の異質性が存在すると，それぞれの集団は異なる環境の自然淘汰を受けて，それぞれの環境に適応していくので，結果として分化が進み，遺伝的構造ができる。もう1つの要因は，**遺伝的浮動**（集団の対立遺伝子頻度が偶然に変動すること）と**遺伝子流動**（集団間で遺伝子が移動すること）のバランスによるものである。遺伝的浮動によって集団ごとに対立遺伝子頻度がランダムに変動して集団間に分化が生じる。反対に，集団間の遺伝子流動が頻繁になるほどこの分化が妨げられる。理論的には，この分化程度は距離に依存する。距離の近い集団の間では遺伝的組成が似てくるが，距離の離れている集団の間では分化が進み，結果として遺伝的構造が生じる。

　前者の要因で生じる遺伝的分化と遺伝的構造は，適応的であると考えられる形態的形質や生理的形質などに見られ，それらの多くは量的形質である。ただし，これらは後者の要因にも影響される。環境要因にはしばしば地理的クラインがあるので（たとえば南から北への気温の低下），それに応答した形質にも地理的クラインが見られることがある（例えば Hurme *et al*., 1997）。後者の要因

で生じる遺伝的分化と遺伝的構造は，自然淘汰に対して中立な標識遺伝子（遺伝マーカー）で明らかにすることができる．標識遺伝子は遺伝様式（メンデル遺伝または細胞質遺伝）がわかっていて，遺伝子型が容易にかつ正確に同定できる遺伝子である．遺伝子ではなく，ある範囲のDNA領域を標識として用いることが多いので，標識遺伝子ではなく遺伝マーカーと呼ぶのが一般的である．アイソザイムやさまざまなDNAマーカーがある（津村，2001）．

2. ブナの核遺伝子の変異

2.1. 形態的・生理的形質

わが国の広葉樹の中では，ブナは，形態的形質や生理的形質の地理的変異が比較的よく調べられている樹種である．ブナにおいて最もよく知られている形態的形質の変異は，葉面積であり，南西から北東に向かって大きくなるというクラインがある（萩原，1977; 図10.1）．また，葉面積とは反対に種子サイズは南西から北東に向かって小さくなるクラインがある（Hiura et al., 1996）．形態的形質や生理的形質の表現型は遺伝的な支配を受けているだけでなく，環境の影響を同時に受ける．同じ遺伝子型の個体でも異なる環境にさらされると表現型が変わることがあり，これを表現型の可塑性と言う．地理的な変異を示す形質がどの程度遺伝的な支配を受けているかは，異なる集団の個体を1か所に集めて植栽し，同一環境条件下で観測するか（これを産地試験という），あるいは異なる集団の間で個体を相互に移植して観測することによって明らかにすることができる．ブナでは，全国から採取した種子を苗畑に播種し，同一環境条件で成長した稚樹の葉形態や樹形が調べられている（日浦，1993）．それによると，野外の成木で見られた傾向と同様に，葉面積は南西から北東に向かって増加するクラインがある．また，南西から北東に向かって葉の形状比（長さ／幅）は低下，比葉面積（葉面積／乾重）では増加するクラインが存在する．さらに，樹形については，日本海側の葉面積の大きな集団は円筒形なのに対して，太平洋側の葉面積の小さな集団は扁平な樹形を形成する傾向がある（Hiura et al., 1998）．一方，ブナの開芽期についての産地試験によると，南西から北東に向かって開芽時期が早まるクラインがある（橋詰ら，1996）．これらの形質には明らかに遺伝的な要因がはたらいており，その地理的クラインは適応的な核

図 10.1　ブナの葉面積の地理的クライン（萩原（1977）および河野（1974）より）
図中の数字は葉面積（cm²）をあらわす。

遺伝子の発現の結果と考えられるだろう。

2.2. アロザイム

　アイソザイムは，核遺伝子に支配される酵素タンパク質で，酵素としてのはたらきは同じであるが，主に荷電量が異なるという変異がある。その変異が，1つの遺伝子座における対立遺伝子の違いに起因しているアイソザイムを特にアロザイムという。アイソザイムは，通常，自然淘汰を受けない中立な遺伝マーカーである。DNAマーカーが用いられるようになるまでは，自然集団の遺伝的変異を明らかにするための遺伝マーカーとしては主にアロザイムが使われてきた。このアロザイムを用いて，ブナ集団の遺伝的変異が調査された(Takahashi *et al.*, 1994; Tomaru *et al.*, 1997)。種内全体や集団内における遺伝的変異

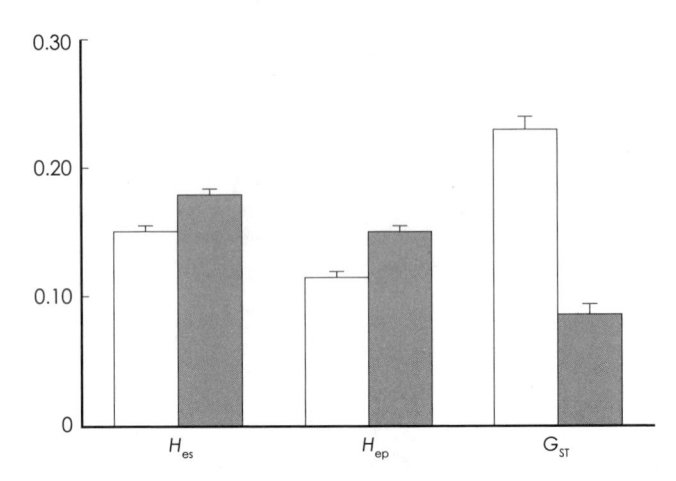

図 10.2 種子植物全体と長命な木本植物とのアロザイム変異の比較 (Hamrick et al., (1992) より作成)
□種子植物全体，■長命の木本植物
H_{es} は種内のヘテロ接合度，H_{ep} は集団内のヘテロ接合度，G_{ST} は遺伝子分化係数で，平均値±標準誤差で示される。長命な木本植物は種子植物全体と比べて，種内と集団内の遺伝的変異は高いが，集団間の遺伝的分化は低いことがわかる。

の程度をあらわす統計量にはいくつかあるが，よく使われる統計量としてヘテロ接合度 H_e がある（観察値と期待値があり，期待値は遺伝子多様度とも言われる）。また，集団間の遺伝的分化をあらわす統計量として遺伝子分化係数 G_{ST} がある。これらの統計量は値が大きいほど遺伝的変異あるいは遺伝的分化の程度が高いことをあらわす。ブナの種内全体と集団内の変異の程度をあらわすヘテロ接合度の期待値（H_{es} と H_{ep}）を求めると，それぞれ 0.194 と 0.187 であった。また，G_{ST} は 0.038 であり，これは種内全体の変異のうち集団間に見られる変異の割合がわずか 3.8 % であることを示す。

　これらの値がどのような意味をもつかを理解するために，長命の木本植物の遺伝的変異は一般にどのような特徴を持つのかを説明しよう。種子植物全体（約 600 種）と長命の木本植物（約 200 種）の H_{es}, H_{ep}, G_{ST} の平均値（Hamrick et al., 1992）を図 10.2 に示す。この図から明らかなように，長命の木本植物では種内と集団内の変異が高く，集団間の遺伝的分化は低いという特徴がある。ブナの値を図 10.2 の値と比べると，ブナの遺伝的変異はおおよそ長命の木本植物の一般的傾向と同様であることがわかる。ブナのように長命，広い分布域，

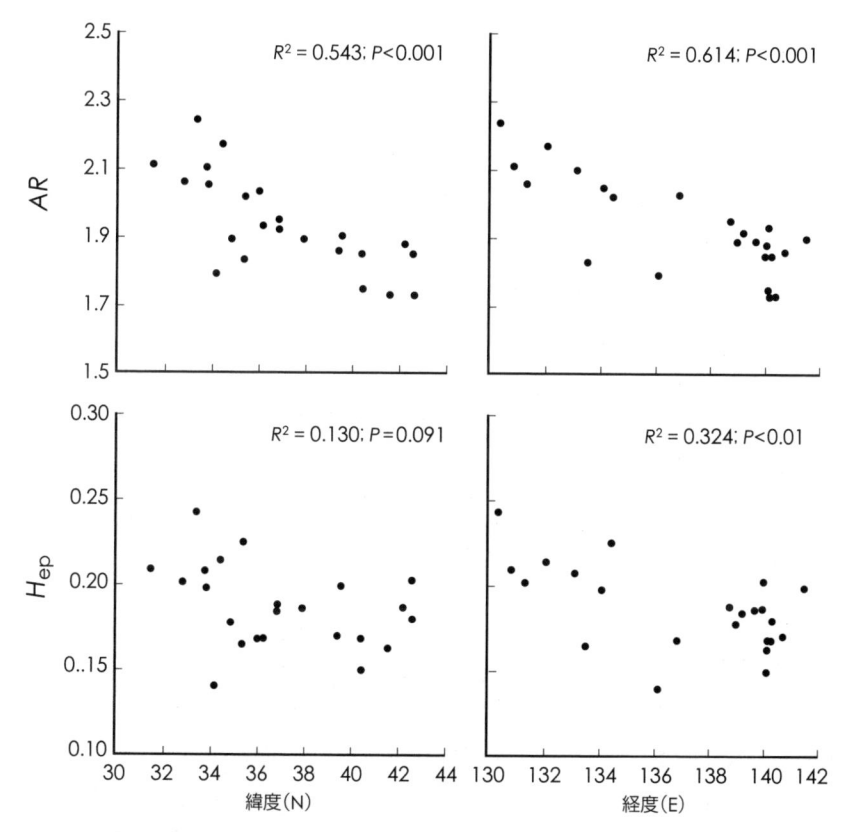

図 10.3 ブナ集団における遺伝的変異の地理的傾向（Tomaru et al., (1997) より作図）
ARはアレリックリッチネス，H_{ep}はヘテロ接合度の期待値。アレリックリッチネスは集団のサンプル数を同じにして標準化した対立遺伝子数。南西から北東に向かって集団内の遺伝的変異が低下していることがわかる。

他殖性，風媒花といった特徴をもつ種は種内と集団内の変異が高く，集団間の遺伝的分化が低い。これは，有効な集団サイズが大きいので遺伝的浮動の影響が小さく，また，他殖や風媒によって遺伝子流動が盛んに行われるためと考えられる[1]（Hamrick & Godt, 1989; Hamirick et al., 1992）。

このようにブナの遺伝的変異には長命の木本植物と同様な特徴があったが，

---

[1]：遺伝的浮動は集団内の遺伝的変異を低下させ，集団間の遺伝的分化を促進させる。逆に，遺伝子流動は集団内の遺伝的変異を増加させ，集団間の遺伝的分化を妨げる。有効な集団サイズとは，遺伝的浮動の強さを決める理論的な個体数である。

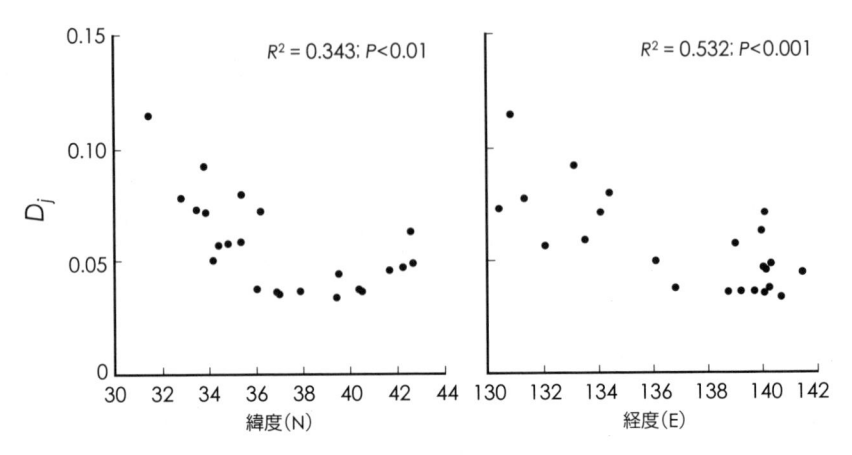

図 10.4 ブナ集団における遺伝的変異の地理的傾向 (Tomaru et al., 1997 より)
D_j は，ある１つの集団における他のすべての集団からの遺伝的分化程度をあらわす。南西から北東に向かって，おおよそ北緯 38 度，東経 138 度までは，遺伝的分化が低下する傾向にあることがわかる。

その変異には地理的な傾向があった。すなわち，南西から北東に向かって集団内変異が低下し（図 10.3），集団間の遺伝的分化も低下する（図 10.4）というクラインがあった。また，多くの対立遺伝子の集団頻度にもクラインが見られた。集団間の遺伝的類似関係をあらわす主成分分析の散布図（図 10.5）は，その対立遺伝子頻度のクラインを反映したものとなり，おおよそ集団間の遺伝的類似関係は地理的な位置関係と対応していることがわかる。また，北海道から東北・北陸地方の集団は散布図上で集中分布しているので，集団間の遺伝的分化が相対的に低く，遺伝的に似ていることが示される。

以上の結果を集団遺伝学の理論をもとに考察する。南西集団は北東集団に比べ集団間の遺伝的分化が高いが，これは，北東集団に比べ南西集団は各山岳の狭い面積に隔離分布しているために遺伝的浮動と集団間の限られた遺伝子流動により分化が生じたからと考えられる。北東集団で集団間の遺伝的分化がほとんど見られないのは比較的連続的で広く分布しているために十分に遺伝子流動が生じていて，そのために分化が妨げられているからと考えられる。一方，南西集団が北東集団に比べて集団内の遺伝的変異が高い。見かけ上の分布域の広さやその連続性から考えると南西集団ではなく北東集団で変異が高そうであるが，実際はその逆であった。同種内では有効な集団サイズは実際の集団の個体

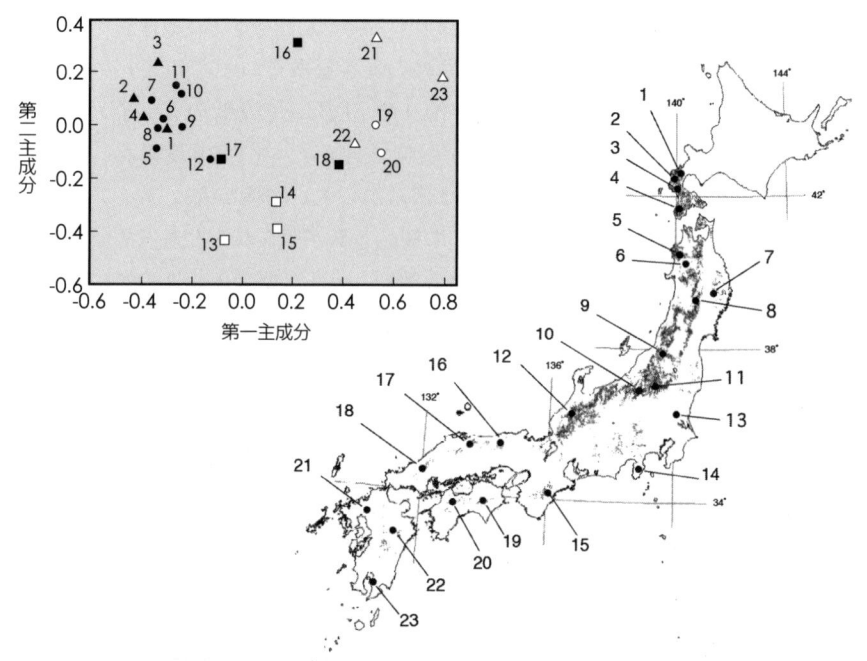

図 10.5　集団間の遺伝的類似関係をあらわす主成分分析の散布図 (Tomaru et al., 1997 より)
▲：北海道，●：東北・北陸，■：中国，□：関東・東海，○：四国，△：九州
主成分分析には，各集団のアロザイムの対立遺伝子頻度を用いた。第一主成分と第二主成分の寄与率はそれぞれ 37.7％と 10.5％であり，第一主成分の 88.2％は集団の緯度・経度で説明される。北海道・東北・北陸の集団は遺伝的に似ていることがわかる。右図の灰色部分は，環境省第 5 回自然環境保全基礎調査の植生 3 次メッシュデータを用いて作成したブナ林の分布。

数に比例するだろうから，この結果は有効な集団サイズが小さな集団ほど遺伝的浮動により変異が低いという集団遺伝学の理論と合わない。

　そこで，Tsukada et al.（1982a, 1982b）が推定した最終氷期以降のブナの分布変遷を考慮して，ブナ集団の遺伝的変異，特に集団内変異について考察してみる。まず，北緯 38 度以北の現在の集団は最終氷期に分布の北限周辺に存在したレフュージアから起源したと考えるのが地理的位置からしてもっともらしい。そして，北進はホシガラスやカケス類の種子散布によって北方系樹種の後退したあとに生じたニッチの空白を埋める形で成し遂げられたと考えられている（渡辺，1994; Vander Wall, 1990）。こうして新たにできた集団は，初期にはパッチ状で小規模であったが，個体が成長し成熟すると次に形成される北方の後

代集団の種子供給源になったに違いない.さて,集団内変異の地理的クラインに関する解析では,まず,集団内変異の大きさをあらわすパラメータとして H_{ep} を用いた(Tomaru et al., 1997).図10.3の下図はその H_{ep} のクラインを示しているが,南西集団間ではクラインが明瞭であるが,北緯38度以北(あるいは東経138度以東)の北東集団間ではばらついていて明瞭なクラインが見られない.分布拡大のときに新しい集団の創始者数が限られると遺伝的浮動がはたらいて変異が失われる.これを創始者効果という.ブナの北進の際にも創始者効果がはたらいたかもしれないが, H_{ep} にはその影響がはっきりしない(戸丸, 2001).今回,集団内変異のあらわすもう1つのパラメータであるアレリックリッチネス(AR; El Mousadik & Petit, 1996)を用いて解析してみた(図10.3の上図).集団内で検出される対立遺伝子数は集団内変異の大きさをあらわすが,その値はサンプル数に依存してしまうためサンプル数が異なる集団間では比較できない.一方, AR は,同じサンプル数で標準化したときの対立遺伝子数であり,集団間で比較できる. AR では,全分布域でより明瞭な地理的クラインが示され,北緯38度以北(あるいは東経138度以東)でも, AR には減少する傾向が見られた(図10.3の上図).したがって,ブナの北進の際に創始者効果がはたらき,遺伝的浮動により低頻度の対立遺伝子が集団中から除かれたのであろう.

　それでは,最終氷期最寒冷期にもブナが分布していたと推定されている北緯38度より南のブナ集団において集団内の遺伝的変異に明瞭な地理的クラインが見られるのはなぜだろうか.第四紀前期更新世後半(約110万年前)以降になると約10万年の周期で氷期と間氷期が繰り返された気候変動の激しい時代になった.中期更新世後半約30万年前の間氷期にはブナが主要な構成要素の森林が存在していたことが推定されている(尾上, 1989).現在と同程度に温暖であった最終間氷期が13〜11万年前で,それ以降,気温が低下して最終氷期に入り,最寒冷期を迎える.この10万年の間は,小規模な寒暖の変化があったものの寒冷化が進行した気候であったため,温帯性の植物であるブナは日本列島の南西地域に分布を偏らせていたと考えられる.いろいろな樹種において,分布の端にある集団は分布の中心にある集団と比べて遺伝的変異が低いことが報告されている(Guries & Ledig, 1982; Michaud et al., 1995).したがって,最終氷期時のブナの分布パターンにより,北緯38度より南のブナ集団において集団内変異の地理的クラインが形成されたのかもしれない.

3. ブナのオルガネラ DNA の変異

種子植物における核ゲノムの遺伝様式はメンデル遺伝であるが，オルガネラゲノム（ミトコンドリアと葉緑体のゲノム）の遺伝様式は一般に母親から子供へ遺伝子が伝達される母性遺伝である[*2]。この遺伝様式の違いから遺伝子流動は核では種子散布と花粉散布で生じるのに対し，オルガネラでは種子散布のみで起こる。主にこの理由から，種内の集団間の遺伝的分化や遺伝的構造の程度は，核よりもオルガネラで強まると期待される。また，植物が分布を移動させる手段は主に種子散布である。したがって，種子散布のみで遺伝子流動が生じるオルガネラでは，分布が移動したときに形成される遺伝的構造は，その後の集団間の種子散布による遺伝子流動が限られれば，長期間保存されることになる。このとき，オルガネラのハプロタイプ（半数体の遺伝子型）の地理的分布とそれらの系統関係との間には関係が見られることがある。このような遺伝的構造は系統地理的構造と呼ばれ (Avise et al., 1987)，その構造をもとに最終氷期のレフュージアの分布やその後の移住ルートが推定されている (Comes & Kadereit, 1998; Newton et al., 1999)。ブナの種内にもこのようなオルガネラゲノムの系統地理的構造が存在する可能性がある。

3.1. ミトコンドリア DNA

そこで，ミトコンドリア DNA (mtDNA) の制限酵素断片長多型 (RFLP) を遺伝マーカーとして，ブナ集団の mtDNA 変異が調べられた (Tomaru et al., 1998; 奥山・戸丸，未発表)。制限酵素断片長多型とは，制限酵素によって切断された DNA 断片の長さが個体間で異なるという多型（変異）のことである。合計9種類のハプロタイプが検出され，各集団のハプロタイプ頻度を円グラフにして，その地理的位置とともに示すと図 10.6 のようになった。この図から，各集団のハプロタイプは地域によって異なる，すなわち，明らかな地理的な遺伝的構造が存在していることがわかる。また，多くの集団が1種類のみあるいは卓越した1種類のハプロタイプを保有していることもわかる。アロザイム変異の研究と同様に，全体の変異を集団内の変異と集団間の変異とに分割する解

[*2]：ただし，針葉樹の葉緑体は父性遺伝，さらにマツ科・イチイ科以外の針葉樹ではミトコンドリアも父性遺伝である。(Mogensen, 1996)。

ミトコンドリア DNA
ハプロタイプ

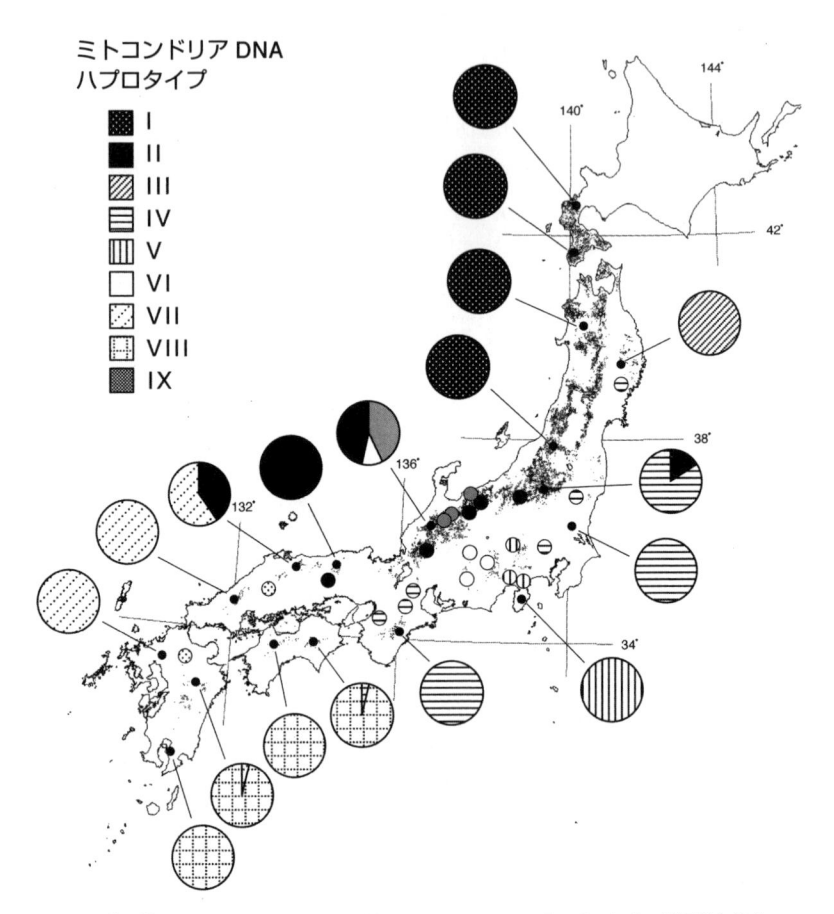

- I
- II
- III
- IV
- V
- VI
- VII
- VIII
- IX

図 10.6 ブナ集団におけるミトコンドリア DNA のハプロタイプの地理的分布
(Tomaru *et al.* (1998) および奥山・戸丸 (未発表) より)

円グラフはハプロタイプ頻度をあらわす。円グラフの大きさは分析個体数を反映していて，大きな円グラフの集団で 10～25 個体 (ただし 3 種類のハプロタイプが検出された白山集団は 166 個体)，小さな円グラフの集団で 2～6 個体。mtDNA 変異には明瞭な地理的構造が見られることがわかる。

析を行うと，集団内のハプロタイプ多様度 (＝半数体の遺伝子多様度，アロザイムの集団内のヘテロ接合度 (期待値) H_{ep} に相当) は 0.024 と非常に低い値となり，反対に，遺伝子分化係数 G_{ST} は 0.963 という非常に高い値となった。核ゲノムのアロザイムと比べて，集団間には約 25 倍もの高い遺伝的分化が存在し，それとは逆に集団内には約 1/9 もの低い変異しかないことが示される。

このmtDNAとアロザイムとの分化の著しい差は，主に，母性遺伝するミトコンドリアゲノムの遺伝子流動が種子散布だけに限られるのに対し，核ゲノムでは種子散布と花粉散布の両方で遺伝子流動が生じること，そして，花粉散布による遺伝子流動は種子散布のものに比べずっと盛んであることで説明されるであろう．実際，ブナの種子は主に重力で散布され，その物理的な散布距離はせいぜい 20～30 m 程度である（橋詰ら，1984）．母樹の周囲に半兄弟の稚樹が集中分布することからも種子の散布距離は限られていることが推定されている（Asuka et al., 2005）．また，現在のブナ林においても鳥類や齧歯類によって運ばれることがあるようだが微々たるものと考えられる（渡辺，1994; Miguchi, 1994）．一方，ブナの花粉散布は風媒で行われるので種子散布と比べて散布距離が長いのであろう．実際，ブナと同じブナ科に属するコナラ属の樹種では，風媒による長距離花粉散布が観測されている（Dow & Ashley 1998; Streiff et al., 1999）．

図 10.6 に戻って mtDNA ハプロタイプの地理的分布を詳細に見てみよう．日本海側では北海道から東北地方にかけてハプロタイプ I，おおよそ北陸地方から中国地方東部までハプロタイプ II，中国地方西部から九州地方北部にハプロタイプ VII が分布している．一方，太平洋側では東北地方南部から関東地方と紀伊半島にハプロタイプ IV，四国地方と九州地方中央部と南部にハプロタイプ VIII が広がっている．ハプロタイプ IV の地理的分布はハプロタイプ V と VI によって分断され，V は伊豆半島から内陸へ，VI は愛知県東部から内陸に広がっている．Koike et al.（1998）においてもほぼ同じ手法でブナの mtDNA 変異が調べられており，同様の地理的な遺伝的構造が得られている．この構造はどのようにして形成されたものであろうか．前に述べたように，オルガネラであるミトコンドリアの地理的な遺伝的構造は，最終氷期のレフュージアの分布とその後の分布拡大によって形成されたと考えられるだろう（Tomaru et al., 1998; Koike et al., 1998）．たとえば，東北地方の日本海側から北海道に広く分布しているハプロタイプ I は，最終氷期以降の北方への分布拡大を反映していると考えると上手く説明がつく．

岐阜・石川・福井の県境に位置する白山において，5つの林道・登山道沿いに生育するブナの多数個体（166 個体）について mtDNA ハプロタイプが調べられている（奥山・戸丸，未発表）．白山のブナには3種類のハプロタイプが存

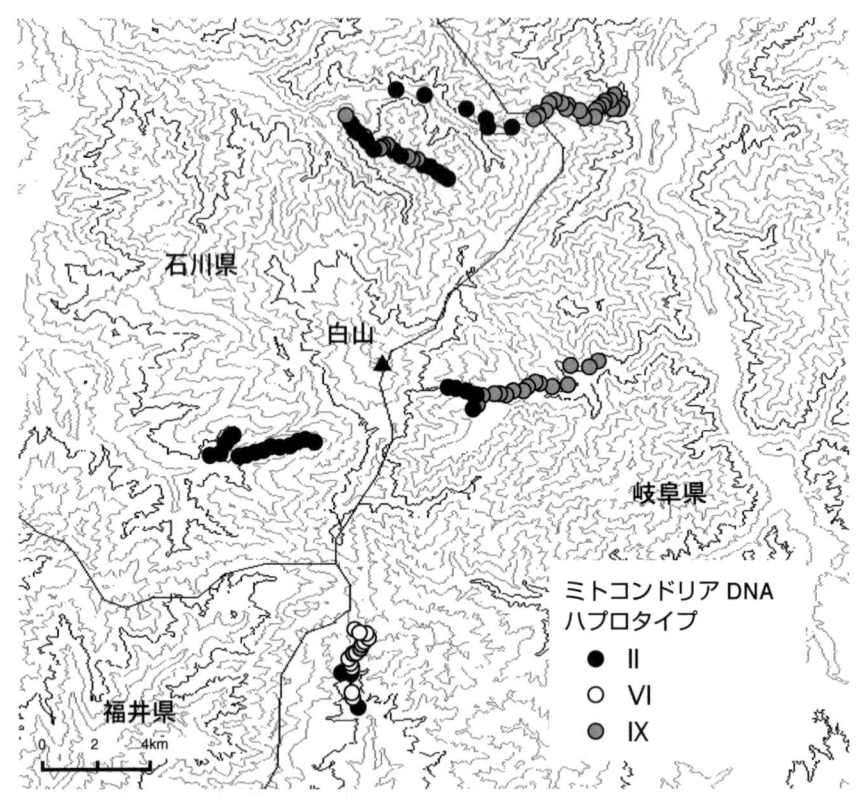

200　第10章　ブナ集団の遺伝的変異と遺伝的構造

図 10.7 白山におけるブナ個体のミトコンドリア DNA のハプロタイプ

（奥山・戸丸（未発表）より）

1つの丸は1個体をあらわす。3種類のハプロタイプの地理的分布には明瞭な構造があることがわかる。

在し，それらの分布には明瞭な地理的構造がある（図10.7）。白山周辺の中部地方におけるこれら3種類のハプロタイプの地理的分布（図10.6）から，3種類のハプロタイプは別々の祖先集団に由来し，それらの祖先集団が白山に分布拡大したと考えるのがもっともらしい。すなわち，白山は3つの系統が出会った地点であると考えられる。

3.2.　葉緑体 DNA

　mtDNA の RFLP を遺伝マーカーとして，ブナの分布変遷を反映していると考えられるブナ集団の地理的な遺伝的構造が明らかにされたが，ハプロタイプ

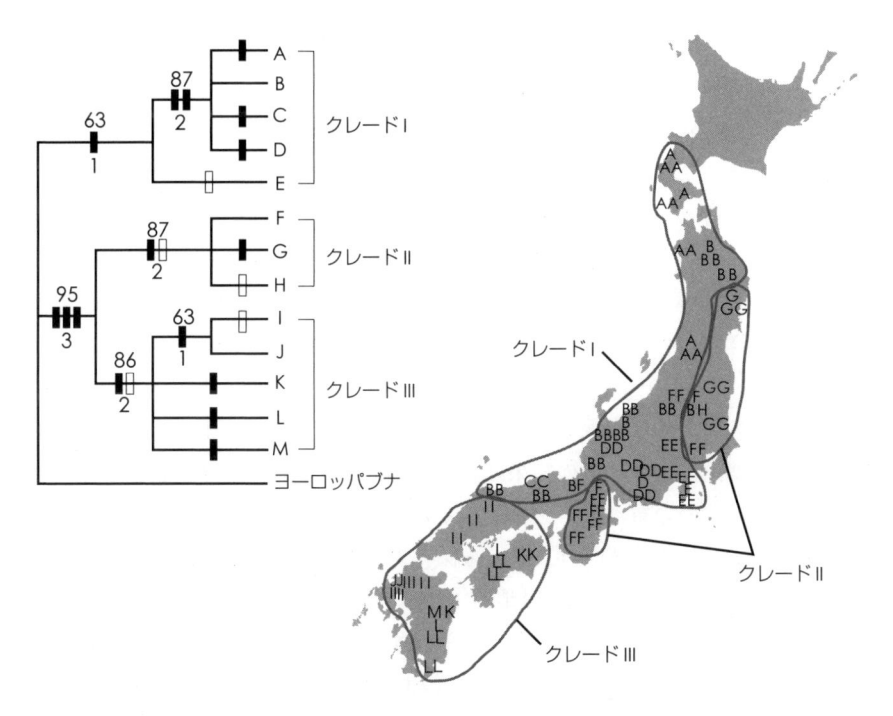

図 10.8　ブナの葉緑体 DNA ハプロタイプ（A～M）の最節約系統樹（左）と地理的分布（右）（Fujii et al.（2002）より）

左図の系統樹は 675 個の最節約系統樹の厳密合意樹．枝の上の数字は 1,000 回繰り返しのブートストラップ確率，下の数字は崩壊指数．黒棒は塩基置換，白棒は挿入欠失の変異を示す．右図中のアルファベット 1 文字は 1 個体のハプロタイプを示す．cpDNA 変異には明瞭な系統地理的構造が見られ，クレード I は日本海側の系統，クレード II とクレード III は太平洋側系統であることがわかる．

間の系統推定を行うことはできなかった．なぜなら mtDNA の RFLP はその進化的変化の規則がわからないためである．一方，葉緑体 DNA（cpDNA）の塩基配列では，塩基置換の進化的変化がはるかに規則的であるため，より正確な系統推定が可能となる．そこで，cpDNA の非コーディング領域の塩基配列を直接調べることにより，ブナ集団の cpDNA 変異が調べられた（Fujii et al., 2002）．非コーディング領域とは翻訳されない塩基配列の領域のことである．合計 13 種類のハプロタイプが検出され，それらは mtDNA ハプロタイプの地理的分布とよく似た地理的分布を示し，同様の地理的な遺伝的構造が見られた（図 10.8 の右図）．cpDNA ハプロタイプの系統関係を推定するために作成され

た系統樹から，2つの主要なクレード（クレードIとクレードII，III。クレードとは，共通祖先とそれに由来する子孫の集合）が明らかとなった（図10.8の左図）。図10.8から，クレードIは北海道から中国地方東部までの日本海側と中部地方の太平洋側から内陸部に広がるハプロタイプAからEで構成されていることがわかる。また，もう1つのクレードは2つのサブクレード（クレードIIとクレードIII）に分岐し，どちらのサブクレードも太平洋側に広がるハプロタイプで構成されていることがわかる。すなわち，クレードIIは東北地方の太平洋側から関東地方，そして紀伊半島に分布するハプロタイプF，G，H，クレードIIIは中国地方西部から四国，九州地方に広がるIからMである。

　それぞれのブナ集団が保有するcpDNAハプロタイプとmtDNAハプロタイプには強い関連があり，その結果としてcpDNAハプロタイプはmtDNAハプロタイプと同様の分布パターンを示していた。たとえば，北海道から東北地方に広がるcpDNAのハプロタイプAを保有する集団はmtDNAのハプロタイプIを保有していた。また，四国地方と九州地方南部に分布している3つのcpDNAハプロタイプ（K，L，M）を保有する集団には，mtDNAではほぼ1つのハプロタイプVIIIが見られた。このように独立した2つのオルガネラにおいて共通の地理的な遺伝的構造がみられたことは，最終氷期とそれ以降のブナの分布変遷に関する推定をより確からしいものにすると考えられる。

　ところで，mtDNAやcpDNAのハプロタイプの遺伝的分化はいつ生じたのであろうか。Okaura & Harada（2002）は，ブナを対象としほぼ同じ手法を用いて同様のcpDNA変異の地理的構造を明らかにしており，その中でハプロタイプの分岐時間を試算している。その結果，解析された1463塩基のうち1塩基のみで置換が生じている近縁な2つのハプロタイプ間の分岐時間は，163万年前（95％信頼区間：3.7〜660万年前）と推定された。この試算結果は，少なくともcpDNAのハプロタイプの分化は，最終氷期よりもずっと前に生じたものであり，明らかに最終氷期に生じたものではないことを示す。したがって，最終氷期最寒冷期には，今回検出されたハプロタイプはすでにどこかのレフュージアに存在したことになる。それぞれのハプロタイプにおける現在の地理的分布の北方あるいは内陸への広がりは，そのハプロタイプのレフュージアからの移住ルートをおおよそ示しているのだろう。

4. 最終氷期最寒冷期のレフュージアの分布と その後の移住ルートの推定

　上記の考え方をよりどころにして，ブナについて，最終氷期最寒冷期のレフュージアの分布とその後の移住ルートを，Tsukada（1982a, 1982b）の仮説および推定されている約2万年前の植生図（Tsukada, 1985）を考慮して，mtDNAとcpDNAのハプロタイプの地理的分布から考察してみたい。Tsukada（1982a, 1982b）の説が正しければ，現在の北海道から東北地方の日本海側に広がる集団は最終氷期に北緯38度より南の北限のレフュージアから北方に分布拡大してできたと考えられる。実際，北海道から東北地方日本海側の集団は同一のハプロタイプ（mtDNAハプロタイプのI, cpDNAハプロタイプのA）を保有している。これらは日本海側の北限に位置していた少なくとも1つのレフュージアから由来したものであろう。また，東北地方北部にはcpDNAハプロタイプBが見られ（mtDNAハプロタイプではIIIが見られる），系統的にクレードIに含まれることとBの分布が日本海側沿いに伸びていることを考え合わせると，これらは日本海側の北限に位置していた別のレフュージアから由来したのかもしれない。cpDNAハプロタイプBはさらに北陸から中国地方日本海側の集団が保有していて，mtDNAハプロタイプではIIかIXに変わる。したがって，これらの集団は，たとえば若狭湾や富山湾周辺などの日本海側に分布していた複数レフュージアのうち現在の集団に最も近傍のレフュージアから由来したと考えられる。一方，東北地方太平洋側から関東地方までの集団は，mtDNAハプロタイプではIV, cpDNAハプロタイプではF, G, Hのどれかを保有していた。したがって，東北地方南部（最終氷期の北限）から関東地方の太平洋側には複数のレフュージアが存在していて，それぞれのレフュージアから太平洋側を北上，あるいは内陸に分布を移動したのであろう。このように，東北日本においては大きく日本海側と太平洋側の2つの移住ルートがあったことが推定される。内陸部にはクレードIとクレードIIのハプロタイプが同所的に存在する集団（日光）があったが，そのような場所は，2つの系統がそれぞれ内陸部へ分布を移動して出会った地点であると推定される。

　次に，中国地方から九州地方北部の集団では，mtDNAハプロタイプではVII, cpDNAハプロタイプではIかJが見られる。したがって，現在の集団の

日本海側に複数のレフュージアが存在していて，それらから由来したと考えられる。なお，鳥取県大山の集団では集団内に変異があるので，クレードIとクレードIIIの系統が分布を移動して出会った地点の1つであることも示される。一方，紀伊半島に分布する集団はmtDNAとcpDNAのハプロタイプそれぞれIVとFを保有している。また，四国地方と九州地方中央部・南部の集団ではおおかたmtDNAハプロタイプVIIIを保有していたが，cpDNAハプロタイプには変異（K，L，M）がある。これらの集団は，現在の集団の太平洋側に複数のレフュージアが存在して，それらから由来したと考えられる。最終氷期以降，西南日本のブナはほとんどが内陸の高標高地へ移動するだけで，分布を北東方向には広げることはできなかったことが推定される。

　最後は，本州中部の太平洋側の集団に関する推定である。mtDNAハプロタイプでVとVIおよびcpDNAハプロタイプでEとDは中部の太平洋側から内陸部の方向へ分布していて，日本海側には主要な分布域がないことから，これらの集団のレフュージアは伊豆半島周辺から伊勢湾周辺までのどこかに位置し，それらからそれぞれ内陸部に分布を拡大したことが示唆される。特に，ハプロタイプVとDは日本海側の白山集団にまで分布を広げたことがわかった。興味深いことは，cpDNAハプロタイプEとDは系統的に日本海側のクレードIに含まれること，およびそれらはクレードIIの分布（cpDNAハプロタイプF）を分断していることである。このクレードIの太平洋側への分布張り出しとクレードIIの分断分布は何を意味するのであろうか。少なくとも，この分断分布は最終氷期よりも前に形成されたと思われるが，それ以上のことはわからない。何らかのブナ集団の地史的分布変遷に関連しているだろうと思いをはせるだけである。

　ブナのオルガネラDNA変異をもとに，最終氷期最寒冷期のレフュージアの分布とその後の移住ルートの推定を試みたが，これは大まかなものである。東北日本において晩氷期の約1万2000年前から後氷期（約1万年前以降）にかけてブナが急速に北上したように見えるのは，花粉分析から推定された最終氷期の北限（北緯38度より南）よりも北方の各地にレフュージアがあり，それらレフュージアで個体数が増加していったためであるという議論がある（前田，1991；滝谷・萩原，1997）。アメリカブナ *Fagus grandifolia* とカエデ属の1種 *Acer rubrum* では，現在のcpDNAハプロタイプの地理的分布から，花粉分析で推定

されていた北限よりも北方にレフュージアがあったことが推定され，後氷期の移住速度は花粉分析により推定されていたものよりも遅かったことが示唆されている（McLachlan et al., 2005）。ブナにおいては，オルガネラ DNA の多型をさらに探索し，より多くの遺伝マーカー（多型）を用いることで解析の解像度を高めたうえで，全分布域をカバーする多地点のオルガネラ DNA ハプロタイプを明らかにして詳細な系統地理的分布図を作成する必要がある。それにより，ブナのレフュージアの分布とその後の移住ルートに関してより詳細で確からしい推定が可能になるかもしれない。さらに付け加えると，花粉化石などの古植物学的データと統合して解析することができれば，より良いのはいうまでもない。

5. ブナの植林における示唆

　森林は木材を生産する機能だけでなく，水土保全，水源涵養，CO_2 固定，気象緩和，保健休養などの公益的機能がある。さらに，天然林には特に多種多様な生物の生息場所を提供するという生物多様性保全の機能がある。近年，針葉樹の人工林から広葉樹林という本来の森林植生に転換させて，上記の公益的機能や生物多様性保全の機能を発揮させようとブナなどの広葉樹が植林されている。一方，特に太平洋側のブナ林の中には，枯死個体の増加や更新不良により存続が危ぶまれているブナ林があり，ブナを植栽して植生を回復しようとする取り組みが行われている事例がある。このような広葉樹造林や植生回復（復元）において特に注意しなければならないことは，植栽する苗木の由来である（Hufford & Mazer, 2003; 吉丸, 2004）。スギ，ヒノキなどの造林樹種では，一応，林業種苗法によって種苗の配布区域が定められているが，ブナなどの広葉樹にはそれがまったくない。そのため，一部の調査で明らかになったように，広葉樹では，苗木の産地が考慮されることなく広域に流通されているようである（小山, 2005）。

　さて，生物種の分布域には，種によって程度の差はあれ，集団のおかれている環境（気温，光，乾湿，土壌など）に違いが見られる。また，ブナで明らかになったように，異なる歴史を負ってきた（すなわち系統の異なる）集団が地理的な構造を伴って分布していることがある。このような場合には，ある産地の苗木が，その産地から離れた植栽地に植えられると以下のような問題が発生

する恐れがある (Hufford & Mazer, 2003)。

1. **苗木そのものの環境不適応**

　　苗木の産地と植栽地の間で環境が異なる場合，苗木自体が植栽地の環境に適応できずに枯死したり，成長が悪かったりして（すなわち適応度が低く）植林に失敗する恐れがある。適応度とは自然淘汰に対する個体の有利・不利の程度をあらわすパラメータである。

2. **次世代以降の環境不適応**

　　植栽した苗木が成長して成熟したときに，周囲に自生個体が存在するとそれらと交雑して，雑種第1代（F_1）が生じる可能性がある。もし苗木の産地の集団と自生個体の集団の間に遺伝的分化があると，F_1個体は両方の親個体よりも適応度が上がる場合もあるし，下がる場合もある。適応度が上がる現象を雑種強勢（ヘテロシス）といい，下がる現象を遠交弱勢という。どちらの場合にも，さらにその後代で遠交弱勢が発生する場合がある。明らかなことであるが，遠交弱勢は集団の存続にとってはマイナスである。

3. **遺伝子レベルの攪乱**

　　種内の集団間には程度の差はあれ遺伝的構造が見られ，各地域の集団は固有の遺伝的変異を保有している。これは，過去から現在までのその種の歴史を刻んだものであり，一度失われると再び取り戻すことが難しい。保全生物学では，そこに歴史的価値があると考える。もし遠くの産地の苗木が植栽され成林すると，それ自体により歴史的に形成されてきた遺伝的構造が壊され，さらに，その後の交雑によって遺伝子レベルで植栽地域の集団の遺伝的固有性が失われる恐れがある（松田，2002）。このようにして集団の遺伝的固有性が失われることを遺伝子汚染と言う。

　以上の問題を予防するためには，ブナなどの広葉樹種においても種苗配布区域を早急に設定する必要がある。ブナの場合，ブナの種苗配布区域はブナ林の保全管理の単位として捉えられるだろう。遺伝的に分化した集団は混合されるべきではなく，個別の遺伝的管理が必要だと考えられている（Frankham *et al.*, 2002）。そのような管理の単位を考えるにあたって，進化的に重要な単位（ESU: evolutionarily significant unit）という概念がある。ESUは最初，種内の他の集団から生殖的あるいは歴史的に隔離され，特有な適応的形質をもつ集団に適用さ

れた (Crandall et al., 2000)。その後, Moritz (1995) は, ESU を遺伝マーカーで決定することを主張し, オルガネラ DNA (Moritz は動物を想定しているので mtDNA, 植物の場合は cpDNA になる) で明確な分化を示し (正確には, 集団が単系統である必要がある。単系統については後述), また, 核の遺伝子座でも対立遺伝子頻度に明瞭な分化を示すならば, それらの集団は別々の ESU とした。しかし, この Moritz の ESU は遺伝的に規定することに重点がおかれ, 適応的な差異を軽視しているなどの批判がある (Crandall et al., 2000)。このように, ESU の概念やその実際的な応用面などにおいて, 現在においても議論の余地がある (Frankham et al., 2002)。しかし, 種内の保全管理の単位は, やはり適応的な形質の変異と, 集団の歴史を刻んでいる中立な遺伝的変異の両面から検討して設定する必要があるだろう。

そこで, ブナについて, これまでに述べてきた適応的な形質とアロザイム, cpDNA の地理的変異をもとに, 種苗配布を制限する区域などの管理単位をどのように設定したらよいのかをここで考えてみよう。cpDNA のクレード III は単系統であり (図 10.8。系統樹の分岐パターンからクレード III に含まれるハプロタイプ I から M は共通の祖先から由来していることがわかる。このように共通の祖先から分化した系統を単系統という), それらのハプロタイプを持つ集団は, 核のアロザイム変異でも他の地域の集団からは遺伝的に異なっていると考えられる (図 10.5)。また, これらの集団は小さな葉や開芽が遅いなどの適応的な形質を持つ。したがって, クレード III の集団は 1 つの ESU としてとらえられ, 独自の管理が必要であることが示唆される。クレード I とクレード II もそれぞれ単系統であるが, アロザイム変異や形態形質から見た地理的分化とは矛盾がある。クレード I に含まれるハプロタイプ A, B, C の集団は典型的な日本海型ブナ林の集団でより大きな葉を持つが, D, E は太平洋型ブナ林でより小さな葉を持つ。また, アロザイム変異から見ても, 伊豆半島の集団 (E を保有) は東北・北陸, 中国地方よりも関東地方や紀伊半島の集団に遺伝的に近い (図 10.5)。これらの矛盾は, 葉緑体ゲノムの系統と核ゲノムの系統とが一致していないことを示唆する。すなわち, 中部地方太平洋側の集団は, 葉緑体ゲノムでは日本海側系統により近縁であり, 核ゲノムでは太平洋側系統であると考えられる。したがって, 適応的な形質を支配する遺伝子のほとんどが核ゲノムにあることを考慮すれば, クレード I からハプロタイプ D と E を

保有する中部地方太平洋側の集団を除いた残りの集団，すなわち北海道から中国地方東部の日本海側集団を括って1つの管理単位とする方がよさそうである。クレードIIの集団の分布は，DやEのハプロタイプを持つ集団に分断されている。先に述べたように，DとEのハプロタイプを持つ集団は核ゲノムでは太平洋側系統であるようだ。したがって，クレードIIに，これらDとEを保有する集団を加えて，すなわち東北地方南部から紀伊半島までの太平洋側集団を1つの管理単位とするのがよいかもしれない。以上に述べたように，これまでに得られているデータに基づいて検討すれば，少なくとも，ブナでは3つの管理単位が地理的に区分されると考えられる。しかし，ブナにおいて種苗配布区域となる管理単位を設定するのは，前に述べた詳細な系統地理的分布図を作成してからのほうが望ましい。また，アロザイム変異を用いることにより核ゲノムの遺伝的変異の地理的傾向をある程度把握することができたが，管理単位設定にはまだ不十分のように思われる。核ゲノムの地理的構造を把握するために，多型性の高い遺伝マーカーでさらなる集団の解析が必要であるだろう。

異なる産地の苗木が植えられたときの問題3. 遺伝子レベルの攪乱を厳密に考慮すれば，cpDNAやmtDNAのハプロタイプが異なること自体問題となるので，それぞれのハプロタイプの分布範囲が一つの管理単位となる。別々の管理を行うかどうかは，1つの管理単位に対して2つの管理単位を維持するコストも考慮しなければならないだろう（Frankham et al., 2002）。また，異なるハプロタイプを保有するからといって適応的な差異が必ずしもあるとは限らない。したがって，そのように細かく管理単位を定めることは適切でない場合がある。

引用文献

Asuka, Y., N. Tomaru, Y. Munehara, N. Tani, Y. Tsumura, & S. Yamamoto. 2005. Half-sib family structure of *Fagus crenata* saplings in an old-growth beech-dwarf bamboo forest. *Molecular Ecology* **14**: 2565-2575.

Avise, J. C., J. Arnold, R. M. Ball, E. Bermingham, T. Lamb, J. E. Neigel, C. A. Reeb & N. C. Saunders. 1987. Intraspecific phylogeography: the mitochondrial DNA bridge between population genetics and systematics. *Annual Review of Ecology and Systematics* **18**: 489-522.

Comes, H. P. & J. W. Kadereit. 1998. The effect of Quaternary climatic changes on plant distribution and evolution. *Trends in Plant Science* **3**: 432-438.

Crandall, K. A., O. R. P. Bininda-Emonds, G. M. Mace & R. K. Wayne. 2000. Considering evolutionary processes in conservation biology. *Trends in Ecology and Evolution* **15**: 290-295.

Dow, B. D. & M. V. Ashley. 1998. High levels of gene flow in bur oak revealed by paternity analysis using microsatellites. *Journal of Heredity* **89**: 62-70.

El Mousadik, A. & R. J. Petit. 1996. High level of genetic differentiation for allelic richness among populations of the argan tree [*Argania spinosa* (L.) Skeels] endemic to Morocco. *Theoretical and Applied Genetics* **92**: 832-839.

Frankham, R., J. D. Ballou & D. A. Briscoe. 2002. Introduction to Conservation Genetics. Cambridge University Press, Cambridge. ［邦訳：西田睦（2007）保全遺伝学入門．文一総合出版］

Fujii N., N. Tomaru, K. Okuyama, T. Koike, T. Mikami & K. Ueda. 2002. Chloroplast DNA phylogeography of *Fagus crenata* (Fagaceae) in Japan. *Plant Systematics and Evolution* **232**: 21-33.

Guries, R. P. & F. T. Ledig. 1982. Genetic diversity and population structure in pitch pine (*Pinus rigida* Mill.). *Evolution* **36**: 387-402.

萩原信介 1977. ブナにみられる葉面積のクラインについて 種生物学研究 **1**: 39-51.

Hamrick, J. L. & M. J. W. Godt. 1989. Allozyme diversity in plant species. In: Brown, A. H. D., M. T. Clegg, A. L. Kahler & B. S. Weir (eds.), Plant population genetics, breeding, and genetic resources, p. 43-63. Sinauer Associates, Sunderland, Massachusetts.

Hamrick, J. L., M. J. W. Godt & S. L. Sherman-Broylers. 1992. Factors influencing levels of genetic diversity in woody plant species. *New Forests* **6**: 95-124.

橋爪隼人・菅原基晴・長江恭博・樋口雅一 1984. ブナ採種林における生殖器官の生産と散布（I）種子の生産と散布 鳥取大学農学部研究報告 **36**: 35-42.

橋詰隼人・李延鎬・山本福壽 1996. ブナの開芽期の産地および家系による差異 日本林学会誌 **78**: 363-368.

原正利 1996. ブナ林の自然誌 平凡社.

日浦勉 1993. ブナの樹形の地理的変異 北海道の林木育種 **36**: 16-19.

Hiura, T. 1998. Shoot dynamics and architecture of saplings in *Fagus crenata* across its geographical range. *Trees* **12**: 274-280.

Hiura, T., H. Koyama & T. Igarashi. 1996. Negative trend between seed size and adult leaf size throughout the geographical range of *Fagus crenata*. *Ecoscience* **3**: 226-228.

本間航介 2003. ブナ林背腹性の形成要因 植生史研究 **11**: 45-52.

Horikawa, Y. 1972. Atlas of the Japanese flora, an introduction to plant sociology of East Asia. Gakken, Tokyo.

Hufford, K. M. & S. J. Mazer. 2003. Plant ecotypes: genetic differentiation in the age of ecological restoration. *Trends in Ecology and Evolution* **18**: 147-155.

Hurme, P., T. Repo, O. Savolainen & T. Pääkkönen. 1997. Climatic adaptation of bud set and frost hardiness in Scots pine (*Pinus sylvestris*). *Canadian Journal of Forest Research* **27**: 716-723.

五十嵐八枝子　1994. 北上するブナ. 北海道の林木育種 **37**: 1-7.
河野昭一　1974. 種の分化と適応（植物の進化生物学Ⅱ）　三省堂.
Koike, T., S. Kato, Y. Shimamoto, K. Kitamura, S. Kawano, K. Ueda & T. Mikami. 1998. Mitochondrial DNA variation follows a geographic pattern in Japanese beech species. *Botanica Acta* **111**: 87-92.
小山泰弘　2005. 長野県における広葉樹苗木の生産流通実態　林木の育種 特別号：17-19.
前田禎三　1991. 日本のブナ　村井宏・山谷孝一・片岡寛純・由井正敏（編）ブナ林の自然環境と保全，p. 12-34. ソフトサイエンス社.
松田裕之　2002. 野生生物を救う科学的思考とは何か？　種生物学会（編）保全と復元の生物学：野生植物を救う科学的思考，p.19-36. 文一総合出版.
McLachlan, J. S., J. S. Clark & P. S. Manos. 2005. Molecular indicators of tree migration capacity under rapid climate change. *Ecology* **86**: 2088-2098.
Michaud, H., L. Toumi, R. Lumaret, T. X. Li, F. Romane & F. Di Giusto. 1995. Effect of geographical discontinuity on genetic variation in *Quercus ilex* L. (holm oak). Evidence from enzyme polymorphism. *Heredity* **74**: 590-606.
Miguchi, H. 1994. Role of wood mice on the regeneration of cool temperate forest. *In*: Proceeding of NAFRO, Niigata, Japan, August 20, 1994, p. 115-121. Northeast Asia Forest Research Organization, Niigata University.
Mogensen, H. L. 1996. The hows and whys of cytoplasmic inheritance in seed plants. *American Journal of Botany* **83**: 383-404.
Moritz, C. 1995. Uses of molecular phylogenies for conservation. *Philosophical Transactions of the Royal Society of London. Series B, Biological Scienses* **349**: 113-118.
Newton, A. C., T. R. Allnutt, A. C. M. Gillies, A. J. Lowe & R. A. Ennos. 1999. Molecular phylogeography, intraspecific variation and the conservation of tree species. *Trends in Ecology and Evolution* **14**: 140-145.
Okaura, T. & K. Harada. 2002. Phylogeographical structure revealed by chloroplast DNA variation in Japanese beech (*Fagus crenata* Blume). *Heredity* **88**: 322-329.
尾上亨　1989. 栃木県塩原産更新世植物群による古環境解析　地質調査所報告 **269**: 1-207.
Sakaguchi, Y. 1989. Some pollen records from Hokkaido and Sakhalin. *Bulletin of the Department of Geography, University of Tokyo* **21**: 1-17.
Streiff, R., A. Ducousso, C. Lexer, H. Steinkellner, J. Gloessl & A. Kremer. 1999. Pollen dispersal inferred from paternity analysis in a mixed oak stand of *Quercus rubur* L. and *Q. petraea* (Matt.) Liebl. *Molecular Ecology* **8**: 831-841.
Takahashi, M., Y. Tsumura, T. Nakamura, K. Uchida & K. Ohba. 1994. Allozyme variation of *Fagus crenata* in northeastern Japan. *Canadian Journal of Forest Research* **24**: 1071-1074.
滝谷美香・萩原法子　1997. 西南北海道横津岳における最終氷期以降の植生変遷　第四紀研究 **36**: 217-234.
戸丸信弘　2001. 遺伝子の来た道：ブナ集団の歴史と遺伝的変異　種生物学会（編）森の分子生態学：遺伝子が語る森林のすがた，p. 85-109. 文一総合出版.
Tomaru, N., T. Mitsutsuji, M. Takahashi, Y. Tsumura, K. Uchida & K. Ohba. 1997. Genetic diversity

in *Fagus crenata* (Japanese beech): influence of the distributional shift during the late-Quaternary. *Heredity* **78**: 241-251.

Tomaru, N., M. Takahashi, Y. Tsumura, M. Takahashi & K. Ohba. 1998. Intraspecific variation and phylogeographic patterns of *Fagus crenata* (Fagaceae) mitochondrial DNA. *American Journal of Botany* **85**: 629-636.

塚田松雄　1980. 杉の歴史：過去一万五千年間　科学 **50**: 538-546.

Tsukada, M. 1982a. Late-Quaternary development of the *Fagus* forest in the Japanese archipelago. *Japanese Journal of Ecology* **32**: 113-118.

Tsukada, M. 1982b. Late-Quaternary shift of *Fagus* distribution. *The Botanical Magazine, Tokyo* **95**: 203-217.

Tsukada, M. 1985. Map of vegetation during the last glacial maximum in Japan. *Quaternary Research* **23**: 369-381.

津村義彦　2001. プロローグ：遺伝的多様性研究ガイド　種生物学会（編）　森の分子生態学：遺伝子が語る森林のすがた，p. 158-169. 文一総合出版.

Vander Wall, S. B. 1990. Food hoarding in animals. The University of Chicago Press, Chicago.

渡邊定元　1994. 樹木社会学　東京大学出版会.

吉丸博志　2004. 広葉樹の植林における遺伝子攪乱－地域性消失の危惧－　林業技術 **748**: 3-7.

第11章　ブナの環境応答特性の地域変異
―光合成機能と葉の形態・構造―

小池孝良（北海道大学大学院農学研究院）

　比較的小さな日本列島に分布するブナだが，地域によって遺伝的・形態的に違いがあることが明らかになっている。ブナの集団間に見られるこうした変異は，地域の環境に適応してきた長い歴史の産物でもある。稚樹の葉1枚をとってみても，その生理生態的特性には驚くほどの地域変異が見られる。

1. はじめに

　「森の母」と呼ばれるブナは，日本の冷温帯に広く分布する代表的樹種である。最近，水資源涵養や植生復元などを目的として，苗木植栽によるブナの造林が各地で行われるようになってきた。しかし，せっかく植栽した苗木が植栽後1〜2年目に枯死してしまう事例がしばしば見られる。枯死の原因としてはさまざまな生物要因と無生物要因が考えられるが，1つにはブナの生育特性や産地特性が十分に理解されていないまま育苗されたり植栽されたりしていることもあるだろう。本章では，ブナの光合成作用を主とする生理特性や葉の形態・構造の地域変異を研究してきた立場から，各種の環境要因に対するブナ稚樹の応答に関する実験の結果を紹介し，ブナ造林の成功率の向上に向けた基礎資料としたい。

1.1. 抱いた疑問－北のブナは光合成速度が低い？－

　私がブナの環境応答特性の地域変異に興味を持ったのは，北海道産のさまざまな広葉樹の光利用特性の研究（小池，2005）を進めるなかで，北限のブナ林で有名な旧・黒松内営林署管内のブナの光合成速度を測定した時のことであった。測定を終了した後，その測定値を既存の研究資料と照らし合わせてオーダーを比較し，妥当な値かどうかを確認することにした。当時，比較に利用でき

るブナの光合成速度（葉面積当たり）のデータとしては，九州大学の留学生の韓　相燮さん（現・韓国，江原大学校教授）による福岡県背振山のブナ稚樹と，新潟大学の丸山幸平さんによる苗場山のブナの測定値（Maruyama & Toyama, 1987）があった。黒松内のブナの測定値をこれらの既存データと比較してみると，苗場山のブナの測定値には近い値であったが，背振山のブナの測定値に比べると2/3程度の低い値であった。同じブナという樹種の光合成速度を同じ方法で測定したにもかかわらず，なぜ産地によって値が1.5倍以上も違うのだろうか。大きな疑問を抱いた。

　ブナの光合成生産に関する研究を長年続けておられる角張嘉孝さん（当時・ドイツ，ゲッチンゲン大学，現・静岡大学）に，その疑問を投げかけてみた。「いろいろな産地を比較する必要があるのではないか」。これが，彼の助言であった。ブナの産地間変異については，国立科学博物館の萩原信介さんが，個葉の大きさに地域変異があることを全国の腊葉標本を基に作成したデータによって指摘していた（萩原，1977）。それまで，個葉サイズによってコハブナとオオハブナとに分けられていたブナの分類を，彼は樹木学の視点から検討することによって，北から南西部にかけて個葉サイズが小さくなるクライン（地理的連続変異）が存在することを明らかにしたのである。これらのことを背景として，私たちは国内のいろいろな地域に生育するブナの光合成機能を調べることになった（小池ら，1990）。

1.2. 個葉の光合成機能の測定方法

　本章での「光合成機能」とは，個葉が単位面積（重さ）・時間当たりに固定するCO_2の量で評価したものである。光合成速度は，葉をチェンバーと呼ばれる透明な箱に入れて空気を通し，空気の入口と出口のCO_2濃度差を測定することで算出する。CO_2濃度の測定法は，約80年前の化学反応を利用した滴定実験から，最近の赤外線ガス分析器や酸素発生を測定する手法に発達したが，チャンバーを用いた光合成速度の測定の原理そのものは近年それほど大きく変わっていない。ただ，最近の機器はチェンバー内部の空気を自動的に攪拌するよう制御されている。葉の表面を覆う薄い空気の層がCO_2や水分子の移動の抵抗（境界層抵抗）となり，葉本来の光合成速度の測定の妨げとなるからである。このような機器の改良によって測定の精度は著しく向上した。さらに，光，

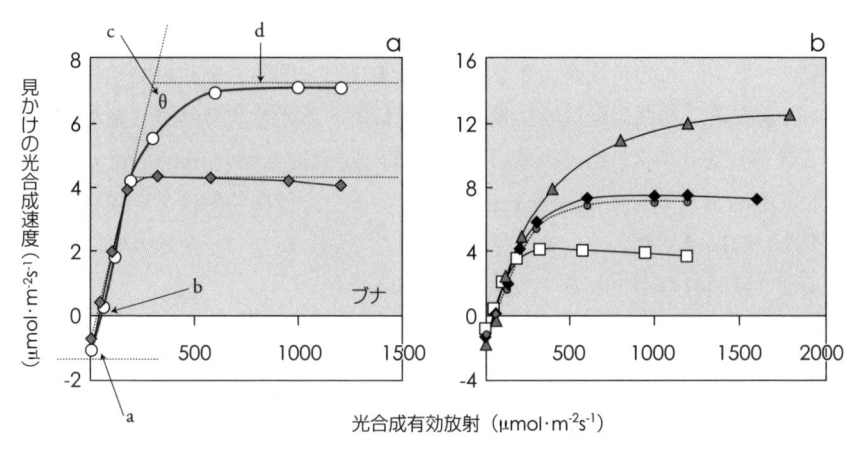

図 11.1 光−光合成曲線の一例
　a：ブナの陽葉と陰葉の比較。図中の直線はブラックマンの直線を示す。初期勾配には光環境の影響が明瞭ではなく，光飽和の光合成速度は陰葉に比べて陽葉で高い。陰葉では強光下で光合成速度が低下する強光阻害が見られる。説明は本文 2.1. を参照。
　〇：陽葉，◆：陰葉
　b：ウダイカンバ，ミズナラ，オオカメノキの測定例。ブナの陽葉（破線）も合わせて示す。
　▲：ウダイカンバ，◆：ミズナラ，●：ブナ陽葉，□：オオカメノキ

　温度や CO_2 濃度などの環境要因と光合成機能との関係を調べるために，目的とする1つの環境要因以外は固定した制御条件下で測定することができるようになった。例えば，光合成というと高校・生物の授業以来なじみの光−光合成曲線（図 11.1）を思い出す人も多いだろうが，このような光に対する光合成機能の変化を調べる時には，温度，CO_2 濃度，湿度など光以外の環境要因を一定に保って測定する。ここでは，このようにして調べられた各種の環境要因に対するブナの光合成機能の応答および光合成機能にかかわる葉の形態と内部構造について，地域的な変異に焦点を当てながら紹介する。

2. 光応答

2.1. 光−光合成曲線の見方

　ブナ稚苗の光−光合成曲線の一例を図 11.1-a に示す。初めに，これを用いて光−光合成曲線の見方を説明しておこう。光−光合成曲線を見る時には，図に示したaからdの4つの部分に注目する必要がある。

まず，a）弱光域における曲線（正確には直線）の立ち上がりの角度（初期勾配）である．この角度が大きな値を取る葉ほど，弱い光を利用できる能力が高いと言える．初期勾配は葉が吸収した光に対する光合成の効率（見かけの光量子収率）をあらわし，C3植物ではほぼ一定で約 $0.03 \sim 0.05$ mol quanta・mol^{-1} の値を示す（Ehleringer & Pearcy, 1983）．また，初期勾配はクロロフィル量が少ない時にはやや低く，多い時には高くなる．しかし，一定以上のクロロフィル量では頭打ちが生じる（Gabrielson, 1948）．

次に，b）見かけ上，光合成速度と呼吸速度が釣り合う点があり，この点を光補償点と呼ぶ．光補償点は呼吸速度が大きいと高く，小さいと低くなる．初期勾配と同様に光補償点が低い葉ほど弱い光を利用できる能力が高いといえる．

続いて，c）光の増加にしたがって曲線が横軸に平行になり始める場所の曲線の曲がり方（コンベキシティー，θ）に注目する．図中の2本の直線はブラックマン Blackman の直線と呼ばれる．コンベキシティーは，厚みが薄くて葉緑体がより均質に分布する葉で大きくなり，光－光合成曲線の形はブラックマンの2本の直線に近づくようになる．なお，Blackman は，かつて光合成反応を明反応（≒チラコイド反応）と暗反応（≒ストロマ反応）に分けることを提唱した研究者である．

最後に，d）光が強くなっても光合成速度がそれ以上高くならない点を光飽和点といい，その時の値を光飽和の光合成速度（P_{sat}: 最大光合成速度ということもある）と呼ぶ．光飽和の光合成速度には葉内での CO_2 の拡散過程が関与する．

2.2. 陽葉と陰葉の光利用特性

では改めて，図 11.1-a のブナ稚苗の光－光合成曲線を解析してみよう．光－光合成曲線が2本示されているが，上方は明るい光環境下（相対光量：約80 %）で開葉した個体であり，下方は暗い光環境下（同：約10 %）で開葉した個体である．個体レベルで測定しているので，厳密にいえば，それぞれ陽葉化個体，陰葉化個体と呼ぶべきであるが，以下に述べる光合成特性の違いは，陽葉と陰葉といった個葉レベルでの比較でも同様にみられるので，ここでは便宜的に陽葉と陰葉と呼ぶ．なお，測定にはいずれも潅水が十分施されていた開

葉後80日目の3個体を用い，葉の温度，CO_2濃度，湿度条件を，それぞれ約20℃，360 ppmV，55 %と一定にして測定をした。（光合成速度の測定値を示すときには，このように「どのような葉で」「どのように測定したか」を明記しなければ，他のデータとの比較に使えなかったり解釈を間違うことがあるので留意が必要である。）

　まず，a) 初期勾配には葉の生育した光環境の違いが見られない。このことから，明るい場所で開いた葉も暗い場所で開いた葉も，光量子収率に関してはあまり変わらないことがわかる。b) 光補償点に関しては，陽葉の方が陰葉に比べて高い。このことは呼吸速度が陽葉でより高いことを示す。c) 曲線の曲がり方を比較すると，陽葉では滑らかに頭打ちとなる傾向が見られるが，陰葉では鋭角的に頭打ちとなる傾向が見られる。すなわちコンベキシティーが大きい。このことから，陰葉では薄い葉の中に葉緑体が均質に分布しているのに対して，陽葉では厚い葉の中に葉緑体が不均質に分布しているという違いを読み取ることができる。d) 光飽和の光合成速度にも差があり，葉の構造や内部での光合成器官の分布などに光環境の影響があることが示唆される。また，陰葉では強光のもとで光合成速度が低下する強光阻害が見られる。強光阻害とは，光合成作用が強光のもとで失活する現象である。そのメカニズムにはまだ不明な点があるが，酸素発生に関連する部分の活性評価は，最近，光合成蛍光反応を調べることによって簡便に評価できるようになってきた。

2.3. 光利用特性から見たブナの特徴

　ブナ林は，攪乱頻度の低い比較的安定した林分をつくると思われがちであるが，黒松内町の歌才ブナ保護林にも台風によって林冠が破壊された部分（ギャップ）があり，そこには先駆性樹種のウダイカンバなどが混交する。このような場所で，ギャップやその周辺に生育するウダイカンバ，ミズナラ，オオカメノキの光-光合成曲線を作成して，ブナのそれと比較すれば，ブナの個葉レベルでの光利用特性がより明確になる（図11.1-b)。それぞれの樹種の光利用特性を比べてみると，ウダイカンバは光補償点が高く光飽和の光合成速度が高い強光利用型，逆にオオカメノキは光補償点が低く光飽和の光合成速度が低い弱光利用型，ミズナラはこれらの中間に位置づけられる。ブナは耐陰性に富む樹種で，ウダイカンバなどの陽樹と比べると陽葉と陰葉の光合成機能の差が大き

い．図からわかるように，ブナの陽葉の光利用特性は，上記の3樹種の中ではちょうど中間的でミズナラのそれに近い．一方，ブナの陰葉は弱光利用型であり，オオカメノキの光利用特性に近い．

　もちろん個葉の光－光合成曲線だけでそれぞれの樹種の光利用特性がわかるわけではない．樹木の中での葉の付き方，すなわち樹冠の構造にも注目する必要がある．少し話が脇道にそれるが，この点からもブナの光利用特性について整理しておこう．遷移後期種とされるブナでは樹冠の内部にまで薄い葉を配列して，光を確実に捕捉できる構造を持つ．一方，先駆性樹種，例えば，ウダイカンバは樹冠の表面に厚い葉を分布させて主に強光を利用する（Küppers, 1989）．樹冠の構造が異なる理由は，葉の展開様式が異なるからである．ブナでは春に一斉に葉を展開する．この場合，全部の葉が光を捕捉できるように伸長初期のシュートは斜めに傾き，単層に葉が配置される．これに対して，春に2～3枚の春葉を一気に展開してから夏葉を順次展開するウダイカンバ（春葉と夏葉を持つことから異形葉型と呼ばれる）では，老化した葉はシュートの下方に位置することになるが，シュートは直立し葉は多層に展開する立体構造を持つ．このように，樹種ごとの光利用特性は，個葉の光合成機能に加え，葉群の時空的配置にも現れる（Kikuzawa, 1995）．これらのことを考え合わせても，ブナは他の落葉広葉樹に比べて典型的な弱光利用型の樹種といえる．

2.4. 地域変異

　本論に戻り，調査した全国10か所の産地のブナ稚樹の光－光合成曲線を見ることにしよう．調べた産地は，黒松内，木古内，松前，安代，苗場，天城，愛知，蒜山，福岡，宮崎の10産地である（図11.2）．稚樹の齢は3～7年生で，供試前に森林総合研究所北海道支所（札幌市）の実験苗畑で15～27か月間育成した．雪の多い日本海側の地域（多雪地帯）と雪の少ない太平洋側の地域（寡雪地帯）とに，産地をおおまかに2つに分けて光－光合成曲線の各特性を比較すると，両者の間に大きな違いがいくつか見られる（図11.3）．まず，多雪地帯の代表として示した黒松内や苗場を産地とするブナに比べると，寡雪地帯の天城，宮崎産のブナでは，光飽和の光合成速度が1.5倍以上高い．さらに，多雪地帯のブナは寡雪地帯のブナに比べてコンベキシティーが大きい．すなわち，多雪地帯のブナの方が葉は薄くて葉緑体が均質に分布していることがわか

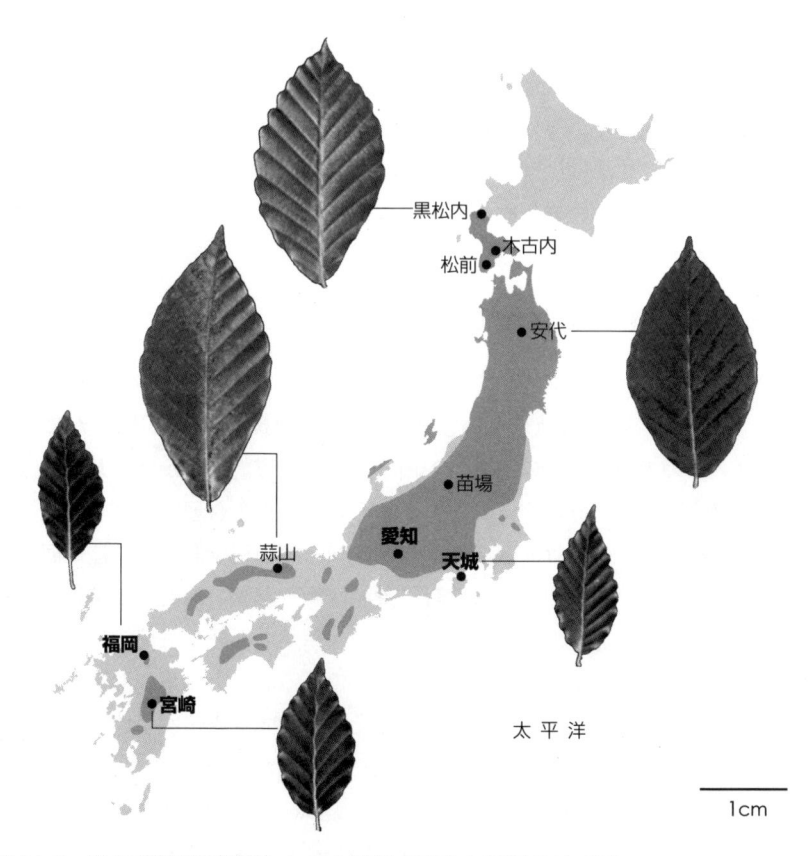

図 11.2　光合成機能を測定したブナ稚樹の産地と個葉のサイズ
　太字の産地名は寡雪地帯。

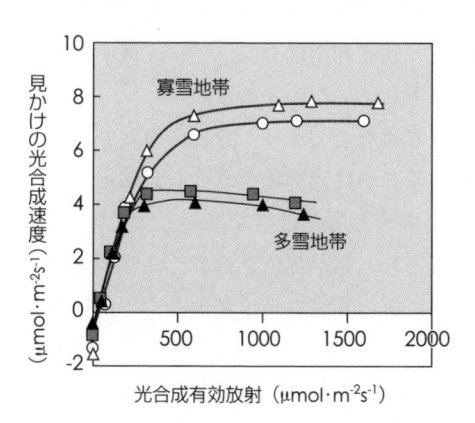

図 11.3　寡雪地帯と多雪地帯のブナ稚樹の光－光合成曲線の比較

(小池ら, 1990 より作図)

△：**宮崎**, ○：**天城**,
■：苗場, ▲：黒松内
太字の産地名は寡雪地帯。

る。また，多雪地帯のブナでは強光域において光合成速度が低下する強光阻害が見られる。一方，弱光域では，初期勾配には産地間差がなく，見かけの量子収率に産地間の差はないが，呼吸速度は多雪地帯のブナの方が寡雪地帯のブナよりやや低い。このようにブナの光利用特性には産地による違いが明瞭に見られ，その違いは光飽和の光合成速度の大きな差にあらわれているように，主に強光の利用能力にあると言えるだろう。

2.5. 葉の形態・内部構造と光利用特性

こうして，光－光合成曲線から判断されるブナ個葉の光利用特性には，大きく分けて多雪地帯と寡雪地帯という地域変異が見られることが明らかになった。では，この光利用特性の違いは，個葉の光合成機能にかかわるどのような要因に由来するのだろうか？　私たちは，その違いを生む理由を葉の構造に求めた。というのも，当時は光合成速度の測定後，葉面積を測るために毎回葉をサンプリングしていたのだが，この時に葉の厚みや葉脈の配列など指先で触れたときの葉の触感の違いから，光合成速度の差が葉の形態や解剖学的な構造と関係があるのではないかと直感していたからである。実際に葉の形態を測定してみると，図11.4-a，bに示したように，光飽和の光合成速度が低い多雪地帯のブナの葉は，厚さが薄くて維管束（葉脈）の間隔が広かった。一方，光飽和の光合成速度が高い寡雪地帯のブナの葉は，厚くて維管束の間隔は狭かった。葉が厚いことは葉の単位面積当たりの細胞内小器官（葉緑体やミトコンドリアなど）が多いことを示唆し，維管束の間隔が狭いことは光合成産物がすみやかに葉中から転流できることを意味する（小池・丸山，1998）。いずれも強光の利用に適した形態で，寡雪地帯のブナの高い強光利用能力は，光合成機能にかかわるこのような葉の形態的な特徴に支えられていたのである。

ブナ稚樹の強光利用能力が産地によって異なることは，野外に植栽された稚樹でも観察された。実験材料として用いるために森林総合研究所北海道支所の苗畑に植えておいた各産地のブナの稚樹のうち多雪地帯を産地とする稚樹は，8月中旬になると葉肉部分の緑色が退色して一部が黄色を帯び，いわゆる「日焼け」現象が見られた。一方，同じ条件にある寡雪地帯を産地とする稚樹の葉は緑色を保っていた。

実験や観察によって明らかになってきた光合成機能の産地間での違いを，さ

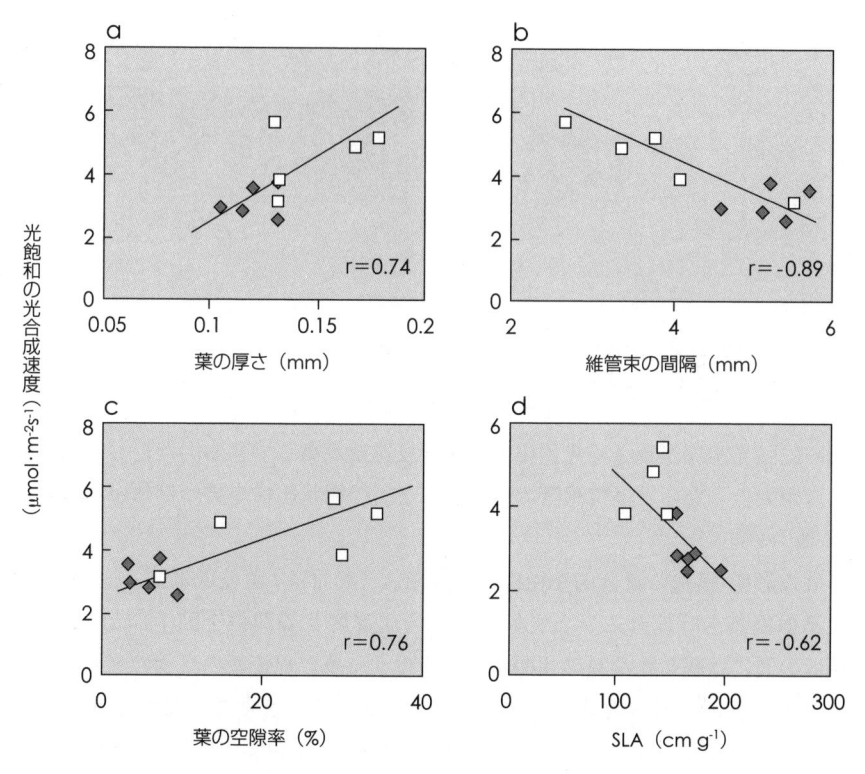

図11.4　光飽和の光合成速度と葉の形態・構造
◆：多雪地帯，□：寡雪地帯
a：葉の厚さ，b：維管束（葉脈）の間隔，c：葉の空隙率，d：SLA（比表面積）

らにメカニズムまで踏み込んで考えるために，葉の内部構造を調べることにした。葉の解剖切片を見て驚いた。樹高約50 cmまでの稚樹で比較したところ，多雪地帯のブナでは柵状組織が1層であるのに対して，寡雪地帯のブナでは例外なく2層あったのである（図11.5）。柵状組織とは，葉表（向軸面）の表皮の直下に位置する葉面に直角な方向に長い形を持つ細胞が比較的密接して配列する組織であり，最も葉緑体を多量に含む。さらに，葉の厚い寡雪地帯のブナでは，葉の中の空隙の割合が高く，CO_2 が葉緑体近くまですみやかに運ばれる構造を持っていた（図11.4-c，図11.5）。つまり，柵状組織の層数が多いことで強光を確実に利用できると同時に，葉内空隙率が高いことで光合成速度の律速になる CO_2 拡散抵抗が小さく，CO_2 分子が葉緑体近くに速やかに運ばれる

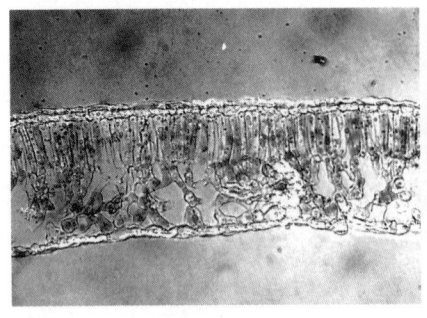

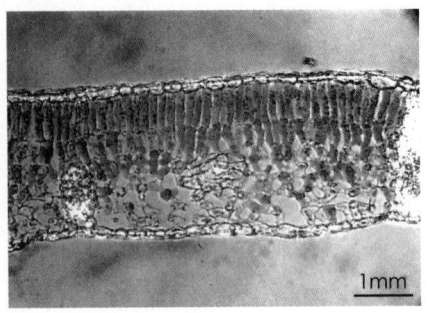

図 11.5　ブナの葉の縦断面
左：黒松内産，右：天城産

ために強光阻害が小さく光飽和での光合成速度が高くできる。ただし，個体サイズが大きくなると多雪地帯のブナでも 2 層の柵状組織を持つ個体が見られた（小池，未発表）。

　葉の形態・構造の総合的な指標になる SLA（葉面積／葉乾燥重量（$cm^2 \cdot g^{-1}$）；比葉面積とも呼ばれる）と光飽和の光合成速度との関係を図 11.4-d に示す。両者の間には緩やかな負の相関がみとめられ，多雪地帯産のブナのデータがグラフの右下に，寡雪地帯産のブナのデータが左上にまとまっている（小池ら，1990，小池・丸山，1998）。このことは，これまでに述べてきたことの繰り返しになるが，多雪地帯のブナは個葉サイズが大きく薄い葉を持つ（SLA が大きい）傾向があるのに対して，太平洋側の寡雪地帯のブナは個葉サイズが小さくて厚い葉を持つ（SLA が小さい）ことを示す。さらに，ここで注目すべきことは，この SLA と光飽和の光合成速度との関係は，葉乾重当たりの光合成速度には産地間差がないことを意味していることである。すなわち，乾重当たりの葉の光合成速度には違いがないので，限られた光合成産物によって葉を形成する方法として，多雪地帯のブナ稚樹は大きな葉面積を確保して比較的純林に近いブナ林の林床での更新に適するように環境に順化したと考えられる。一方，寡雪地帯に生育するブナ稚樹は，強光が射し込む比較的疎な林分において，強光を利用できる厚い形態の葉を持つように順化したと考えられる。また，寡雪地帯のブナの葉の小さな SLA は，あとで述べる葉の乾燥耐性に関する諸特性とともに太平洋側の地域の乾燥した環境での生育に有利な特徴と考えられる（Kitaoka & Koike, 2005）。

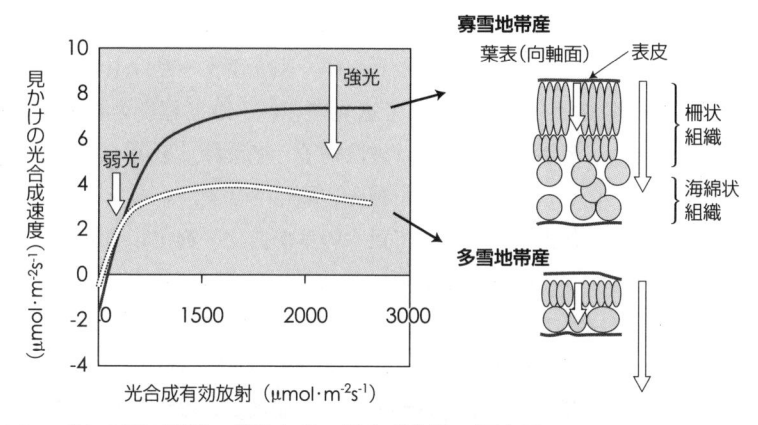

図11.6 ブナの葉の形態・構造と光－光合成曲線の概念図
弱光と強光の相対的な強さをそれぞれ矢印であらわす。

　ここで，葉の形態・内部構造と光利用特性について整理しておこう（図11.6）。閉鎖した林冠下のような弱光条件においては，多雪地帯のブナに特徴的な薄い葉は，入射光を葉断面の全体（柵状組織＋海綿状組織）で十分に利用して光合成を行うのに対して，寡雪地帯産のブナに見られる厚い葉では葉表(向軸面)に近い層（主に柵状組織）でのみ利用される。このとき，薄い葉では厚い葉に比べて呼吸速度が低いため，見かけの光合成速度は薄い葉でより高くなる。一方，開放地やギャップのような強光条件では，薄い葉は入射光のすべてを利用し切れず，余剰の光エネルギーによって強光阻害を起こすが，厚い葉では葉の断面全体で十分に光を利用し高い光合成速度を示す。さらに，厚い葉では，葉内空隙率が高くCO_2が葉緑体近くまですみやかに拡散できるとともに，葉脈間隔が狭く光合成産物がすみやかに葉外に転流できるため，強光下での高い光合成速度が達成できる。

2.6. 葉の構造の前形成

　葉の構造と強光阻害との関連について，もう1つ重要なことがある。それは，ブナでは葉の柵状組織の層数は，前年の光環境に応じて決まっている（前形成）ことである（Koike et al., 1997, Kimura et al., 1998）。この現象は，最初，ヨーロッパブナで確認された（Eschrich, 1989）。林床や陰樹冠のような暗い環境で形成された冬芽の中の葉原基では，柵状組織は1層しか形成されず，翌年この冬芽

が明るい環境で展開しても柵状組織数は1層のままで変わらない。そのため，明るい環境で開いた葉であるにもかかわらず，強光阻害を受けやすい。造林用苗木の生産の現場では，多くの樹種で遮光率30～40％程度の被陰下におくと成長が最も良いことから，生産者は被陰格子（寒冷紗）を用いて苗木を養成することが多い。しかし，その苗木を強光に順化させず，いきなり全天条件下に植えてしまうと，強光阻害を生じて苗木の葉が白化・黄化して枯死に至る場合がある。ただ，すべての樹種で前形成が見られるのではなく，例えばブナの近縁種であるイヌブナでは，暗い環境で形成された葉原基由来の葉であっても強光条件に置かれると柵状組織を伸ばして順化する（Kimura *et al*., 1998）。したがって，育苗技術に関連する生育特性として，樹種ごとの葉原基の前形成能を知っておくのは重要なことだろう（田中・松本，2002）。

3. 温度応答

ブナの葉の光合成速度の温度に対する応答にも産地間の違いが見られる（小池・丸山，1998）。典型的なパターンとして4か所の産地（黒松内，苗場，天城，福岡）について紹介する（図11.7）。測定に用いたのは4～5年生のブナ稚樹で，設定温度に40分間置いた後に光合成速度を測定した。設定温度は15℃から40℃までの間を5℃間隔で変化させた。その他の測定条件については，光，CO_2濃度，相対湿度をそれぞれ1000 μmol・$m^{-2}s^{-1}$, 360 ppmV，約55％に制御した。測定の結果，光合成速度の最大値が見られる葉の温度（光合成適温）は20～23℃で，産地による違いはほとんど見られなかった。しかし，光合成適温を超えてからの光合成速度の低下に関しては，産地間で大きな違いが見られた。多雪地帯（黒松内，苗場）のブナでは高温域での光合成速度の低下が緩やかであったのに対して，寡雪地帯（天城，福岡）のブナではその低下が急激であった。高温域での寡雪地帯産ブナの光合成速度の低下は，簡易浸潤法（Beyschlag & Pfanz, 1990）によって調べた気孔の開放程度の変化から，気孔が閉じたためであることが示唆された。したがって，寡雪地帯のブナは，急激な温度上昇に対して，気孔を閉じることによって蒸散を抑制し脱水を防ぐ能力が高いと言えそうである。春の開葉時期には日本海側の多雪地帯では雪解け水が十分に供給されるのに対して，太平洋岸の寡雪地帯では飽差（飽和水蒸気圧と実

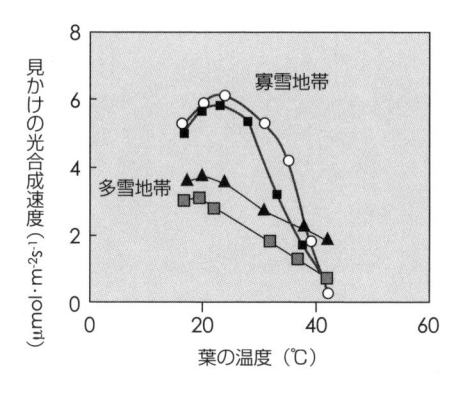

図 11.7　ブナ稚樹の温度－光合成速度関係
○：**天城**，■：**福岡**，▲：黒松内，■：苗場
太字の産地名は寡雪地帯。

際の水蒸気圧との差)が大きく土壌も乾燥する環境となる。このような生育地の気候条件の違いが，温度変化に対する応答にも反映しているのであろう。水分応答と関連して，さらに調べてみよう。

4. 水分応答

4.1. 葉のコンパートメントのサイズ

落葉広葉樹の葉を光に透かしてみると「網目」が見える (図11.8-a)。この網目は「維管束鞘」という組織の一部で，光合成産物や水を葉内で運ぶ役割をしている。ブナの葉では，この維管束鞘の上下方向の延長部が葉身を完全に区切っている (図11.8-b)。このような構造の葉を異圧葉と呼ぶ (これに対するのは等圧葉)。異圧葉ではこの隔壁によって葉の内部でのCO_2や水蒸気などの拡散が妨げられる (Terashima, 1992)。気孔の開閉は，この隔壁によって仕切られた小さな区画 (コンパートメント) 単位で制御されることから，コンパートメントのサイズが小さい葉の方が乾燥に対して気孔をより鋭敏に制御できる。したがって，水分ストレスに対する応答の地域変異にも，葉のコンパートメントのサイズの違いが影響をもたらすことが予想される。実際に，多雪地域 (黒松内，安代) と寡雪地域 (天城，福岡) のブナの葉の水平面の透過写真 (図11.8-a) を比べてみると，寡雪地帯のブナのコンパートメントのサイズは多雪地帯のものに比べて約1/3と非常に小さいことがわかる (小池・丸山，1998)。このような葉の構造の特徴が，寡雪地帯のブナの葉の脱水回避に寄与していると考えられる。

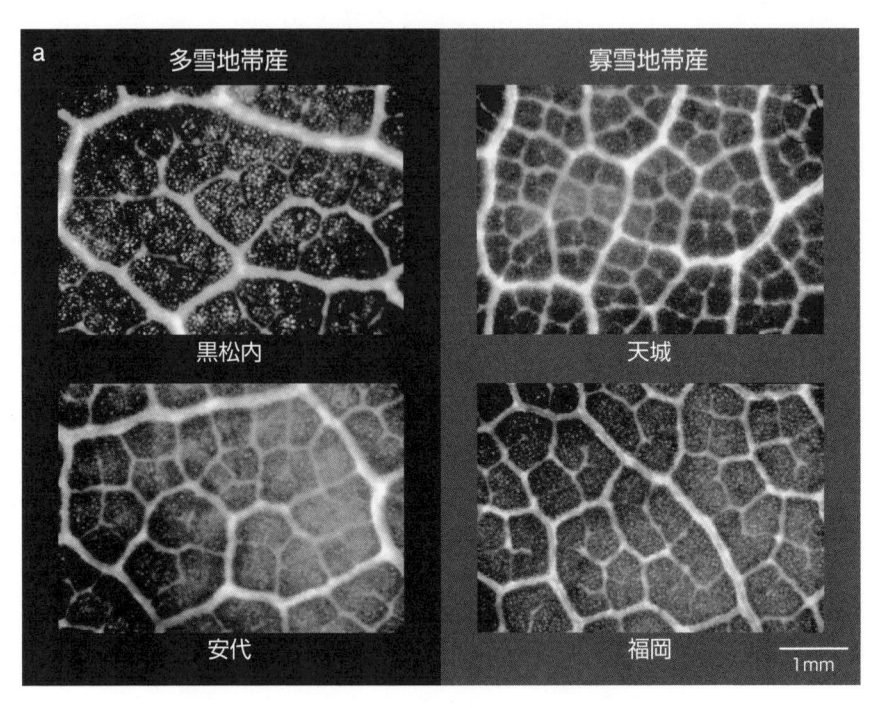

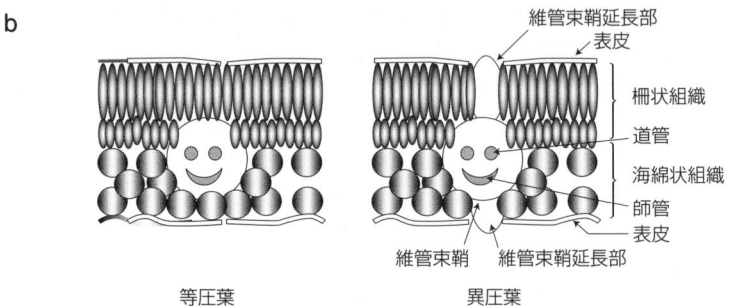

図11.8 ブナの葉の水平面の透過写真（a）と維管束鞘延長部の模式図（b）

4.2. 葉の細胞の水分特性

植物の葉がピンと張っているのは，葉の内部の水分状態が調節され細胞がふくらんだ状態に維持できるはたらき（膨圧；細胞の内圧と外圧との差をいう）による。十分に吸水させた切り葉を室内で徐々に乾燥させながら，葉の重量と水ポテンシャル Ψ_w を連続的に測定し，葉の相対含水率と $1/\Psi_w$ の関係を図上

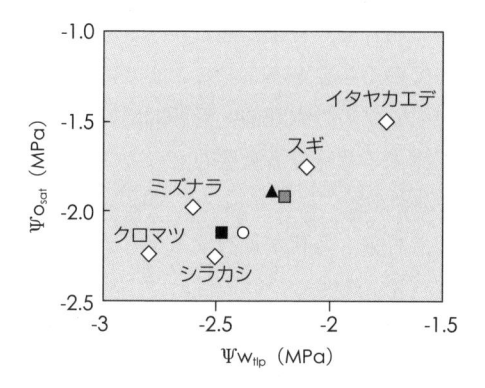

図 11.9 ブナの葉の Ψ_{wtlp}（細胞が膨圧を失ってしおれるときの水ポテンシャル）と Ψ_{osat}（十分に吸水したときの浸透ポテンシャル）
（小池・丸山，1998）
○：ブナ天城，■：ブナ福岡，
▲：ブナ黒松内，■：ブナ苗場

にプロットすると P-V 曲線が得られる（丸山・森川，1983）。この P-V 曲線から，葉の細胞が膨圧を失ってしおれるときの水ポテンシャル Ψ_{wtlp} や，十分に吸水したときの浸透ポテンシャル Ψ_{osat} など葉の水分特性に関する重要なパラメータを求めることができる。この P-V 曲線法によって，多雪地帯（黒松内，苗場）と寡雪地帯（天城，福岡）のブナの葉の水分特性を測定した（小池・丸山，1998）。

図 11.9 は，4 産地のブナの葉の Ψ_{wtlp} と Ψ_{osat} を，スギ，クロマツ，シラカシ，イタヤカエデ，ミズナラの測定値とあわせて示したものである。2 つのパラメータ Ψ_{wtlp} と Ψ_{osat} は，いずれも値が低いほど（絶対値が大きいほど）葉からの脱水に対して細胞の膨圧維持に有利な性質をもっていることを示す。すなわち，図の左下に向かうほど乾燥耐性が高いと解釈される。ブナと他の樹種とを比較してみると，ブナの Ψ_{wtlp} と Ψ_{osat} はスギやイタヤカエデに比べて低く，クロマツやシラカシよりは高い。つまり，膨圧維持の観点から見たブナの乾燥耐性は，スギ，イタヤカエデより高く，クロマツ，シラカシより低い。ブナの Ψ_{wtlp} と Ψ_{osat} の産地による違いを見ると，寡雪地帯（天城，福岡）のものが多雪地帯（黒松内，苗場）のものに比べていずれのパラメータも低く，寡雪地帯のブナのほうが膨圧維持に有利な特性を持っていることが示されている。

5. 大気中 CO_2 濃度などの環境変動への応答

成長に長期間を要し，初産齢（初めて種子を生産する樹齢）も約 40 年というブナでは，その生涯において生育環境の変化が避けられない。したがって，

ブナ林の更新や管理の手法について考える場合も，将来に起こりうる環境変化についての予測的な実験を含めて検討しておく必要がある。ここまでに述べてきた温度や土壌水分などの環境要因に対するブナの生理的・形態的応答についての知見は，将来の環境変動の影響を予測する意味でも重要なものといえるだろう。

さらに，現在すでに変化が起きていて，将来も変化が進行すると考えられる環境因子として大気環境がある。大気の CO_2 濃度について言えば，札幌市近郊の大気中の CO_2 濃度はこの25年間に330 ppmvから380 ppmvへと増加してきた（NOAA, 2007）。また，偏西風の通路となる日本列島は，急速に経済発展を続ける風上の国々の排出ガスの影響を受け続ける。中でも深刻さを増しているのが窒素沈着である。北海道全域での窒素沈着量は2001年時点で平均3.5 kg・$ha^{-1}yr^{-1}$ と推定され，最大値は苫小牧市周辺の5.5 kg・$ha^{-1}yr^{-1}$ であった（柴田，2004）。ちなみに柴田（2004）によると，国内で最も窒素沈着量が大きいのは群馬県水上周辺の11.5 kg・$ha^{-1}yr^{-1}$ であり，ヨーロッパでの最大値30 kg・$ha^{-1}yr^{-1}$ の1/3程度である。植物にとって CO_2 は光合成作用の材料であり，窒素は重要な無機栄養塩である。したがって，大気中の CO_2 増加環境下における窒素沈着は短期的には窒素施肥としての効果があると言われる。しかし実際は，この複合効果がブナの成長にどのような影響をもたらすのであろうか。

CO_2 増加と窒素施肥が光合成速度に及ぼす効果を制御環境実験によって調べた研究事例では，高 CO_2 条件において一時的に光合成速度は増加するものの，栄養条件が悪いと「負の制御」と呼ばれる光合成速度の低下が短時間で生じる（小池，2006）。これは施設園芸における「CO_2 施肥」の言葉で示されるように，植物の成長は最も不足する養分によって制限されるからである。要するに，CO_2 を多く「施肥」したとしても栄養塩が不足してしまっては成長量が増加しない，ということである。さらに，シンク能（呼吸活性，新たな器官，果実や木部柔細胞などを形成することで光合成産物を蓄積する能力）が不十分である場合は，光合成産物であるデンプンが葉緑体に蓄積し，光合成速度の低下を引き起こすことも考えられる。

しかし一方で，高 CO_2 条件では気孔コンダクタンス（通道性）が低下，すなわち気孔が閉じ気味になることから蒸散量が抑えられ，水利用効率（=光合

成速度 / 蒸散速度) が上昇する (小池, 2004)。その結果, 水分通道を担う道管のサイズや数などに変化が生じ, 木部構造が変わる可能性がある。

そこで, 適潤な水分環境に生育する多雪地帯のブナと乾燥耐性の高いと考えられる寡雪地帯のブナについて, 高 CO_2 に対する反応を窒素沈着の影響も考慮して調べた。多雪地帯として黒松内を, 寡雪地帯として茨城をそれぞれ産地とする 4～5 年生のブナ稚樹を 5 リットルポットに植えてガラス室に置き, 室内の CO_2 濃度を 720 ppmv および 360 ppmv に制御した。さらに, 窒素をポット当たり週に 140 mg N 与える処理 (富栄養) と月に 140 mg N 与える処理 (貧栄養) をすることで, 各 CO_2 濃度につき 2 つの栄養条件を設定した。なお, ガラス室内の温度は 26 ℃ /16 ℃ (昼 / 夜), 湿度は約 60 %, 相対光量は 80 % に設定した。

これらの材料を 6 か月間生育させて光合成速度の経時変化と年輪幅を調べた。その結果, 光合成速度は高 CO_2 条件下で生育した稚樹で高く, 窒素施肥の効果はほとんどなかった。単位葉面積当たりの光飽和の光合成速度は, いずれの処理においても多雪地帯の黒松内産ブナが寡雪地帯の茨城産ブナより 1.2 倍程度高い値を示した。この傾向はこれまで紹介したことと反対の結果であった。この実験では植え付け当年に環境処理をしたため, 植え付けの影響と前年の環境条件が光合成速度に影響したと考えられる。

年輪幅は, 両産地とも, 富栄養条件下において高 CO_2 条件で生育させた時に通常 CO_2 条件の時に比べてやや増加した。その傾向は寡雪地帯の茨城産ブナの方が明瞭であった (川岸・船田, 未発表)。寡雪地帯の茨城産ブナでは, コンパートメントのサイズが比較的小さいことから, 高 CO_2 下で気孔コンダクタンスの低下が生じても, 個葉全体の気孔コンダクタンスが低下したわけではなく, 部分的に気孔開閉が調節されたことで, 結果として多雪地帯の黒松内産ブナより効率よく CO_2 を吸収したと考えられる。年輪幅においても処理による明瞭な差がみとめられなかった原因は, ブナは典型的な固定成長型の成長特性を示すため, 各種の影響は処理 2 年目以降にあらわれるためであろう。事実, 高 CO_2 下で生育した黒松内産のブナの木部放射柔細胞内にはデンプンの蓄積が明瞭に見られ (図 11.10), 蓄積型 (当年の光合成産物を一時貯蔵器官に蓄えて, 翌年の成長を行う) の成長特性を良く反映していた。同様に, 窒素施肥の効果も処理後ただちにあらわれるのではなく, 樹体に蓄積してから成長に

360 ppmV　　　　　　720 ppmV
　　　　　　　　　　　　　　　　　　1mm

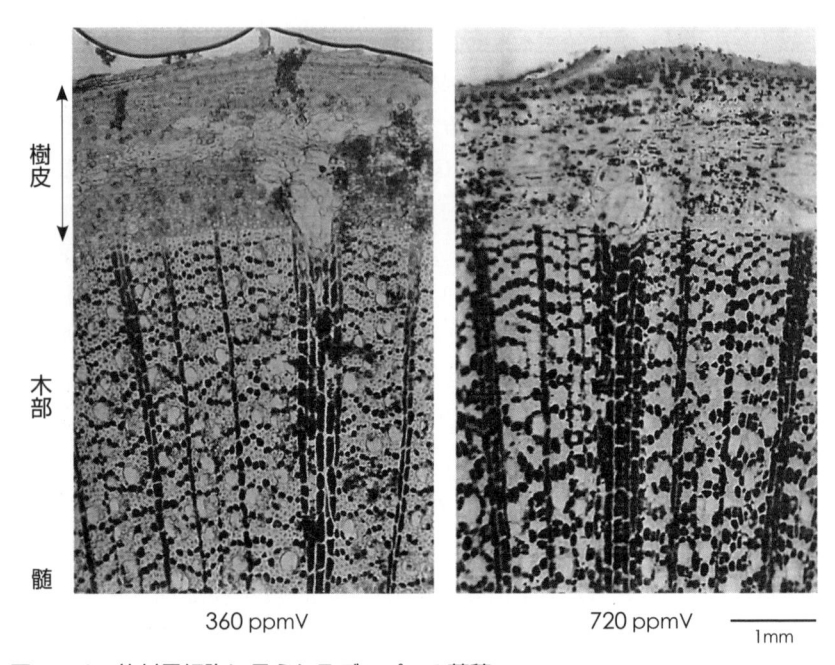

図 11.10　放射柔細胞に見られるデンプンの蓄積（川岸・船田，未発表）
縦方向に黒く見える部分がデンプンである。

分配されると考えられる。

　その他の排出ガスがブナ林に与える影響についても明らかにする必要がある。脱硫装置の発達によって硫黄酸化物の放出は減ったが，依然として中国中央部上空では高濃度の硫黄酸化物が検出されている（伊豆田・中路，2006）。一方，日本では1960年代にはすでに解決されたフッ素などハロゲン化合物による緑地衰退もアジア北東部からは報告されている（Choi et al., 2006）。「空中鬼」と称される大陸からの酸性沈着は降雪中に蓄積するため，多雪地帯である日本海側のブナ林はその影響を受ける可能性が考えられる。一方，太平洋側では，神奈川県の丹沢山系を中心にブナ林の衰退が著しいことが報告されているが（伊豆田・中路，2006），その主因として大都市部から移入してくる約100 ppbに達するオゾンの影響が指摘されている（丸田ら，1999）。ブナの成長や形態に及ぼすCO_2とオゾンの複合影響を調べた実験では，比較的低濃度（50 ppb）のオゾン処理によって明瞭な成長低下が見られたものの，これにCO_2が付加されて高CO_2環境（720 ppmV）となるとブナの枝分かれがより多くなった（伊

豆田, 2002)。このことは, 高 CO_2 条件下では, オゾン障害によって低下した個葉の光合成能力の低下を補うように新しい葉を生産する「補償作用」が見られることを示している。

6. まとめ

　全国10か所の産地からブナの苗木を集め, 苗木の生存・成長に直結する光合成特性と葉の形態・構造を, 光, 温度, 水分そして大気 CO_2 濃度など各種の環境要因との関係で調べた。その結果, 寡雪地帯のブナは多雪地帯のブナに比べると強光をうまく利用でき, 夏期の高温などに対して気孔調節能力が高く, 葉の乾燥耐性も高いと考えられた。葉の大きさに見られる北から南西部に向かっての地理的な連続変異（クライン）は, このような環境応答特性を反映している。

　これらの地域変異は, いうまでもなく長い地史的時間の中での分布の変遷（第9章, 第10章参照）を経て, 現在の環境への順化・適応の結果として形成されてきたものである。したがって, 苗木の植栽によってブナ林を造成するにあたっても, 現地の環境に適応した現地産の種子由来の苗木を植栽するのが大原則といえる。たとえば, 仮に乾燥や強光に曝されることの多い太平洋側の地域に多雪地帯産のブナを植え付けたとすれば, 水ストレスや「日焼け」によって生育が阻害されることは容易に想像がつくだろう。また, ブナの苗木は前形成能が高く, その生育は前年までの光環境などの影響を強く受けるので, 育苗から植栽に至る過程で急激な環境変化に曝さないことも造林成績の向上のために有効と考えられる。その意味で, 苗畑での育苗方法や現地での植栽方法に配慮や工夫が必要である。さらに, ブナは成長に長年月を要するので, 将来に予測される環境変動の影響（例えば Matsui et al., 2004）も頭に置いておく必要があるだろう。

　この章で紹介したブナの環境応答特性は, 無機環境に対するものである。しかし, 食葉性昆虫による食害（第3章参照。Koike et al., 2003）や芽生えを襲う立ち枯れ病菌類や腐朽菌（佐橋, 2004）などの生物ストレスの影響も合わせて考慮する必要がある。また, ブナの持つ被食防衛物質の有効性とその葉における局在性などは, 今後解明すべき課題と言える。無機環境が整えば成林が約束

されるのではなく，刻々と変化している生育環境の影響について，生物間相互作用の視点も含めて十分に考慮しながら，ブナ林の再生技術を確立していく必要がある。

なお，粗稿にご助言をいただいた矢崎健一，山下直子両博士と森井紀子氏，文献入手にご協力いただいた北岡哲博士，切片写真を提供いただいた船田良教授に感謝する。

引用文献

Beyschlag, W. & H. Pfanz. 1990. A fast method to detect the occurrence of nonhomogeneous distribution of stomatal aperture in heterobaric plant leaves. *Oecologia* **82**: 52-55.

Choi, D. S., M. Kayama., H. O. Jin, C. H. Lee, T. Izuta & T. Koike. 2006. Growth and photosynthetic responses of two pine species (*Pinus koraiensis* and *Pinus rigida*) in a polluted industrial region in Korea. *Environmental Pollution* **139**: 421-432

Ehleringer, J. & R. W. Pearcy. 1983. Variation in quantum yield for CO_2 uptake among C3 and C4 plants. *Plant Physiology* **73**: 555-559.

Eschrich, W., R. Burchardt & S. Essiamh. 1989. The induction of sun and shade leaves of the European beech (*Fagus sylvatica* L.): anatomical studies. *Trees-Structure and function* **3**: 1-10.

Gabrielson, E. K. 1948. Effects of different chlorophyll concentrations on photosynthesis in foliage leaves. *Physiologia Plantarum* **1**: 5-37.

萩原信介　1977．ブナにみられる葉面積のクラインについて　種生物学研究 **1**: 39-51.

伊豆田猛　2002．日本の農作物と樹木に対するオゾンと酸性降下物の影響に関する研究　大気環境学会誌 **37**: 81-95.

伊豆田猛・中路達郎　2006．酸性降下物と植物　伊豆田猛（編著）植物と環境ストレス，p.43-87．コロナ社．

Kikuzawa, K. 1995. Leaf phenology as an optimal strategy for carbon gain in plants. *Canadian Journal of Botany* **73**: 158-163.

Kimura, K., A. Ishida, A. Uemura, Y. Matsumoto & I. Terashima. 1998. Effects of current-year and previous-year PPFDs on shoot gross morphology and leaf properties in *Fagus japonica*. *Tree Physiology* **18**: 459-466.

Kitaoka, S. & T. Koike. 2005. Seasonal and yearly variations in light use and nitrogen use by seedlings of four deciduous broad-leaved tree species invading larch plantations. *Tree Physiology* **25**: 467-475.

小池孝良・田淵隆一・藤村好子・高橋邦秀・弓場　譲・長坂寿俊・河野耕蔵　1990．夏期における国産ブナの光合成特性　日本林学会北海道支部論文集 **38**: 20-22.

Koike,T., N. Miyashita & H. Toda. 1997. Effects of shading on leaf structural characteristics in successional deciduous broad-leaved tree seedlings and their silvicultural meaning. *Forest Resources and Environment* **35**: 9-25.
小池孝良・丸山 温 1998. 個葉からみたブナ背腹性の生理的側面 植物地理・分類研究 **46**: 23-28.
Koike, T., S. Matsuki, T. Matsumoto, K. Yamaji, H. Tobita, M. Kitao & Y. Maruyama. 2003. Bottom-up regulation for protection and conservation of forest ecosystems in northern Japan under changing environments. *Eurasian Journal of Forest Research* **6**: 177-189.
小池孝良 2004. 地球温暖化と植物の生態 甲山隆司（編著）植物生態学 朝倉書店.
小池孝良 2005. 葉の形から知る樹木の環境適応と光合成作用 森林科学 **45**: 4-10.
小池孝良 2006. 地球温暖化と植物 伊豆田猛（編著）植物と環境ストレス コロナ社.
Küppers, M. 1989. Ecological significance of above-ground architectural patterns in woody plants: a question of cost-benefit relationships. *Trends in Ecology and Evolution* **4**: 375-379.
丸田恵美子・志磨 克・堀江勝年・青木正敏・土器屋由紀子・伊豆田猛・戸塚 績・横井洋太・坂田 剛 1999. 丹沢・檜洞丸におけるブナ林の枯損と酸性降下物 環境科学会誌 **12**: 241-250.
Maruyama, K. & Y. Toyama. 1987. Effect of water stress on photosynthesis and transpiration in three tall deciduous trees. Journal of Japanese Forestry Society **69**: 165-170.
丸山温・森川靖 1983. 葉の水分特性の測定 - P-V 曲線法 - 日本林学会誌 **65**: 23-28.
Matsui, T., T. Yagihashi, T. Nakaya, H. Taoda, S. Yoshinaga, H. Daimaru & N. Tanaka. 2004. Probability distributions, vulnerability and sensitivity in *Fagus crenata* forests following predicted climate changes in Japan. *Journal of Vegetation Science* **15**: 605-614.
NOAA Research 2007. http://www.esrl.noaa.gov/gmd/ccgg/trends/
佐橋憲生 2004. 菌類たちの森, 東海大学出版会
柴田英昭 2004. 大気 - 森林 - 河川系の窒素移動と循環. 地球環境 **9**: 75-82
田中 格・松本 陽介 2002. 光環境の変化に伴う落葉広葉樹10種の個葉の解剖学的構造の変化. 日本生態学会誌 **52**: 323-329.
Terashima, I. 1992. Anatomy of non-uniform leaf photosynthesis. *Photosynthesis Research* **31**:195-212.

第12章　ブナの種子貯蔵方法の開発
── 地元産種苗の安定供給のために ──

小山浩正（山形大学農学部）

　母樹が少なく天然更新を期待できない場所では，苗木植栽によってブナ林再生を図ることがある。その際，遺伝的攪乱を防ぐため，苗木は現地採取の種子から育成したものを用いることが望ましい。また，苗木の安定的な供給も不可欠である。ブナの結実の豊凶に対応しこれらを実現する種子貯蔵方法を紹介する。

1. なぜ種子貯蔵が必要か？

　森林に水源涵養をはじめとする多面的機能があることが指摘されるようになって久しい。それにともない人々が好む樹種にも変化が起きたようだ。かつて拡大造林が盛んだった頃の主役と言えば，本州以南ではやはりスギやヒノキ，北海道ではカラマツやトドマツであり，その頃の広葉樹と言えば「雑木」と呼ばれ一段低く見られていた。ブナなどは「ブナ退治」という言葉さえあったそうで，伐って捨てるべき邪魔者だったのである。ところが今では完全に立場が逆転し，「白神山地」に代表されるように，ブナの天然林は健全な自然環境の象徴として聖地となり，保全や再生の対象となっている。これを反映するようにブナの植栽事例も増加傾向にある。
　ブナの更新技術として代表的な方法は天然更新（母樹保残法）であり（前田・宮川，1971；前田，1988），第2部で紹介した結実の豊凶予測手法は，天然更新の最大の障壁であった豊凶を事前の予測で克服し，より確実な更新を保証しようとするものである（小山ら，2000；八坂ら，2001）。しかし，豊凶予測の精度がどれほど高くなろうとも克服できないことがある。母樹密度が著しく低い林分や母樹がもはや消失した場所でのブナの再生は望めないということである。天然更新法は種子供給源となる母樹が適度な間隔で配置されていることを前提

としているから，母樹がなければ（あるいは少なければ）実現できない。

この場合は苗木の植栽により造成するしかない。かつて，拡大造林時代にブナは無反省に「退治」（伐採）され，本来ブナ林であった場所が相当に蝕まれたことも事実であるから，近年の「ブナ・ブーム」とも言える流れに乗ってブナの人工造林が進むことは基本的に歓迎できる。しかし，ここにもまったく問題がないわけではない。それはなぜか。以下にその問題点を3つにまとめて指摘する。

■ 苗木供給の不安定性

第1の問題は，やはりブナの結実の豊凶にある。事業としてブナの人工造林を行うには継続性が求められるが，すでに見たように豊作年は5年から7年に1回程度の割合でしか到来せず，しかも地域的に同調するので（前田，1988；寺澤ら，1995; Yasaka et al., 2003），凶作年には種子を得ることができない。したがって苗木の生産量も年間で変動せざるを得ず，持続的な苗木供給に支障を来す。ただし，地域的に同調するとはいえ，全国のブナ林が完全に同調して変動するわけではないから（正木，2000），相当に広い範囲で探せばどこかで結実しているはずである。だから毎年地域を変えて種子を採り続ければ問題は解決されそうにも思える。しかし，そこに第2の問題が生じる。

■ 遺伝的攪乱

確かにブナは北海道から九州まで広く日本中に分布している。しかし，さまざまな形態的特性に地理的変異がみとめられている。第3部の第10，11章で解説されているので詳しいことは省くが，大きな傾向として高緯度・日本海側グループと低緯度・太平洋側グループに分けられ，葉面積（萩原，1977），苗木の成長パターンや樹形（日浦，1993）および種子サイズ（Hiura et al., 1996）などが互いに異なる。これらの形質がなぜ地理的変異を示すのか，その明確な答えが出るのはまだ先かもしれないが，各地域のブナがそれぞれの環境条件に適応してきたことのあらわれであることは間違いないだろう。したがって，異なる地域から種子や苗木を移入して植栽するとさまざまな問題を起こしかねない。まず考えられることは，移入された地域の環境条件に適応できず枯死したり，不健全な生育を示したりすることである。ただし，ブナは天然分布を越えた地域に植栽した場合でさえ繁殖に至るまで生育した事例がいくつもあるので（第9章p.180-181参照），ブナの分布域内の移動であれば移入先で順調に生育

できるかもしれない。しかし，むしろこの場合の方が将来に禍根を残すことにならないだろうか。他の地域から移入された植栽木がやがて成熟して開花齢に達すれば，必然的に周囲の在来個体と交配し繁殖する。こうなると，それぞれの地域で長年かけて適応しきた性質が遺伝的に攪乱されてしまうこともありうる。この種の遺伝的攪乱は起きてしまってからでは取り返しがつかないので，それを安易に許容することは避けるべきであろう。このような理由から，ブナの種子についても，農作物で盛んに議論されている「地産地消」を実践すべきなのである。つまり，それぞれの地域において豊作年に種子を大量に採取し，これを次の豊作年まで貯蔵しながら毎年一定量を播種し，地元産の苗木を安定的に生産するのである。

■ 種子貯蔵の困難性

ところが，ここに第3の問題があり，それこそが本章のテーマである。従来，ブナ種子は貯蔵が困難であり，発芽能力を1年以上維持することができないとされていたのである。私たちは1992年からこの問題に取り組み，現在ではかなり満足できる結果を得ている。蓋を開けてみれば，簡単な理屈と単純な工程で貯蔵は可能だったのだが，この種の研究は検証に何年もかかる代物である。なにしろ，実験材料の種子が5年に一度しか手に入らないのだ。ある年の実験で何らかの手掛かりを得て次のステップに進む実験をしようとすれば，またさらに5年を待たねばならず，その実験結果が出るにもまた数年を要するのである。この章では，私たちがこの問題に取り組み始めた当初からの試行錯誤の顛末を時系列的に紹介する。

2. オーソドックス種子と難貯蔵種子

種子を長期間貯蔵しようとする試みは，もちろんブナで初めてのものではない。食の安定が人間生活に不可欠であることを考えるなら，穀物類においてこそ貯蔵は切実な問題であるし，実際にイネなどではすでに長期貯蔵法が確立している。また最近では，絶滅が危惧される植物を施設で保存する方法として種子の長期保存が検討されている。最も有名なのはイギリスの王立キュー植物園で，ここでは世界各地から植物種子の定期的な収集と保存を行っている。日本ではつくば市に貯蔵施設がある。

植物の種子貯蔵について端的に言うと，貯蔵しやすい種子とそうでないものがある。Roberts（1973）は，貯蔵の難易に応じて，オーソドックス種子 orthodox seed と難貯蔵種子 recalcitrant seed という類型区分を行い，以降この分類が広く定着している（Bradbeer, 1988; Copeland & McDonald, 1995）。オーソドックス種子は，乾燥して低温条件下におけば長期間の貯蔵に耐えうる種子であり，穀物類の多くはこれに分類され，数十年程度なら普通に貯蔵することができる。樹木では，スギやヒノキ，カンバ類などがこのグループに属している。一方，難貯蔵種子とは，上の方法が適用できないもので，種子としての寿命が短く，貯蔵が困難なものである。もともと含水率が高い種子の多くがこれに属し，身近なものではコーヒーが代表的である。

　オーソドックス種子と難貯蔵種子を分ける違いは，簡単に言えば乾燥に対する抵抗性の差である。種子貯蔵の原理は，貯蔵中にいかに致死限界ぎりぎりまで代謝（呼吸）速度を落とせるかという問題に換言できる。酵素が触媒としてはたらく呼吸反応の速度は温度に依存するので，これを低いレベルに抑えるには氷点下に置くのが理想的である。オーソドックス種子の典型的な貯蔵方法では -20℃程度まで下げる。ところが，これが適用できる前提条件として，種子がある程度の乾燥に耐えられる必要がある。植物の組織に水分が多く含まれた状態で氷点下に置くと組織内の水が凍結する。細胞内で氷結すれば細胞壁や膜構造が破壊され，種子は死んでしまうのである。ところが，含水率が 10％以下の場合には，細胞内の水分は氷点下でも凍結しない（Bewley & Black, 1982）。したがって，この程度まで組織内の水分を低下させうる，すなわち乾燥に耐える種子は氷点下貯蔵で呼吸反応を低レベルに抑えることができる。オーソドックス種子は含水率 5％でも死亡しないので氷点下貯蔵が適用できるのだ。ところが難貯蔵種子は，高含水率の種子が多く，10％以下の乾燥に耐えられないので氷点下による貯蔵ができない。先にあげたコーヒーのほかにも，東南アジアの熱帯に生育するフタバガキ科の種子などがその典型的な例であり，私たちの身近な樹種としては，トチノキやミズナラ，コナラなどの種子がこれに相当する。

　ただし，貯蔵技術は年々発達するので，かつて難貯蔵種子だったものがオーソドックス種子に格上げされたり，オーソドックス種子の中でも，数十年以上も貯蔵できるものと，数年程度しか貯蔵できないものでは取り扱いが異なると

表12.1 貯蔵のしやすさからみた種子の分類   Bonner（1990）より作成

オーソドックス種子	モミ属・ハンノキ属・カバノキ属・トネリコ属・カラマツ属・トウヒ属・マツ属・スズカケノキ属・サクラ属・トガサワラ属・ツガ属・アカシア属・ユーカリノキ属・モクマオウ属
サブオーソドックス種子	ハコヤナギ属・ヤナギ属・ミカン属・ブナ属
難貯蔵種子	コナラ属・トチノキ属
熱帯性難貯蔵種子	フタバガキ科など

いう認識から，分類が細分化される場合がある。Bonner（1990）は樹木類について，最近の研究成果を取り入れて種子の貯蔵性をさらに2つずつに細分し，1)（真性）オーソドックス種子，2) サブオーソドックス種子，3)（温帯性）難貯蔵種子，4) 熱帯性難貯蔵種子に分類している。サブオーソドックス種子とは，（真性）オーソドックス種子と同じ取り扱いができるが，何十年も貯蔵した実績がないタイプである。難貯蔵種子を温帯性と熱帯性に分けたのは，熱帯産と言えばほとんどすべての樹木の種子が貯蔵できないので，貯蔵ができるものとできないものを含む温帯性の樹木とは区別すべきという考えなのであろう。Bonner（1990）によるそれぞれの分類に属する樹木類を属レベルで表12.1に記した。

3. 最初の実験

日本のブナはこれまで難貯蔵種子と認識されてきた。ブナの種子は通常30％程度の高含水率なので，乾燥すると死亡するとされてきたのである。当然，オーソドックス種子に適用される-20℃での貯蔵などは試みられていなかった。しかし，私たちが研究に着手した当時，ブナ種子の貯蔵を試行した先行研究がいくつかあり，長期貯蔵には温度がポイントであることがすでに明らかになっていた。まず，貯蔵には低温が不可欠とされ（橋詰・山本，1974；本江・片岡，1992），-2℃の温度条件では1年4か月で30％程度の発芽率を保持したと報告された（橋詰，1993）。氷点下の貯蔵が試みられていたことは画期的である。しかし，種子の水分管理については，依然として極度の乾燥は避けるべきと考えられていた（橋詰・相川，1978；橋詰1993）。

一方，同じブナ属のヨーロッパブナ *Fagus sylvatica* では，乾燥処理により発芽能力が数年間保たれた事例が報告されていた（Schopmeyer & Leak, 1974; Bonner, 1990; Gosling, 1991）。ヨーロッパの樹木種子に関する教科書（Suszka *et al.*, 1996）で，乾燥処理をしたヨーロッパブナの種子が10年間貯蔵した後でも発芽しているグラフを見つけてたいへん驚愕したものである。ここでもう一度，表12.1をご覧いただきたい。Bonner（1990）による新たな分類では，ブナ属はサブオーソドックス種子に分類されている。これはヨーロッパブナのことで，かつてこの種も難貯蔵種子に分類されていたのだが，上のような研究成果から，サブオーソドックス種子へと格上げされたのである。このように，ヨーロッパブナについては，乾燥処理が有効であることが明らかになりつつあったが，日本のブナについてはまだ乾燥処理の効果が確かめられていなかったのである。種が異なるとはいえ，同じブナ属である。「日本のブナも乾燥させても死なないのでは？」という期待を抱きながら，種子が得られる豊作年を待っていたのである。

　本書の**第5章**で紹介したように，私たちが研究のベースとしていた北海道南部の渡島半島では，1992年にブナの豊作年を迎えた（寺澤ら，1995）。そこで，この年の10月に，落下種子調査地の1つであるブナ林（恵山：図5.2）において，林床に落下した種子の採取を行った。採取した種子を実験室に持ち帰り，充実した種子を水選と目視により選別し，これらを室温15℃で2日間風乾した（以下，乾燥処理と呼ぶ）。この処理の結果，種子の平均含水率は7.5％になった。一方，比較のために用意した無処理の種子の含水率は35％である。貯蔵温度は2℃に設定した。貯蔵した種子は，毎年秋に取り出し，100粒ずつ苗畑に播種し，翌年の春に発芽数をカウントした。

　この実験の結果を，図12.1に示す。0〜4年間貯蔵した種子の発芽率を示したものである。貯蔵0年とは，種子を採取した秋にすぐに播いたものを意味する。貯蔵0年の種子の発芽率は，無処理で69％であったのに対して，乾燥処理した場合は58％と，無処理の方が10％ほど高い結果となった。やはり乾燥の影響が多少出るようだ。しかし，無処理の種子は1年貯蔵した後にはまったく発芽しなくなった。一方，乾燥処理を施した種子の発芽率は，貯蔵1年および2年でそれぞれ67％，47％であり，貯蔵0年時の発芽率と比べて落ちることはなかった。これまで成功していなかった2年間の貯蔵を，乾燥処理に

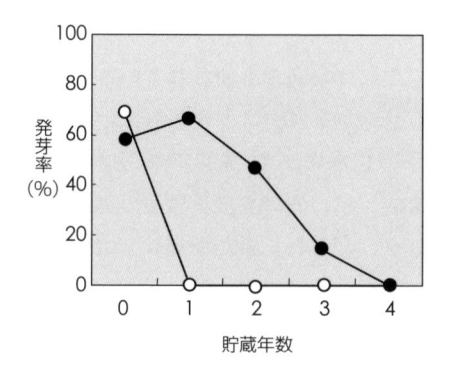

図 12.1　貯蔵種子の発芽率の推移（1992年採取種子）（小山ら，1997 を改変）
○：無処理，●：乾燥処理

よって実現できてしまったのである。ただし，貯蔵3年目になると発芽率は14％と明らかに低下していた。また，貯蔵3年の種子から発芽した実生は，6割以上が子葉を展開しただけで終わり本葉展開に至らなかった。しかも，これら本葉を展開したものも本葉が縮れるなど異常な形態がみとめられた。含水率の低い状態で長期間保存されると，種子劣化が生じて実生の形態異常として顕在化することがトネリコで知られている（Villers, 1973）。ブナでも同じことが起きたと言える。これでは苗木としての使用に耐えない。

4. 実験結果から再考する

　第1回目の実験は，半分は期待はずれに終わり，半分は期待通りと言える。従来は1年以上の貯蔵が困難だったのに対して，少なくとも2年間は貯蔵可能になったのだから一定の前進である。しかし，ブナの豊作の間隔は平均で5年程度であることを鑑みれば，当初の目的である苗木の地産地消には遠く及ばない。それでも，この実験結果は次のステップのための大きなヒントを示した。貯蔵2年まで50〜60％の発芽率を示したのだから，少なくとも含水率を10％以下に落としても種子は死亡しないことが明らかになった。氷点下貯蔵が適用できる可能性が出てきたのである。すなわち，ブナもオーソドックス種子として取り扱えるかもしれないのだ。ただ，この試験で貯蔵温度として採用した2℃は，種子の呼吸を抑える温度としてはまだ高すぎたようだ。すでに，本江・片岡（1992）は，-2℃で保存すると-1℃の時に比べて呼吸量を大幅に抑えることができたことを報告していた。ヨーロッパブナで長期間の貯蔵に成

功した例でも貯蔵温度は-5℃～-20℃である。また，多くのオーソドックス種子の貯蔵でも-20℃が採用されている。これは家庭でも使われている標準的な冷凍庫の設定温度で，保存効果に対するランニングコストが最も低い温度と言われている。先にも述べたように，種子の含水率が10％以下ならば，この程度の低温に曝されても細胞内で水分は凍結しないのである。早速，実験で確かめてみたいと思うのが研究者のサガである。しかし，新たな実験を始めるには，次の豊作年を待たねばならなかった。

5. 第2回目の実験

最初の実験を始めてから5年が経過した1997年，ついに北海道南部のブナ林は再び豊作を迎えた。ちなみにこの年は，**第5章**で紹介したように前年に私たちが最初の豊凶予測を実行し，翌1997年が豊作になるとを発表した記念すべき年である。豊作を信じて準備をしていた私たちは，早速，先の仮説を検証すべく種子の採取と実験を始めた。2回目の実験では次の4段階の異なる含水率の種子を用意した。

 1）無処理（風乾しない：種子の平均含水率30.0％）
 2）弱乾燥処理（10℃で3日間風乾：平均含水率11.3％）
 3）中乾燥処理（20℃で3日間風乾：平均含水率6.1％）
 4）強乾燥処理（30℃で3日間風乾：平均含水率4.0％）

これらの種子を2℃および-20℃に設定した冷蔵庫と冷凍庫に保管した。前者を冷蔵貯蔵，後者を冷凍貯蔵と呼ぶことにする。この時点で，私たちが最も長期間貯蔵できるだろうと期待をしたのは，「中乾燥・冷凍貯蔵」である。冷凍貯蔵がこの試験の売りであるから期待するのは当然であるが，含水率が10％を上回る弱乾燥ではおそらく種子が氷結するであろうし，5％を下回る強乾燥はさすがに乾燥しすぎだろうと考えていた。ヨーロッパブナでも指摘されているように，5～10％の間に収まった中乾燥の成績が最も良いだろうと考えたのだ。

冷蔵貯蔵をした種子の貯蔵0～4年目の発芽率を図12.2-aに示す。予想通り，貯蔵0年では無処理が最も高い発芽率を示したが，早くも貯蔵1年目で無処理は弱乾燥処理とともにほとんど発芽しなくなった。一方，中乾燥処理では貯

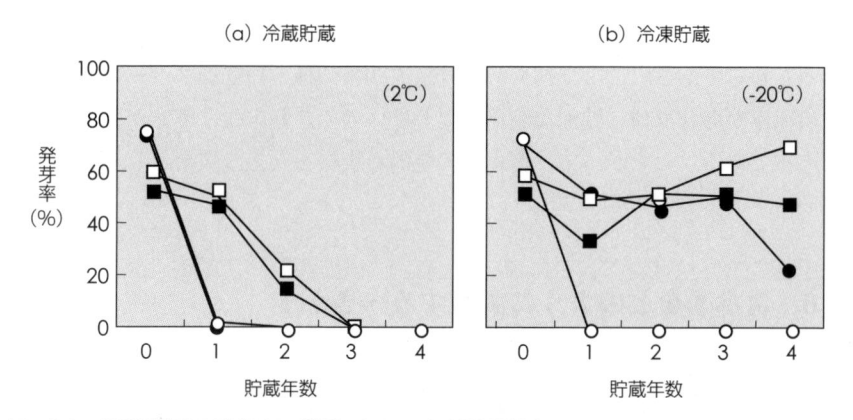

図 12.2　貯蔵種子の発芽率の推移（1997 年採取種子）（小山ら，2002）
（a）冷蔵貯蔵（2℃），（b）冷凍貯蔵（-20℃）の結果
■：強乾燥（含水率 4.0%），□：中乾燥（6.1%），●：弱乾燥（11.3%），○：無処理（30.0%）

蔵 2 年目において 23 %，強乾燥処理では 14 %が発芽した。だが，貯蔵 3 年目には中乾燥処理の発芽率も 0.7 %で，これらはすべて本葉展開には至らずに枯死した。強乾燥処理も 0 %であった。予想通り冷蔵貯蔵では 3 年間の貯蔵には耐えられなかった。中乾燥処理の含水率は 6.1 %で最初の試験の 7.5 %に近い値だから，これが 2 年貯蔵まで発芽したことは，前回の実験結果が再現されたと言える。

一方，-20 ℃の冷凍貯蔵における種子の発芽率の推移を見ると（図 12.2-b），無処理の種子はやはり貯蔵 1 年で発芽能力を失っていた。種子は凍結して膨張した氷で果皮が破裂し，中の子葉も崩れていた。これも予想通りである。これに対して，乾燥処理を施した他の 3 処理では，貯蔵 3 年目でも 50 〜 60 %と比較的高い発芽率を示した。貯蔵 4 年目でも，中乾燥と強乾燥では 50 %以上の高発芽率を維持している。しかし弱乾燥では 20 %程度にまで落ちていた。

こうして 2 回目の実験は成功に終わった。当初の予測通りに，含水率を 5 〜 10 %に乾燥させた種子を -20 ℃で冷凍貯蔵することにより長期の貯蔵が可能になった。その後，貯蔵 5 年目でも発芽率 60 %を維持した（口絵 10）。さらに貯蔵 7 年目でも中乾燥・冷凍処理では依然として 50 %近い発芽率が観察された。ただし，貯蔵 8 〜 9 年目になると発芽率が 20 〜 30 %程度までに落ちた。しかし，少なくとも 7 年間の貯蔵に耐えたことは重要である。なぜなら，これ

でブナの豊作の間隔とされている5〜7年の間を完全にカバーできるようになったからである。ここで紹介した貯蔵方法は，種子の乾燥スペースと標準的な冷凍庫があれば他に特別な装置を要しないので，基本的に誰もができる簡便な方法である。したがって，苗木の安定的な供給を支える技術として実用性も高い。

6. 含水率をどのように調整するべきか？

以上の結果から，ブナ種子の貯蔵法開発の当初の目的は達成されたと言えるだろう。ただし，もう1つ技術的課題として片づけておかねばならないことがあった。1回目の乾燥処理では含水率が7.5％，2回目の実験では6.1％のものが長期貯蔵に成功した。しかし，そもそも30％近くの水分を含むブナの種子をどのようにしてこれらの低含水率にまで誘導したのであろう。結論から言えば，たまたまである。室温で2日間風乾した結果としてこのような含水率になったというだけで，意図的にこの含水率に制御したわけではなかったのである。しかし，室内の温湿度条件は場所や季節により異なるので，風乾時間が同じでもいつも同じ含水率に調節できるとは限らない。乾燥貯蔵方法をより汎用性の高い技術とするためには，任意の温湿度条件で種子を目標とする含水率に調整するための風乾時間を明らかにする必要がある。貯蔵技術の最後の仕上げとして，さまざまな乾燥条件下での種子の含水率の低下過程を調べ，より正確な含水率制御を行うための目安を作成しようと考えた。

方法としては，精選した種子を5段階の乾燥条件に調節した恒温器に20粒ずつ入れて乾燥過程を調べた。設定した温度は10，15，20，25，30℃で，それにともない恒温器内の相対湿度はそれぞれ65，50，36，32，30％となった。各恒温器の乾燥状態を知るために，温度と湿度から飽差の値を求めた。飽差とは大気の乾燥状態をあらわす指標で，値が大きいほど乾燥していることを示す。飽差は次式から導かれる。

$$H = U_{max}(1-RH/100) \tag{1}$$

ここでHは飽差，U_{max}は温度によって決まっている飽和水蒸気圧，RHは相対湿度である。飽和水蒸気圧は理科年表などで調べることができる。表12.2

表 12.2　実験条件と種子の含水率推移の回帰結果 (小山・寺澤, 1998)

乾燥段階	実験条件			回帰結果		
	温度 (℃)	相対湿度 (%)	飽差 (hPa)	係数 a	係数 b	決定係数 (r^2)
1	10	65	4.3	47.80	11.66	0.89
2	15	50	8.4	50.19	9.62	0.86
3	20	36	14.8	52.40	7.04	0.92
4	25	32	21.3	49.14	5.80	0.91
5	30	30	29.4	50.91	4.28	0.95

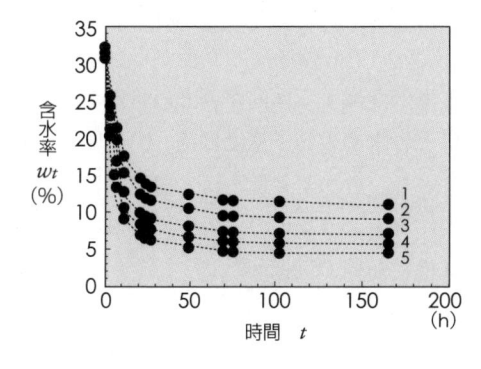

図 12.3　種子の含水率の時間的推移
(小山・寺澤, 1998)
図中の数字は実験で使用した乾燥段階を示す。表 12.2 を参照。

に各恒温器における温度, 相対湿度および飽差を示した。飽差は最低 4.3 hPa（温度 10 ℃, 相対湿度 65 %）から最高 29.4 hPa（温度 30 ℃, 相対湿度 30 %）となり, 高い温度に設定した恒温器ほど段階的に高くなった。ここでは, それぞれの実験条件を乾燥段階（1 〜 5）と呼ぶことにする。

種子は恒温器に入れてから 164 時間後まで乾燥し, この間に数時間から数日の間隔で種子の重量を 12 回測定した。164 時間経過した後に乾燥処理を打ち切り, 種子を 80 ℃の熱風乾燥機に 2 日間入れた後に乾重を測定した。各測定時間における種子の含水率は次式で計算した。

$$w_t = 100 \, (G_t - G_d) \, / \, G_t \qquad (2)$$

ここで, w_t は時間 t における種子の含水率（%）, G_t は時間 t における種子の重量, G_d は乾重である。

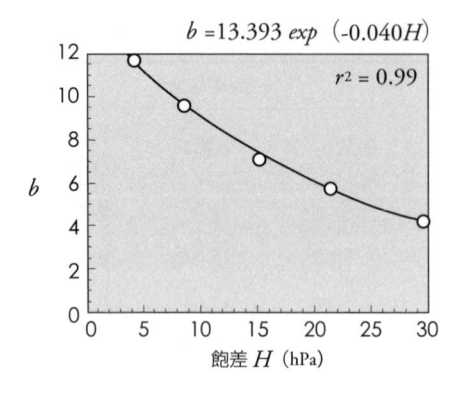

図 12.4　飽差と係数 b の関係
（小山・寺澤，1998）

　図 12.3 に乾燥段階ごとに種子の含水率の推移を示した。乾燥前の種子の平均含水率は 32 % であったが，どの段階においても乾燥開始直後から含水率は急激に低下し，時間の経過とともに低下率が漸減する傾向がみとめられた。乾燥段階の高い実験条件に置かれた種子ほど含水率の低下速度は高く，試験終了時（164 時間後）の含水率も低くなっていた。含水率の低下は，曲線的に減少してやがて一定の含水率に落ち着く傾向にあるようなので，各乾燥段階における処理時間と種子の含水率の関係を次式の双曲線で近似した。

$$w_t = a / t + b \qquad (3)$$

　ここで，w_t は時間 t における含水率，a および b は係数である。各乾燥段階における (3) 式のあてはまりは良く，どれも決定係数 0.85 以上の高い回帰結果を得た（表 12.2）。係数 a は条件によって大きな違いはなく，平均して 50.06 であった。一方，係数 b は時間 t が無限大の時に平衡に達すると予測される含水率で，飽差が大きくなるほど小さい値を示す傾向があった（図 12.4）。そこで，飽差と係数 b の関係を指数関数で近似させると

$$b = 13.393 \, exp \, (-0.040H) \qquad (4)$$

となり，決定係数 0.99 の回帰式が得られた。ここで H は飽差である。(3) 式において，係数 a は平均値の 50.06 を代表値として用い，係数 b については (4) 式を使って (3) 式に代入すると，任意の飽差 H と風乾時間 t における含水率 w_t の一般式（5）を導くことができる。

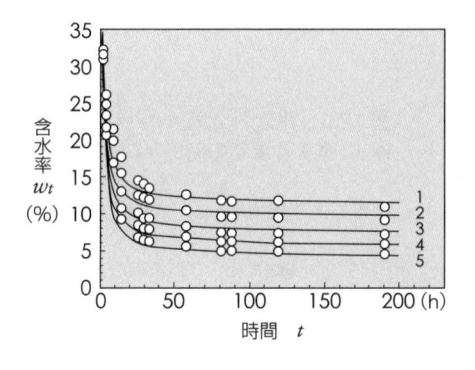

図 12.5 （5）式による含水率の推移予測 （小山・寺澤，1998）
○：実測値（図 12.3）図中の数字は実験で使用した乾燥段階。表 12.2 を参照。

$$w_t = 50.06/t + 13.393\ exp(-0.040H) \qquad (5)$$

今回の実験に用いた5つの乾燥段階における飽差の値（表 12.2）を（5）式に代入して得られる含水率の推移予測（図 12.5）は実測値とよく一致している。最後に（5）式を t について解くと次式になる。

$$t = 50.06/(w_t - 13.393\ exp(-0.040H)) \qquad (6)$$

この（6）式を用いて，任意の乾燥状態にある室内において，目標の含水率 w_t を達成するための時間を予測することができる。

先述したように，ブナの種子がオーソドックス種子として取り扱えるならば，含水率を 5 ～ 10 %，できれば 6 ～ 8 % の範囲に収めることが長期貯蔵のために有効と考えられる。そこで，目標の含水率を 6 ～ 8 % として，（6）式に w_t = 6.0 および 8.0 を代入し，これらの含水率に達するまでの時間と飽差の関係を図 12.6 に示した。ここでは，飽差が大きくなるにしたがって目標の含水率に到達するまでの時間は急激に減少する傾向が表現されている。恒温器や実験室で実測した値（図中に点で示されている）と比較しても，当てはまりは比較的良かった。また，この図では飽差が 10 hPa 以下では湿度が高すぎていつまで経っても含水率 9 % 以下には低下させられないことが予測される。このことも実測した結果と一致しているのである（図 12.3）。

以上のように，室内の温度と湿度を測定して飽差を求めてやれば，目標とする含水率（ここでは 6 ～ 8 %）に調整するための適切な風乾時間を知ることができる。ただし，実際には含水率を調整しやすい条件というものがあるだろ

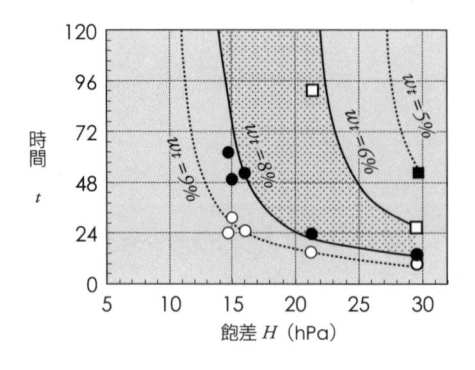

図12.6 飽差 H と種子が目標含水率 W_t に達するまでの時間 t の関係
(小山・寺澤 1998を改変)
実線および破線は（6）式による推定値を示す。
○（9％），●（8％），□（6％），■（5％）は種子がそれぞれの含水率に達するまでの実測値。

う。例えば，飽差が20 hPa以上の乾燥した条件下では，含水率の低下は急激で短時間のうちに8％以下になってしまう（図12.3；図12.6）。最終的な含水率が同じでも急激な乾燥は避けた方が良いと考えられる。理想的には飽差が18 hPa前後である。この条件では，含水率の低下が緩やかで，かつ種子をいくら放置しても6〜8％の間に収まることがわかる（図12.6）。つまり，風乾を終了させる時間にそれほど神経質になる必要がなくなる。ただし，通常の空調施設では温度は設定できても湿度は制御できないので，必ずしも飽差をこの値に制御できるとは限らない。したがって，現実的には幅を持たせて，室内が飽差14〜20 hPa程度の状態にあることが貯蔵のための種子の乾燥には適していると言えるだろう。飽差14〜20 hPaの状態とは，例えば温度20℃では，飽和水蒸気圧Umaxは23.37 hPaなので，（1）式から逆算すると相対湿度としては14〜40％にあたる。したがって，種子乾燥に適した湿度条件には相当に幅があり，かつおおむね普通の室内における大気の状態の範囲内であると言える。この状態で風乾させるならば2〜3日目に種子は含水率6〜8％に達するのである（図12.6）。

　結論的に言えば，気温を20℃前後に制御した室内で2〜3日間の風乾をすることが，最も効率的で確実な含水率調整の方法として提案できる。この風乾条件は，従来ヨーロッパブナの種子貯蔵で経験的に良いとされている方法とも一致しているので（Suszka et al., 1996），今回の試験は，日本のブナでもヨーロッパブナと同じ乾燥方法が適用できることを確認したと同時に，その理論的な根拠を与えたことになると言えるだろう。

7. まとめと課題

　これまでのことをふまえて、ブナの種子貯蔵にかかわる一連の作業をまとめてみる（図12.7）。まず、種子を採取すべき場所の選定であるが、孤立した木は避けた方がよい。孤立木は枝下高が低く、登るのに便利なので、ついついそういう木で取りたくなるが、第5章で紹介したように、孤立木は自家受粉しやすく、このため種子がしいなになりやすい。たくさん取れたようでも、充実した種子はほとんどなかったりするおそれがある。したがって、ある程度の密度で母樹が存在する林分がよい。私たちが調べた結果では、少なくとも1 ha当たり50本以上の母樹がある林分から取れば、充実率の高い種子を得ることができる（小山，1998）。このような林分において、第2部で紹介した結実の豊凶予測に則り、豊作が予測されたなら種子の風乾や貯蔵に必要な場所・器具・機器類の準備をする。実際に豊作になったら秋に大量に種子を採取する。採取した種子は一昼夜ほど浸水させるとよい。この処理によって沈んだ種子は90%近い確率で充実している（小山，1998）。この段階で水分飽和した種子の含水率は30%前後となっている。これを20℃程度の室内ならば2～3日かけて風乾させると、貯蔵に適した6～8%前後の含水率になる。もし、風乾に使う予定の部屋の温度が20℃よりも大きくずれているなら、温湿度を測定し（6）式から必要な風乾時間を求めることができる。風乾処理が完了したら、これらをポリ袋に密封して冷凍庫に貯蔵する。おそらく-10℃以下であればどんな温度でも良いと思われるが、今回の試験と同様に市販の冷凍庫は-20℃であることが多いので、この温度ならば間違いない。貯蔵した種子の播種はできるだけ秋に行うのが良い。なぜなら、種子の休眠が打破されるには2℃程度の低温で湿った環境（冷湿条件）に一定期間置かれる必要があるからだ。秋に播種しておけば、種子は冬期間に土中で自然に冷湿条件を経験することになるから特別な前処理を必要としない。もし作業の都合から春に播かざるを得ない時には、事前に冷湿条件を1か月ほど与える必要がある（低温湿層処理）。以上のような貯蔵種子を取り出して播種をするという作業を毎年行えば、次の豊作年まで安定した苗木を生産・供給し続けることができるだろう。

　これらの種子貯蔵技術はかなり実用性が高いと思われるが、まだ研究する余地が残っているだろうか？　1つだけ確かめなければならないと考えているこ

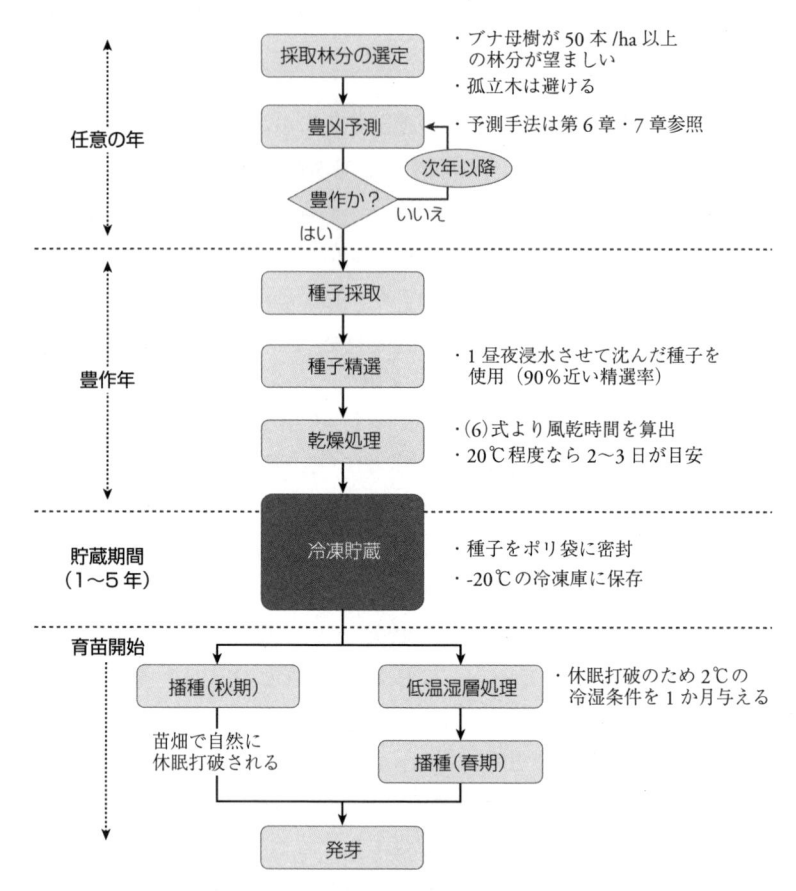

図 12.7 ブナ苗木の安定供給のための種子貯蔵の手順

とがある。それは種子の貯蔵可能性の地域間差である。先に述べたように，ブナの形態的特性は地域によって違いがあり，大きくは日本海側と太平洋側に分かれている。この2つの地域で最も異なる環境条件は冬季の積雪環境であるとされている（本間，2002）。冬季，日本海側は深い積雪に覆われて林床は湿潤な状態であるのに対して，太平洋側では雪が少ないかまったくないので林床はしばしば強い乾燥状態に曝される。つまり，自然状態において散布されたブナの種子は，2つの地域でまったく異なる水分条件を越冬時に経験するのである。これに応じて，種子の乾燥抵抗性が両者で違う可能性がある（Maruta *et al.*, 1997）。初めに述べたように，乾燥に対する抵抗性は種子の貯蔵可能期間と関

係があるから，もしかすると日本海側と太平洋側とでは種子の貯蔵可能な潜在的な期間が異なるかもしれない．もしこれが正しければ，日本海側の方が貯蔵しにくいという結果になるだろう．今回私たちが試験に使用した種子は，北海道渡島半島の東岸部に位置する旧・恵山町（2004年12月より函館市に編入）で採取したものである．この地域の環境が，ブナにとって日本海側的か，太平洋側的か，いずれに特徴づけられるのかは判断しにくい．もしこの場所のブナが日本海側的な性質ならば，ここで紹介した試験結果と同じように，どちらの産地の種子でも少なくとも5年以上は貯蔵できる可能性があることになるから心配はない．しかし，逆に太平洋側の性質であったとしたらどうであろう．日本海側のブナではこれほど長く貯蔵できない可能性を否定できない．これが現実なのか杞憂に終わるのかを確かめるには……また次の豊作年を待つしかない．

引用文献

Bewley, J. D. & M. Black. 1982. Physiology and biochemistry of seeds in relation to germination. Vol.2. Springer-Verlag, Berlin.

Bonner, F. T. 1990. Storage of seeds : Potential and limitations for germplasm conservation. *Forest Ecology and Management* **35**: 35-43.

Bradbeer, J. W. 1988. Seed dormancy and germination. 146pp, Blackie Academic & Professional, London.

Copeland,L.O. & M. B. McDonald. 1995. Principles of seed science and technology. Chapman & Hall, New York.

Gosling, P. G. 1991. Beechnut storage : A review and practical interpretation of the scientific literature. *Forestry* **64**: 51-59.

萩原信介 1977. ブナにみられる葉面積のクラインについて．種生物学研究 **1**: 39-51.

橋詰隼人 1993. ブナ，クヌギ，トチノキなど保湿貯蔵種子の貯蔵法について．日本林学会論文集 **104**: 451-452.

橋詰隼人・山本進一 1974. ブナ種子の発芽と貯蔵について 日本林学会関西支部講演集 **25**: 105-108.

橋詰隼人・相川敏朗 1978. ブナ科4樹種のタネの発芽特性 鳥取大学農学部研究報告 30: 128-133.

日浦勉 1993. ブナの樹形の地理変異 北海道の林木育種 **36**: 16-19.

Hiura, T., H. Koyama & T. Igarashi. 1996. Negative trend between seed size and adult leaf size throughout the geographical range of *Fagus crenata*. *Ecoscience* **3**: 226-228.
本間航介　2002．雪が育んだブナの森－ブナの更新と耐雪適応－　梶本卓也・大丸裕武・杉田久志（編著）　雪山の生態学　p. 57-73．東海大学出版会．
本江一郎・片岡寛純　1992．ブナ種子の貯蔵に関する研究（Ⅰ）－貯蔵中のブナ種子より発生するガス成分－　日本林学会大会発表論文集 **103**: 449-450．
小山浩正　1998．ブナ育苗のための堅果採種技術－良いタネを得るためにはどうすればよいか？－　光珠内季報 **112**: 1-4．
小山浩正・長坂晶子・長坂有・今博計　2002．冷凍貯蔵によるブナ堅果の長期貯蔵－貯蔵4年目の経過報告－　東北森林科学会第7回講演要旨集 p.75．
小山浩正・寺澤和彦　1998．長期貯蔵のためのブナ堅果の含水率調整方法　日本林学会誌 **80**: 129-131．
小山浩正・寺澤和彦・八坂通泰　1997．低温乾燥によるブナ堅果の長期貯蔵方法　日本林学会誌 **79**: 150-154．
小山浩正・八坂通泰・寺澤和彦・今博計　2000．かき起こしのタイミングがブナ天然更新の成否に与える影響－豊凶予測手法の導入の有効性－　日本林学会誌 **82**: 39-43
前田禎三　1988．ブナの更新特性と天然更新技術に関する研究　宇都宮大学農学部学術報告特輯 **46**: 1-79．
前田禎三・宮川清　1971．ブナの新しい天然更新技術　柳沢聰雄（編）　新しい天然更新技術 p. 180-252．創文．
Maruta, E., T. Kamitani, M. Okabe & Y. Ide. 1997. Desiccation-tolerance of *Fagus crenata* Blume seeds from localities of different snowfall regime in central Japan. *Journal of Forest Research* **2**: 45-50.
正木隆　2000．ブナの実の不思議な性質　森林総合研究所東北支所（編著）　東北の森 科学の散歩道　p. 10-13．森林総合研究所東北支所．
Roberts, E. H. 1973. Predicting the storage of seeds. *Seed Science and Technology* **1**: 499-514.
Schopmeyer, C. S. & W. B. Leak. 1974. Seeds of woody plants in the United State. Forest Service, U.S. Department of Agriculture.
Suszka, B., C. Muller & M. Bonnet-Masimbert. 1996. Gordon, A.(translation) Seeds of forest broadleaves from harvest to sowing. INRA, Paris .
寺澤和彦・柳井清治・八坂通泰　1995．ブナの種子生産特性（Ⅰ）　北海道南西部の天然林における1990年から1993年の堅果の落下量と品質　日本林学会誌 **77**: 137-144．
Villers, T. A. 1973. Ageing and longevity of seeds in field conditions. *In*: Hydecker, W. (ed.) Seed Ecology p. 265-288. Butterworth, London.
八坂通泰・小山浩正・寺澤和彦・今博計　2001．冬芽調査によるブナの結実予測手法　日本林学会誌 **83**: 322-327．
Yasaka, M., K. Terazawa, H. Koyama & H. Kon. 2003. Masting behavior of *Fagus crenata* in northern Japan: spatial synchrony and pre-dispersal seed predation. *Forest Ecology and Management* **184**: 277-284.

第4部
ブナの天然林施業と研究

第13章　北海道南部におけるブナ林施業の過去・現在・未来

常本誠三（北海道渡島西部森づくりセンター）＊

> 森林や樹木の取り扱い方は，現場での施業や管理に携わる人たちの知識や経験に負うところが大きい。実務のなかでさまざまな現地試験を積み重ね，地域に合った施業の体系を作り上げていくのだ。北海道南部のブナ林施業について，その変遷，更新作業の事例と現況，今後の課題などを紹介する。

はじめに

　北海道には日本の森林面積の22％におよぶ554万haの森林が広がっている。その所有形態別の面積は，国有林が306万ha，道有林が61万ha，一般民有林が187万haである。そのうち道有林は，一般民有林に対する林業経営の指導や林業経営から得られた収益を北海道の財政の一部にあてることを目的に，1906年に国有林から無償譲渡され創設された。現在は13の森づくりセンター（旧・林務署），約360人の職員が管理にあたり，造林や保育，立木の販売，路網の整備，保安林の整備や管理などの業務を行っている。かつては特別会計により経営を行い，その収益の一部を道や市町村の財政に拠出してきたが，1980年の木材価格の急落から赤字経営に転じ，以後その状況は好転することなく，2002年になって一般会計に組み入れられた。同時に，森林の取り扱い方の基本を，それまでの「公益性と収益性の両方を重んじる考え方」から「公益性全面重視の考え方」へと方針転換した。すなわち，森林の公益的機能[1]が持続的に発揮されるように，その維持・増進を森林の整備・管理の目的と定

＊現所属：北海道水産林務部
＊1：森林は人間生活とのかかわりにおいてさまざまな機能（水源かん養・山地災害防止・生活環境保全・保健休養・木材生産など）を果たす。これらの機能のうち，木材生産機能以外のものを公益的機能と呼ぶ。別の言葉で言えば，森林の生態系が人間に提供する有用物（goods）とサービス（services）のうち，サービスが公益的機能に相当する。

めたのである．現在は，木材生産を目的とした伐採は行わず，森林の更新に関しては，自然力を活かした方法を優先している．

さて，北海道全域に 13 の管理区に分かれて点在する道有林の中で，ブナが生育しているのは北海道南部の 3 つの管理区（渡島西部・渡島東部・後志）内である．その中でも，ブナの蓄積が最も多く，ブナ林の施業が比較的古くから行われてきた渡島西部管理区をここでは取り上げる．渡島西部管理区は，北海道南部の松前半島に位置し，お花畑を有する北海道最南端の山・大千軒岳（標高 1,072 m）から日本海および津軽海峡までの約 4 万 8000 ha の森林を管理している（図13.1）．当管理区のうち 89 ％は天然林であり，ブナを主体に，ミズナラ，イタヤカエデ，シナノキ，サワグルミ，ダケカンバなどの落葉広葉樹が分布している．天然林を構成する樹種の分布はほぼ標高により区分することができ，標高 400 m 以下にはミズナラ，イタヤカエデ，シナノキ，サワグルミ，標高 700 m 以上にはダケカンバ，そしてその間にはブナが優占して分布している．ブナが優占する森林は，全森林面積の 60 ％にあたる約 2 万 9000 ha の広がりを有している．

松前半島地域は，本州以南から移動してきた人達の定住が，北海道の中では最も早い 11 世紀頃に始まったとされており，当然このころからブナが薪炭材に使われていたと思われる．本章では，この地域のブナ林が，現在までどのような社会背景のもとでどのように取り扱われてきたのか，そして今後どのような方向性をもって管理していこうとしているのかを，森林を管理する現場の立場から明らかにしていくとともに，現在，現場でかかえている課題について触れることにする．

1. 道有林・渡島西部管理区におけるブナ林の取り扱い

1.1. 第二次大戦まで

北海道南部，特に松前・江差地方におけるブナ材の利用の歴史は古く，千年ほど前から本州方面より移住してきた人びとが，冬期の暖房やニシンなどの水産物の加工のために薪炭材として利用してきた．松前藩時代には松前城下だけでも 2 万人近くの住民が暮らしており，また当時北前船による貿易が盛んに行われていたことを考え合わせると，ブナを主体とする広葉樹林が相当な量伐採

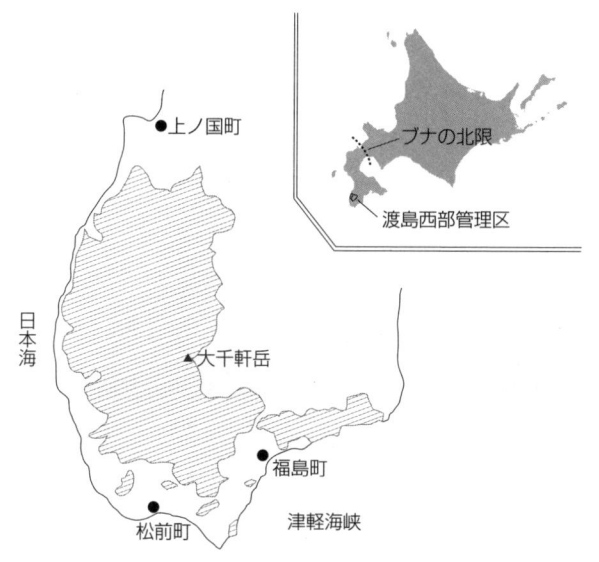

図 13.1 道有林・渡島西部管理区の位置

当管理区は，北海道の南西端・松前半島に位置し，約 4 万 8000 ha の面積がある。斜線部が当管理区の範囲。

されたと思われる。この地域の道有林が国から譲与された 1906 年には，奥地に位置する大千軒岳山麓を除いた 7 割程度の森林が二次林の様相を呈し，海辺に近い地域の天然林は矮林化していたと記録されている。

道有林として管理されるようになってからも，薪炭材を供給するための伐採は続いた。当管理区における森林の伐採量は 1922 年以降記録として残されているが，1920 年代の天然林の年間伐採量は 1～2 万 m^3 で推移しており，主にミズナラ，ブナが薪炭材向けに伐採されていた（図 13.2）。その後，ブナが航空機用の合板として注目を集めるなど需要の高まりとともに伐採量は増え，満州事変，日中戦争と戦火が広がるとともにさらに増加し，1940 年には年間約 6 万 m^3 にまで達している。太平洋戦争中はおおむね 3 万～5 万 m^3 の伐採量で推移した。

1.2. 戦後から拡大造林期まで

戦後の伐採量は，一時期，戦前のレベルまで減少したが，1950 年頃から，戦後復興のために鉄道の枕木に使用されるなどブナの需要が再び高まった。そのため天然林の年間伐採量は，1952 年には約 4 万 m^3 まで急激に増加し，1956 年以降は 5 万 m^3 前後で推移するようになった（図 13.2）。

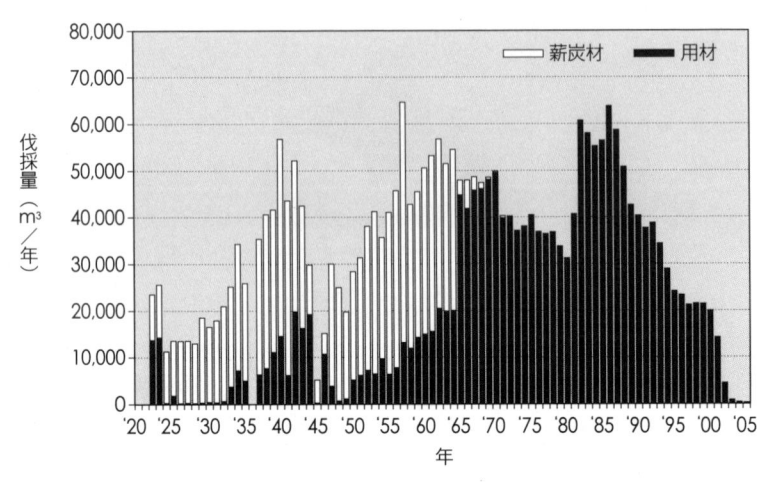

図 13.2　天然林の用途別伐採量の推移（道有林・渡島西部管理区）
1936 年はデータ不詳により欠損値となっている。

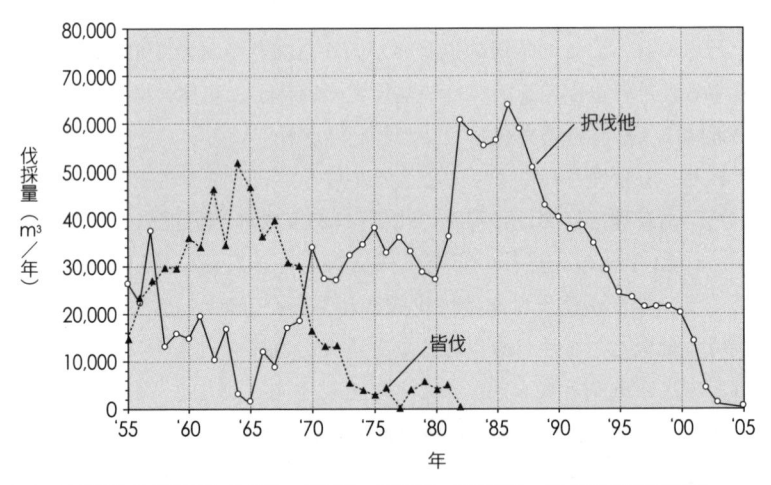

図 13.3　天然林の伐採量（皆伐・択伐）の推移（道有林・渡島西部管理区）
天然林の皆伐は，1973 年以降減少し 1981 年で終了した。択伐は 1971 年までは単木択伐が主体であったが，それ以降は群状択伐が主体となった。

　天然林の伐採方法は，1950 年代前半までは単木的な択伐[*2]や群状択伐[*3]が主体で，更新は自然力に任せる方式がとられてきた。伐採した材木の搬出・運搬は，主に板材などに使用する用材向けの丸太は馬搬で，薪炭材は沢を使っ

図 13.4 スギの不成績造林地（左）および同林齢の成林した人工林（右）
左の写真は 1975 年にスギが植栽された林分で，林齢 31 年生で樹高が最大 8 m，本数も ha あたり 100 本程度しかない。スギの植栽後に更新したブナやダケカンバなどの広葉樹が優占する林分になっている。右の写真はほぼ同じ林齢の成林したスギ人工林。

た流送で行われていたようだ。

ところが，1950 年代後半になると，全国的に高まる木材需要に対応するため，広葉樹の天然林を皆伐[*4]し，成長が速く単位面積あたりの生産量が多い針葉樹を植栽する，いわゆる拡大造林政策がとられるようになり，次々と天然林が伐採されていった（図 13.3）。当管理区では，里山に近く薪炭林として使われてきた二次林から伐採が始まり，毎年 200 ～ 300 ha のペースでスギやトドマツの植栽が進められ，10 数年で奥地の原生林にまで到達している。奥地の原生林に近づくにしたがって拡大造林の対象地の標高は徐々に高くなり，スギなどの植栽木は寒冷な気温や寒風，深い積雪にさらされることとなった。その結果，スギの植栽木は成長が極端に抑制され，また雪害により根元曲がりを起こすなど，植栽したスギだけでは成林することのできない，いわゆる不成績造林地となってしまった（図 13.4）。このような高標高・寒冷地での造林成績の低下は拡大造林の限界の認識につながり，あとで述べる外的な諸要因とともに天然林の取り扱いを再考させる一因ともなった。当管理区内で当時造成されたス

* 2：森林内の一部の成熟木を伐採・収穫する作業。伐採箇所の更新は，一般的には天然更新で行われるが，「植え込み」といって苗木を植栽する場合もある。一定の伐採率（伐採木の材積合計／林分全体の材積）と回帰年（同じ林分で再び伐採を行うまでの年数）を設定して行われることが多い。
* 3：択伐のうち，1 か所当たり数本～ 10 数本程度をまとめて伐採する方法。
* 4：一定区域内の森林の樹木の全部または大部分を一斉に伐採・収穫する作業。

ギ造林地の中で，現在，不成績造林地（林齢40年生時で樹高が約12m未満，本数が570本/haを下回る林分）の占める割合は，標高100m以下で32%，101〜200mで47%，201〜300mで62%と，標高が高くなるとともに不成績造林地の割合も高くなり，標高500mを超えるとすべての林分が不成績造林地となっている。

1.3. 拡大造林期以降

　当管理区においては，拡大造林にともなう天然林伐採は1981年まで続いたが，天然林の施業方針が大きく転換されたのは1972年からになる。それに先立つ1960年代は，日本の各地で公害問題などが発生し，自然環境に対する国民の関心が高まったことにより森林にも公益的機能の発揮が強く求められるようになった時代である。また，1960年から1964年にかけて段階的に進められた木材の輸入自由化と丸太の輸入関税撤廃により，大量の外材が輸入され，木材価格の上昇が抑制されて物価の安定に寄与した一方，国内の木材生産活動の停滞，減少を招いた。さらに，経済成長にともなって物価や賃金が毎年上昇し，木材の伐採や流通など森林経営にかかるコストも上昇し始めていた。

　そのため，道有林では，森林の公益的機能の発揮に努めるとともに森林施業の合理化によって事業コストを削減していくことが必至とされ，それまでの拡大造林を大幅に減少させ，広葉樹資源を維持・増大させることに方針を転換した。具体的には，広葉樹の育成に関しては，たとえ拡大造林を行う場合であっても木材として有用な広葉樹の中小径木は保残に努め，また広葉樹の伐採跡地はブルドーザによる「かき起こし」[*5]を行うなど，天然更新を促進して後継樹の確保を図ることとした（青柳，1983）。かき起こし作業は，まず北海道の中央部から北部にかけてのチシマザサが分布する地域を中心に導入され，ダケカンバなどカンバ類を対象とした天然更新技術として確立されていった（図13.5）。一方，渡島西部管理区においてもブナを主体とする天然林の皆伐を大幅に減少させ，択伐とかき起こしなどの天然更新補助作業を組み合わせたブナ林施業へと転換し，特に1984年以降は積極的にこの施業方法を推進した。

[*5]：稚樹の生存・成長を阻害するササをブルドーザやバックホウなどの大型機械で剥ぎ取り，樹木が天然更新しやすい地表環境を作り出す作業。「地がき」と呼ばれる場合もある。

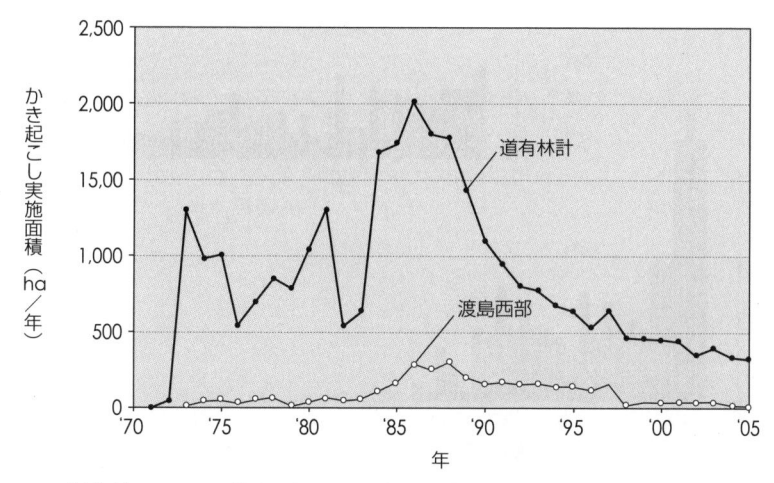

図 13.5　道有林における「かき起こし」実施面積の推移

2. ブナ林施業の実際
2.1. ブナの優占する林分の構造

　当管理区においてブナが優占する林分は，標高 400 ～ 700 m の範囲にある。標高 400 m 以下の一部の地域でもブナが優占している林分を見ることができるが，多くはミズナラやイタヤカエデが優占する林分となっている。
　ブナが優占する林分は，以下のように大きく 3 つにタイプ分けできる。
① 　樹高成長が旺盛な林分
② 　樹高成長が旺盛でない林分
　②-a　小径木が多い
　②-b　小径木が多くない
　これらの林分タイプの分布は，次に示すとおり標高や傾斜，土壌環境などの影響を強く受けているようである。まず，①樹高成長の旺盛な林分は，標高 400 ～ 600 m の斜面中腹部に位置し，傾斜が緩く土壌が比較的肥沃な場所に分布している。このタイプの林分の林冠木は，樹高が 25 ～ 30 m あり，枝下高[6]が高く，樹幹が比較的通直であることが特徴である。また，立地的に台

＊6：樹木の主幹から分岐している枝のうち，最も低い位置にある生きている枝までの地上高。

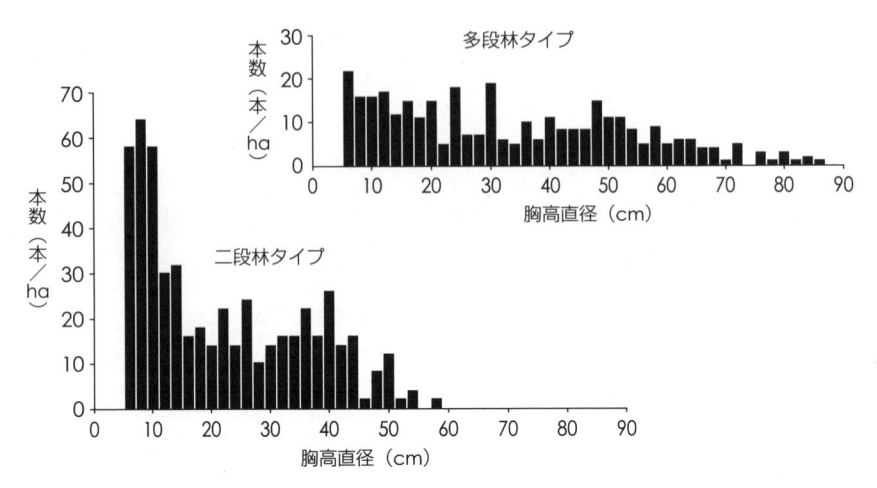

図 13.6　ブナ林の林分構造タイプ別の直径階分布の例
多段林タイプ（①）と二段林タイプ（②-a）について，胸高直径6cm以上の樹木を対象に行った調査事例を示す．二段林タイプの小径木がない状態が単層林タイプ（②-b）に該当する．

風など強風による影響が小さいことから，林冠層の攪乱の頻度が少ない．そのため，大径木，中径木，小径木など，大きさや樹齢の異なるブナがそれぞれ群をなして分布するモザイク構造をなし，全体として多数の階層構造を持つ多段林となっている（以下，「多段林タイプ」という）（図 13.6）．この多段林タイプの林分の潜在的な広がりは，現存する林分の状況から判断して全体の2割程度と思われ，特に大千軒岳山麓に広く分布していたようである．現在では，過去の伐採によって分布が減少し，大千軒岳山麓の林道沿線に散在して残っているほか，上ノ国町宮越にあるブナ保護林などで見ることができる（図 13.7）．

②樹高成長が旺盛ではない林分は，標高 600 m 以上の場所や，標高にかかわらず傾斜が急な場所，風衝地などに分布している．このタイプの林分の林冠木は，樹高が最大でも 20 m 程度しかなく，枝下高が低いのが特徴である．また，立地的に風倒や幹折れなどの風害を受けやすいことから，林冠層の攪乱の頻度が多い．さらに，急傾斜地では横方向から陽光が射し込むので，林内の光環境が多段林タイプに比べて良好である．そのため，林床植生に低木が繁茂する林分では，大径木，中径木，小径木のモザイク構造が不明瞭になることもある．また，樹高成長が頭打ちとなって林冠層の高さが低いために，階層的には単純

図13.7 3つの林分構造タイプの典型的な林相
多段林タイプの林分（上左）では大きさや樹齢の異なるブナがそれぞれ群状に集まり，全体として多様な階層構造をつくり出している。二段林タイプ（上右）は樹高が低く階層構造が単純である。単層林タイプ（下）は林床がチシマザサに覆われ，後継樹が見られない。

な二段林となる（②-a：以下，「二段林タイプ」という）（図13.6・図13.7）。一方，林床にササ（チシマザサ）が密生する林分では，稚樹はほとんど発生や生育ができず，大径木や中径木からなる単層林となっている（②-b：以下，「単層林タイプ」という）（図13.7）。二段林タイプと単層林タイプを合わせた，樹高成長の旺盛ではない林分の潜在的な広がりは，当管理区内には急峻な地形が多いこともあって，全体の8割程度になると思われる。

2.2. ブナ林の施業方法

1960年代までの当管理区におけるブナ林施業は，拡大造林にともなう皆伐地は別として，大径木を単木的に伐採する単木択伐が主体であった。択伐後は，稚樹の発生を促す更新補助作業を行わず放置していたため，高さ2～3mのチシマザサが繁茂している林分では十分な天然更新を図ることができずにいた。1970年代に入り，広葉樹資源の維持・増大が指向されるようになると，

択伐の跡地でかき起こし作業を行い，天然更新を促すようになった。この時期はちょうど伐採木の搬出にブルドーザなどの大型機械が導入され始めた頃に当たる。搬出路や伐採木を集積する土場の跡地などのササが除去された場所では，いたるところに広葉樹の天然更新が見られるようになり，このような観察結果がかき起こし作業導入のきっかけとなったようだ。

当管理区では，1971年にかき起こしによる更新試験を実施し，1973年からは事業としてブナ林の択伐とかき起こし作業を組み合わせた施業を始めた。しかし，当初は技術的に不明な点も多かったことから，およそ10年をかけてブナの更新特性に関する調査や更新に適した林冠木の伐採方法などの検討を行い，試行錯誤を繰り返しながら事業を進めていった。そして，1984年にブナ林の施業方法が体系化されることとなった（加藤ら，1990a; 1990b; 1990c）。その施業体系の作成にあたり技術的な基礎となったのは，当管理区独自で調査して確認した次の3つのブナの更新特性である。

1点目は，ブナ種子の散布距離である。1981年の調査によると，ブナの種子は樹冠下で約60個/m^{2}が落下し，樹冠の縁から外側には風や傾斜の影響を受けて20m程度まで散布されていた。しかし，健全な発芽・成長が可能な充実種子の数（個/m^2）は，樹冠の縁から0mの位置では14.5，5mでは10.0，10mでは8.5，15mでは3.3であった。このことから，天然更新に有効な種子の散布距離は，母樹の樹冠の縁から5～10mまでであると判断された（野口・嶌田，1982）。本州のブナ天然林施業においても，母樹保残によって天然更新を図るための種子の有効散布距離は樹冠縁から5mとされているので（前田・宮川，1971），当管理区でのブナの天然更新においてもほぼ同様の基準が適用できることが確認されたわけである。

2点目は，すでに述べたように，稚樹を確実に発生させるためには林床植生を除去する必要があることである。当管理区の多くのブナ林では，林床に高さ2～3mのチシマザサが繁茂しており，母樹から十分な数のブナ種子が供給されても稚樹が発生・生育できない状況にある。そのような場所でも，種子の豊作年の秋に人力によるササの刈り払いやブルドーザによるかき起こしを行うことによって，翌年には10本/m^{2}以上のブナ稚樹を発生させられることを確認した（嶌田・工藤，1981）。

3点目は，ブナ稚樹の成長と光環境の関係である。当管理区内のかき起こし

実施地に更新したブナ稚樹の調査によると，3〜4年生時の樹高の平均伸長量は，相対照度50％以上の場所では約10 cmであったのに対して，相対照度40％以下の場所では3 cmに満たなかった（野口・布施，1983）。更新稚樹が良好な成長を続けるには相対照度50％以上が必要であることが明らかになったわけである。この知見から，更新稚樹を確保する伐採方法として，林床により多くの光が到達する群状択伐や0.5 ha程度までの小面積の皆伐を取り入れる必要が示唆された（加藤ら，1990a；1990b）。

　ブナの更新特性に関するこれらの調査結果や知見に基づいて，林分構造タイプごとの施業方法が次のように定められた。まず，多段林タイプや二段林タイプの林分のうち，大径木と中小径木が混在している場所については，中小径木の成長を促すために大径木を単木的に伐採する。これらのタイプのうち，中小径木がなく大径木が群状にまとまっている場所については，かき起こし作業が実施可能な場合には0.04〜0.20 haの広さで群状択伐を行う。さらに，単層林タイプの林分では，かき起こし作業が実施可能な場合には，稚樹の発生を促すために0.25〜0.50 haの広さで母樹保残方式の小面積皆伐を行うこととした。これらの施業における伐採率は，各林分の構造に応じて30〜65％の範囲としたが，総じて伐採率は，多段林＜二段林＜単層林の順で高くなった。

　このように林分構造のタイプごとに施業方法を定めたものの，実際の施業の現場では個々の林分の状況はきわめて多様であり，伐採や更新の適切な方法の選択に際しては現場の技術職員の判断能力が大いに試されたようだ。20年近くを経たそれらの現場を見て回ると，母樹の残し方やかき起こし面の配置などのひとつひとつに，その当時の担当者の工夫と苦悩がうかがわれるのである。

2.3. ブナ林施業の事例

　ブナの天然更新を積極的に促す施業が始められて30年以上の年月が経過したが，ブナの稚樹の成長はカンバ類に比べてかなり遅いことから，近年になってようやくその成果が確認できるまでになってきた。最近，東北地方でも，約30年以上前に行われたブナ林の天然更新作業の効果の検証が行われ始めた（酒井ら，1994；正木ら，2003；杉田ら，2006）。ここでは，当管理区で1970〜1990年代に伐採および更新補助作業が行われた4つの事例について，施業経過や更新現況について紹介する（表13.1）。

表13.1 林分構造タイプ別の施業事例

区分			多段林タイプ（70林班43小班）	
伐採	1回目	伐採方法	群状択伐	
		伐採年	1972年	
		伐採率	24%	
	2回目	伐採方法		
		伐採年		
		伐採率		
かき起こし		実施年	1974年	
		使用機械	ブルドーザ	
		方法	筋押し（幅10m程度）	
		ブナ種子の豊凶	豊作	
		樹冠疎密度	85%	65%
		かき起こし面の大きさ	100 m²	250 m²
		ブナ母樹数	4本	7本
		母樹樹冠からの距離	-2～2 m	-1～5 m
更新状況調査	m²当たり稚樹本数	（経過年数）	ブナ / カンバ等	ブナ / カンバ等
		1年	15.1 / 18.4	15.1 / 18.4
		2年～4年～8年	↓ ↓	↓ ↓
			4.7 / 0.2	4.7 / 0.2
		13年～21年～27年	↓ ↓	↓ ↓
		31年	0.1 / 0	0.4 / 0
備考				

●群状択伐＋かき起こし

1例目は，多段林タイプの林分において群状択伐を行った後，かき起こしを行った事例である（図13.8）。この林分は，標高480 m，傾斜9°の山脚堆積面に位置し，面積は9.44 ha，ha当たりの蓄積は場所により大きく異なり180～400 m³程度である。林冠木の樹高は28 mで枝下高が高く，樹幹も通直な林分である。この林分の伐採は1972年に行われ，大径木の周囲に中小径木がある場所では大径木を単木的に択伐し，中小径木がなく大径木が群をなしている場所では群状択伐を行った。更新補助作業は，群状択伐を行った場所を中心に，

二段林タイプ (81林班48小班)	単層林タイプ (55林班41小班)		二段林タイプ (80林班41小班)
群状択伐	小面積皆伐		群状択伐
1985年	1990年		1978年
50%	65%		21%
			後伐
			1986年
			45%
1984年	1992年		1978年
バックホウ	ブルドーザ		ブルドーザ
筋剥ぎ (幅5 m)	筋押し (幅10 m程度)		筋押し (幅10 m程度)
並作	豊作		豊作
50 %	20 %	0 %	65 % → 20 %
120 m²	200 m²	450 m²	350 m²
4本	2本	0本	8本 → 2本
-1～6 m	10 m	-	6 m → 15 m
ブナ / カンバ等	ブナ / カンバ等	ブナ / カンバ等	ブナ / カンバ等
16.3 / 10.8 ↓ 3.3 / 0.1	1.6 / 0.4	0 / 16	13.8 / 37.0 ↓ 9.8 / 0.5
先行かき起こし	かき起こし面にブナの母樹がない		

この林分の30％の区域でブルドーザによるかき起こしを1974年に行った。ちょうどこの年はブナの種子の豊作年であったこともあり，翌年にはブナの実生が多数発生した。かき起こし実施後31年目現在，更新したブナの生残本数には母樹の樹冠疎密度[*7]による違いが見られる。樹冠疎密度が65％の箇所（かき起こし面の大きさは250 m²）では0.4本/m²が生残し，樹高は高いもので5～6 mに達している。一方，樹冠疎密度が85％の箇所（かき起こし面の大

＊7：林冠の混みあい程度をあらわす値で，樹冠の投影面積をその区域の面積で除して求める。

図 13.8　多段林タイプにおける施業地（群状択伐＋かき起こし）の 31 年目の林相
ここでは 1972 年に群状択伐が行われ，周囲には 7 本の母樹が残された。択伐箇所では 2 年後にブルドーザによるかき起こしが行われた。写真中央に群生して見える細い幹がブナの幼木で，大きいものは樹高 5 ～ 6 m に達している。

きさは 100 m²）では 0.1 本 / m² が残っているが，伐採によってできた林冠ギャップが徐々に閉鎖してきている。

　本州のブナ林での調査結果によると，林床をササが覆う天然林内のギャップでブナ幼木がパッチ状に集中している箇所の幼木（樹高 2.0 ～ 2.3 m）の本数密度として 25 m² 当たり 7 本（0.28 本 / m² に相当）が報告されている（Nakashizuka & Numata, 1982a）。また，林内放牧の影響でササがほとんどない天然林内の 10 個のギャップで稚樹の本数を調べた結果では，ブナ幼木（樹高 2.0 m 以上；DBH5.0 cm 以下）の本数密度は 100 m² 当たり 0 ～ 142 本で，40 ～ 90 本（0.4 ～ 0.9 本 / m² に相当）の場合が多い（Nakashizuka & Numata 1982b）。このような天然林の稚樹密度と比較してみると，この事例での稚樹密度は，樹冠疎密度 65 ％の箇所（0.4 本 / m²）では天然林の更新良好なギャップと同程度と考えられ，樹冠疎密度 85 ％の箇所（0.1 本 / m²）ではやや少な目と言えるだろう。

●先行かき起こし＋群状択伐

　2 例目は，二段林タイプの林分において先行かき起こしを行った後，群状択伐を行った事例である（図 13.9）。先行かき起こしとは，伐採に先立って林内

図 13.9　二段林タイプにおける施業（先行かき起こし＋群状択伐）の 21 年目の林相
ここでは群状択伐（1985 年）の 1 年前にバックホウによる先行かき起こしが行われた。
写真中央の叢生しているのが更新したブナで、樹高は最大で 3 m に達している。

でかき起こしを行い，更新木の発生を確認した後に林冠木を伐採する施業をいう。この林分は，標高 680 m，傾斜 9°の平坦尾根に位置し，面積は 19.84 ha, ha 当たりの蓄積は 250 m^3 程度，林冠木の樹高は 20 m であった。1984 年に，林分のうち小径木の少ない 40 ％の区域を対象に，バックホウによって 5 m の幅で先行かき起こし作業が行われた。この年のブナの結実状況は並作であったが，翌年には多数のブナの実生が発生した。伐採に先行してかき起こしを行ったことで母樹が多い状態が維持され，充実種子が十分供給されたことが好結果につながったと推察される。伐採は翌 1985 年に行われ，先行かき起こしを行った場所に樹冠がかかっている大径木を主な対象として群状択伐が行われた。かき起こし実施後 21 年目現在，更新したブナの生残本数は 3.3 本 / m^2，樹高は高いもので 3 m に達しており成林が十分期待できる状況にある。

●小面積皆伐＋かき起こし

3 例目は，単層林タイプの林分において小面積皆伐を行った後，かき起こしを行った事例である。この林分は，標高 500 m，傾斜 5°の平坦尾根に位置し，面積は 8.64 ha, ha 当たりの蓄積は 260 m^3 程度，林冠木の樹高は 20 m であった。

ブナにダケカンバが混交しており，林床は高さ2～3mのチシマザサに被われ，小径木が少ない林分であった。1990年にブナを主体に伐採してダケカンバを保残する小面積皆伐を行い，1992年には林分の30％の区域を対象にブルドーザによるかき起こしを行った。この年はブナの豊作年であったが，ブナの母樹を保残した場所を除いてはブナの稚樹は発生せず，ダケカンバやヤナギが更新している。このまま推移すれば，この林分はダケカンバが優占する林分になる可能性が高い。

● 群状択伐＋かき起こし＋後伐

二段林タイプの林分において，群状択伐とかき起こしを実施した8年後に，漸伐[*8]作業における後伐[*9]に相当する伐採を行った事例がある。この林分は，標高610m，傾斜8°の平坦尾根に位置する。1978年に林冠の疎開面積が0.1ha程度の群状択伐を行うと同時に，ブルドーザによるかき起こしを行った。この年のブナの結実状況は豊作であったため，かき起こし実施後4年目でブナの更新木は14本/m²が確認されている。かき起こし実施後8年目に，残されていた母樹を伐採した。このことによって林床の光環境が改善されて多数の稚樹が生き残り，実施後27年目現在，更新したブナの生残本数は10本/m²，樹高は高いもので4mに達しており成林が十分期待できる状況にある。

3. ブナ林施業の課題と新技術の活用

1999年に，当管理区では，過去のかき起こし実施箇所すべてを対象に，航空写真および現地調査による更新状況調査を行った。その結果によると，かき起こし実施箇所全体の9割で何らかの後継樹が確保されていると推定された（山本，2000）。また，1993年には，過去に行われたかき起こし実施地の更新実態を把握するため，主に実施後10年以上経過した場所を対象に現地調査を行った（表13.2）。その結果，調査した19林分すべてにおいて十分な数の後継樹が確保されており，当管理区においてもかき起こし作業が，広葉樹の天然更新を促進させる上で有効であることが示された（山本，2000）。しかし，更新

[*8]：主に天然更新によって稚樹を確保しながら林冠木を数回に分けて伐採・収穫する作業。
[*9]：漸伐方式によって森林の伐採・収穫・更新を行う場合に，発生した稚樹の生育を促進するために保残木を伐採すること。

表 13.2 かき起こし実施箇所の更新状況 (山本 (2000) を改変)

かき起こし実施年	ブナ種子の豊凶	稚樹本数（本／ha）*			主要樹種	構成割合 (%)
		樹高≧1.3 m	樹高＜1.3 m	合計		
1973 年	不明	17,600	30,400	48,000	キハダ	31
1974 年	豊作	90,000	11,600	101,600	ブナ	91
1975 年	大凶作	34,600	0	34,600	ダケカンバ	41
		10,800	3,000	13,800	ダケカンバ	65
		5,200	4,400	9,600	ダケカンバ	77
1976 年	並作	32,400	16,000	48,400	ブナ	70
		52,400	0	52,400	ブナ	68
		19,000	9,800	28,800	ダケカンバ	69
1977 年	凶作	13,800	20,400	34,200	ダケカンバ	94
		23,600	70,800	94,400	ダケカンバ	37
1978 年	豊作	49,400	208,000	257,400	ブナ	67
		12,200	63,800	76,000	ブナ	75
		39,600	7,800	47,400	ダケカンバ	87
1979 年	凶作	9,200	0	9,200	ブナ	80
		2,000	87,000	89,000	ブナ	100
1980 年	並作	27,800	34,400	62,200	ダケカンバ	85
		17,800	6,600	24,400	ダケカンバ	98
		21,200	21,000	42,200	ダケカンバ	45
1981 年	豊作					
1982 年	大凶作					
1983 年	凶作					
1984 年	並作	9,200	8,400	17,600	ダケカンバ	72

＊稚樹本数は1993年における本数を示す。

した樹種に着目した場合，ブナが本数比率で60％以上を占める林分は全体の約3分の1にあたる7林分にとどまり，ダケカンバが主体となっている林分が過半数を占めていた。この調査の対象地におけるかき起こしの実施年は1973年から84年であるが，この間にはブナ種子の豊作年が3〜4年に1度あり，一般に言われている5〜7年に1回の頻度に比べて豊作が多かったようである。ブナの豊凶とかき起こし実施箇所の更新樹種との関係については，更新にかかわるその他の要因（母樹の密度や配置，他樹種の母樹の存否や豊凶，立地条件など）の影響も大きいため，必ずしも明瞭な因果関係が見られるわけではないが，ブナが豊作であった1974年や1978年の実施箇所では，ブナを主体として更新している所が多い傾向が見られる。

　豊作年に合わせてかき起こしを行うことがブナの更新には有効らしいという

ことについては，現場では比較的早い時期からある程度認識されていた．しかし，豊作年がいつ来るのかわからなかったこともあり，かき起こしの事業量は毎年ほぼ均等になるように計画されていた．さらに，事業予算は前年度中に北海道庁の道有林管理の担当課に次年度計画を示して確保しなければならず，その事業の施工業者への発注も年度当初の4月には行わなければならないことから，秋になってブナの豊凶がわかった時点でかき起こしの予定箇所を急遽変更することも難しかった．そのため，凶作年にかき起こしを行ってブナ以外の樹種が更新したり，ブナの稚樹が散生したササの繁茂する山になってしまった所もある．ブナの更新にこだわりつつも，狙い通りにいかない結果を受け入れざるを得ない状況にあったのである．

　そのような状況の中，1997年の2月に札幌市で開かれた北海道水産林務部主催の林業技術研究発表大会において，北海道立林業試験場から「ブナの結実予測手法」（八坂ら，1997）（**第6章参照**）が発表され，たいへんな感銘を受けたことを今も覚えている．当時，私は別の部署に勤務し，ブナに関する知識をまったく持ち合わせてはいなかったが，事業実施の前年の冬までに翌年の豊凶が予測できれば，翌年度の効果的な更新事業予算の確保につながることは容易に理解できた．さらには，その予測手法に基づいて「来年はブナの豊作年になる」と自信をもって公表されたことにも驚きを感じたものである．

　さて，発表されたブナの豊作予測を受け，1997年に当管理区ではかき起こしの事業量を当初の計画より大幅に増やして実行した．この事業量の拡大については，林業試験場による結実予測の発表がきっかけであったが，当時の松前林務署（現・渡島西部森づくりセンター）内でも，狙い通りにいかないブナの更新をなんとかしたいという願いが強く，「新しい技術を活用して更新の成果を上げることができれば」との期待をかけて，育林係長が中心となって道庁の担当課にかけ合ったのである．担当課からは，過去に例のない「予測に基づいた事業の実施」という試みに対して前向きな反応もあり，道有林の予算の中で可能な範囲で対応してくれる運びとなった．その結果，当初はかき起こし面積を67 haと計画していたのに対して，後年の計画量を大幅に前倒し，面積を164 haに拡大して実行することができた．このような豊作年に向けての対応に加えて，最近では，ブナの凶作が予測される年には，かき起こしの計画箇所をダケカンバの更新対象地に変更して行ったり，かき起こしの事業量そのもの

を減少させるなどの対応をとっている。

また，現在の課題としては，過去の伐採により母樹が少なくなってしまった林分におけるブナ林の再生がある。その方法としては，今のところブナの苗木の植栽が最も有効である。しかし，豊作頻度の少ないブナの場合，計画的な採種や苗木生産が難しい。事業規模での植栽がまだ少なく，安定した苗木需要がないという背景もあって，北海道ではブナの種子採取はほとんど行われていない。そのため，ブナを植栽する場合には青森などから移入された苗木を植栽しているのが実状である。ここで，ブナの結実予測を活用すれば，豊作が前の年に予測されるので，計画的，効率的に種子の採取が行える。さらに，ブナ種子の長期貯蔵方法（第12章参照）も開発されたので，豊凶の影響を受けずに安定した苗木の生産が可能になった。森林の造成や管理にかかわる私たちとしても，地元産のブナの遺伝子を引き継いでいる苗木の方が，本州の遠い地域から持ってきた苗木よりも生育のうえで現地に適しているのではないかと思えるし（実証はまだされていないが），また生物多様性を保全するという観点からも北海道の地域固有のブナを守っていく必要があると考えている。そのため当管理区では，次のブナの豊作年に向けてブナ種子の採取場所の整備を行い，北海道の苗木生産者に対しブナの種子が供給できる体制を整えつつあるところである。

4. これからのブナ林の取り扱いと課題

4.1. 現行の更新作業の特徴

先にブナ林施業の事例について紹介したが，すべての林分でブナを主体とする後継樹が十分に確保されたわけではない。特に，林床植生が低木型の林分やブルドーザ等の大型機械が入ることのできない急傾斜地では，更新補助作業はあまり行われず，自然状態での更新に期待していた。また，かき起こしの実施がブナの豊作年にあわず，ササなどの植生が回復してしまった結果，後継樹が十分確保できなかった場所もある。そのため当管理区では，2005年以降，ブナの稚樹が更新して成林することが確実になるまでは，母樹となる林冠木の伐採は控えることとした。このブナの伐採の中断は，地元産材から外国産材への原木の転換というような木材産業内でのブナ材の流通・消費形態に変化をもたらすことになるだけでなく，実際に事業に携わる作業員やブナ林を管理する現

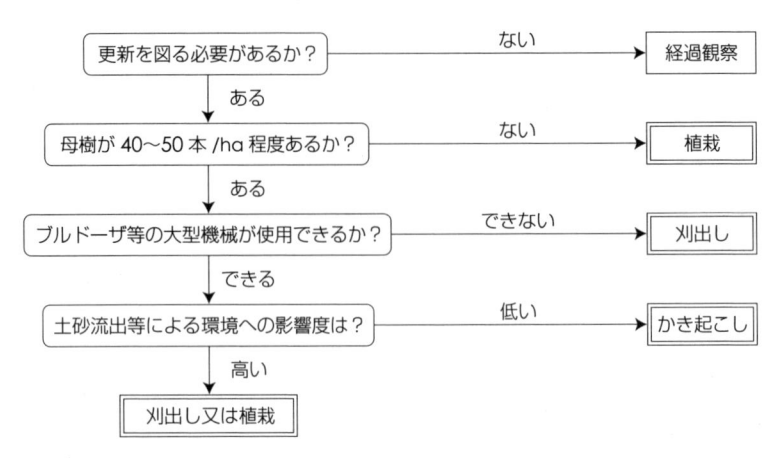

```
更新を図る必要があるか？ ─ない→ 経過観察
        │ある
母樹が 40〜50 本/ha 程度あるか？ ─ない→ 植栽
        │ある
ブルドーザ等の大型機械が使用できるか？ ─できない→ 刈出し
        │できる
土砂流出等による環境への影響度は？ ─低い→ かき起こし
        │高い
刈出し又は植栽
```

図13.10　ブナの更新作業方法の決定フロー図

場技術者の中での作業技術や施業技術の継承が中断されるという課題も抱えることになるが，当面はブナ林の再生を図ることが私たちの使命と考えている。

ブナ林の再生方法としては，「かき起こし」，「刈出し」，そして「植栽」という3つの方法がある。刈出しとは，林床のササを刈り払うことによって，ササに埋もれている自然発生した稚樹の成長を促したり，表土の攪乱を伴わずに稚樹の発生を促す作業をいう。これら3つの方法は，それぞれの特徴を考慮しながら現場の施業に取り入れる必要がある。かき起こしは，経費が最もかからず，豊作年に実施すれば成林する確率がかなり高い。刈出しは，表土の攪乱がなく，ある程度の傾斜まで対応でき，経費も植栽ほどかからない。また，植栽は経費が最もかかる作業であるが，かき起こしに比べて苗木の樹高成長が旺盛で成林する確率が高く，豊凶の周期に影響を受けずに作業を進めることができる。それぞれの特徴を考慮して，当管理区ではブナの更新を図るための作業方法の選定について新たに基準（図13.10）を定めて，ブナ林の再生に取り組み始めている。

4.2. 各作業方法の現状と課題

●かき起こし

　かき起こし作業で課題となっているのは，更新したブナ稚樹の樹高成長が遅いために，かき起こし実施後に回復してきたササに覆われて枯死してしまうケ

ースが多いことである。その原因は，①ブナの豊凶に関係なく毎年均等にかき起こしを行ってきたこと，②かき起こしを行う際に，チシマザサの回復を避けるために表土を強度に剥ぎ過ぎたことにより，地力が低下し樹高成長が遅くなってしまったこと，③かき起こしを行った後，下刈り等の保育作業を行わずに放置していたことである。実際，ブルドーザの排土板を使って表土を強度に剥ぎ取るとチシマザサの回復を抑える効果は大きいものの，剥ぎ過ぎた場所での稚樹の樹高成長は，A層と呼ばれる有機物に富んだ土壌表層を残した場所に比べて明らかに遅く（山口・菊地，1988），ササ丈を越えるまでに20年余りを要している。そのため，ササの回復が速い所ではブナの更新木が確保できていない。今後は，ブナ稚樹の成長を速めるために，ササの根系が多少残ったとしても可能な限りA層を残した浅めのかき起こしを行い，ササの回復には下刈り作業によって対応しようと考えている。そのため経費が余分にかかるという課題も出てくるが，下刈りの回数を極力抑えるなどの工夫をして，より早期に確実にブナ林の再生を図っていきたいと考えている。

● 刈出し

　刈出し作業は，当管理区での実績はそれほど多くはないが，傾斜が急で大型機械によるかき起こし作業ができない所を主な対象として人力で行っている（口絵11）。近年は，ブッシュカッターと呼ばれる刈り払い機を大型機械に取り付けて刈出しを行うことができるようになったが，当管理区は急傾斜地が多いことから，多くの場合は人力に頼らなければならないのが現状である。

　この作業で課題となっているのは，地表に堆積する落葉層と刈り払ったササの取り扱いである。当管理区における直近のブナの豊作年は2002年にあったが，この年に刈出しを行った所では，かき起こしを行った所に比べて実生の発生数がかなり少なかった。また，過去の刈出し実施地においても，何らかの理由で落葉層が除去された所では実生の数が多いことが観察されている。これには，林床にササの落葉が厚く堆積していることが大きく影響していると思われる。また当管理区には，地元の人達がチシマザサのタケノコを採りに多数訪れるほど太くて大きなチシマザサが繁茂している。そのため，刈り払い作業自体に大変な労力を要するだけでなく，相当な量の刈り払い物（ササの稈と葉）が発生する。現在は，その刈り払い物を2m程度の刈幅（筋状に刈り払った部分）の端に寄せて堆積するようにしているが，刈幅内にも多く残るため更新可能な

図 13.11　ブナの植栽地
1983年にブナの山取り苗木をha当たり1万本試験的に植栽した。植栽23年目で5m の高さまで成長している。

面積が十分確保できない状況にある。
　このように，刈り払い物を含む落葉層はブナの後継樹を確保する上で大きな障害となっており，この課題を解決しなければ刈出し作業を積極的に導入することは難しい。当面は，A層を露出させることによって更新の可能性が高まると思われることから，人力で可能な限り落葉層の除去作業を行うことにしている。しかし，これにはさらに多くの労力を要することから，新たな作業方法を考案していかなければならない。例えば，豊作年の1〜2年前に刈出しを行うことによって落葉層を落ち着かせるとか，刈出しのあと下刈りのような刈り払いを続け，林床植生を小型草本に変えていくといった方法によって，更新しやすい環境を作りだすことが可能かも知れない。何はともあれ，あらゆる方法を試み，施業方法を確立しなければならないのが現状である。

●植栽
　植栽で課題となっているのは，植栽によるブナ林の造成技術自体が確立されていないことである。北海道には1869年に植栽された「ガルトネルのブナ林」という日本で最も古いブナの人工林がある（図7.1）。しかし，それ以降はわずかな試験的植栽（たとえば山本ら，1987：石川・菊池，1983：図13.11）を除いて

ほとんど事例がなく，道有林で本格的にブナを植栽するようになったのは1998年以降である。現在は，道有林における森林造成の一般的な経験に基づいて植栽方法（植栽密度や配置など）を決めてはいるが，数多くの事例を重ねながら，適切な植栽方法や病虫獣害・気象害の防除方法などについて検討していかなければならない。

4.3. ブナ林の再生

これまで示してきたように，当管理区におけるブナ林の取り扱いに関しては，当面，その再生が課題となっている。分布の北限に近いこの地域のブナ林は，津軽海峡を挟んだ本州のブナ林とは異なった生態系をもち，北海道の有する貴重な自然のひとつである。さらに，松前半島の先端部に位置して海までの距離が近いこの地域のブナ林を再生することは，森－川－沿岸海域の連続した生態系の再生に繋がるだろう。一方で，ブナは人間の生活に欠かせない貴重な木材資源である。ブナ材は，家具材やフローリング（床材），パチンコ台など私たちの身近な場所で使われているが，製材工場などで使用される原木のほとんどはヨーロッパから輸入したものである。このような流通の形がいつまでも続くか，見通しを立てることは難しいが，永続的に続く保証があるとはいえない。将来の木材利用に向けた資源の回復のためにも，ブナ林の再生は重要な課題である。私たちは，今後も林業試験場など研究機関と連携をしながら，森林の整備・管理の現場において新技術の実証に努め，北海道のブナ林の再生技術の確立を図っていこうと考えている。

＊本章の脚注は，編者の寺澤が執筆した。

引用文献

青柳正英　1983. 道有林の「かき起こし」の実態　北方林業 **35**: 49-53
石川哲弥・菊池光雄　1983. ブナ山引苗植栽試験地の考察　昭和57年度（第28回）函館営林支局業務研究論文集 97-115.
加藤清・松井弘之・須田一　1990a. 道有林松前経営区のブナ林施業（I）　北方林業 **42**:

36-41.

加藤清・松井弘之・須田一　1990b．道有林松前経営区のブナ林施業（II）　北方林業 42: 63-68.

加藤清・松井弘之・須田一　1990c．道有林松前経営区のブナ林施業（III）　北方林業 42: 98-105.

前田禎三・宮川清　1971．ブナの新しい天然更新技術　創文．

正木隆・杉田久志・金指達郎・長池卓男・太田敬之・櫃間岳・酒井暁子・新井伸昌・市栄智明・上迫正人・神林友広・畑田彩・松井淳・沢田信一・中静透　2003．東北地方のブナ林天然更新施業地の現状－二つの事例と生態プロセス－　日本林学会誌 **85**: 259-264.

Nakashizuka, T. & M. Numata. 1982a. Regeneration process of climax beech forests I. Structure of a beech forest with the undergrowth of *Sasa*. *Japanese Journal of Ecology* **32**: 57-67.

Nakashizuka, T. & M. Numata. 1982b. Regeneration process of climax beech forests II. Structure of a beech forest under the influences of grazing. *Japanese Journal of Ecology* **32**: 473-482.

野口光紀・嶌田康之　1982．ブナの天然更新について－ブナ種子の落下量と『かき起し』施業地の状況－　昭和 56 年度林業技術研究発表大会論文集 83-84.

野口光紀・布施鎬次　1983．かき起し箇所における照度とブナの生育関係について　昭和 57 年度北海道林業技術研究発表大会論文集 84-85.

酒井敦・桜井尚武・飯田滋生・斉藤昌宏・中静透・柴田銃江　1994．苗場山におけるブナの天然更新の状況－母樹除去区と母樹保残区との比較－　日本林学会論文集 **105**: 377-378

嶌田康之・工藤鈴雄　1981．ブナ更新試験－かき起し，刈出し作業における事例－　昭和 55 年度林業技術研究発表大会論文集 150-151.

杉田久志・金指達郎・正木隆　2006．ブナ皆伐母樹保残法施業試験地における 33 年後，54 年後の更新状況－東北地方の落葉低木型林床ブナ林における事例－　日本森林学会誌 **88**: 456-464.

山口和久・菊地健　1988．かき起こしによる天然下種更新について　昭和 62 年度林業技術研究発表大会論文集 82-83.

山本勝則・山口和久・菊地健　1987．ブナ林施業について－施業別更新状況と今後の取扱い－　昭和 61 年度林業技術研究発表大会論文集 16-17.

山本勝則　2000．ブナの天然下種更新について　平成 11 年度林業技術研究発表論文集 143-145.

八坂通泰・寺澤和彦・小山浩正　1997．ブナ堅果の豊凶を予測する　平成 8 年度林業技術研究発表大会論文集 66-67.

第14章　ブナ林の天然更新に関する施業と研究

寺澤和彦（北海道立林業試験場）

20世紀とは，日本のブナ林にとってどんな時代だったのだろうか？ブナ林の再生に向けた取り組みが各地で始動している今，改めてふり返っておく必要があるだろう。社会・経済の大きなうねりの影響をまともに受ける一方で，天然更新や関連するさまざまな研究が積み重ねられてきた。

はじめに

　ブナは東北地方や北海道では低地から分布しているものの，関東・中部地方ではいわゆる奥山と呼ばれる山地帯に分布している。そのため，ブナを主とする天然林は明治時代に入るまでは林業の対象とはならず，もっぱらその分布域近辺において生活道具や薪，あるいは一部の建築材として利用されていたようだ（斎藤，1985）。家具やフローリング，枕木などの用材生産を目的としてブナが利用されるようになったのは，明治時代以降とされる（斎藤，1985；片岡，1991）。

　この章では，20世紀の序盤から日本のブナ林がどのように取り扱われてきたかを概観した後，特に本書の中心的なテーマであるブナ林の更新技術や関連する生態学的な研究について簡単なレビューをしたい。戦前からいくつかのエポックを経ながら，多くの林学・生態学分野の研究者がこれらの課題に直接的・間接的に取り組み続けてきたことがおわかりいただけると思う。前章（第13章）で北海道有林での事例が詳述されたように，更新技術を含めたブナ林の取り扱い方は，森林を管理する現場の技術者自らが試行錯誤をしてきた課題でもあった。本章と合わせて前章を読んでいただくと，ブナの天然林施業の経緯や課題をより具体的に捉えることができるだろう。なお，近年における日本のブナ林の取り扱い方の歴史については，片岡（1991），中静（2004）による解説も参考になる。

1. ブナ林の取り扱い方の変遷

　まず図14.1をご覧いただきたい。どこかの鋭峰のシルエットのようにも見えるこの図は、1915年から2003年までの全国でのブナの素材生産量を示したものである。素材とは丸太のことであるから、その生産量の推移は、ブナの伐採動向を反映していると見てよいだろう。

　この図の横軸が始まる1910年代は、ブナ林が用材生産の対象として国有林の施業計画に明確に位置づけられた時期に相当する（片岡、1991）。素材生産量の統計資料がこの時点からあらわれてくること自体が、ブナの組織的な利用が始まったことの傍証でもあろう。その後1930年代にかけて、ブナ材の製材・加工を行う官営施設が各地に設けられ、主に択伐によるブナの利用が進められた。そして、1940年代半ばの太平洋戦争終結前後の混乱期を経て、この図における最も大きな変化を示す時期を迎えることになる。それは1960年代後半のピークへ向かっての素材生産量の急激な増加と、その後のこれまた急激な減少である。1950年代から1960年代にかけて素材生産量が一気に増加した時期は、広葉樹を主とする天然林を皆伐して跡地にスギやカラマツなどの針葉樹を一斉に造林する、いわゆる「拡大造林」が全国的に推進された時期にあたる。高度経済成長を背景とした都市部への木材供給と木材生産力の増強を目的とした森林の取り扱いが政策的に進められ、各地でブナ林が皆伐されて造林地に転換された。

　1970年代に入ると、拡大造林の対象地が気象条件などの厳しい標高の高い場所に進行したことに伴う造林成績の低下や、公害問題や環境・自然保護全般への関心が高まったことなどを背景として、全国的に拡大造林に歯止めがかかり始めた。ちなみに、地球の生態系に及ぼす化学物質の脅威を指摘したレイチェル・カーソンの『沈黙の春』の原著出版が1962年、環境庁の発足が1971年、ストックホルムでの国連人間環境会議の開催が1972年である。さらに、1973年の第1回自然環境保全基礎調査（通称「緑の国勢調査」）の開始、1974年の国立公害研究所（現・独立行政法人 国立環境研究所）発足など、「環境」をキーワードとするイベントを図14.1に重ねてみると、ブナ林の伐採量が増加から減少に転じた時期の社会的な背景をイメージできるだろう。

　皆伐・一斉造林に替わる方法としてブナ林で採られるようになったのが、い

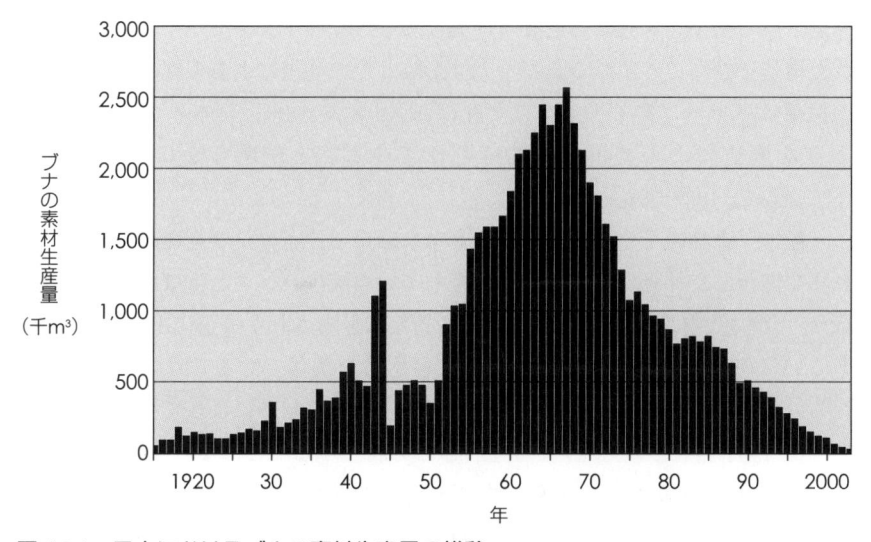

図 14.1　日本におけるブナの素材生産量の推移　片岡（1991）および林野庁（2005）より作成

わゆる「天然林施業」である。天然更新，つまり自然に散布される種子から次の世代の樹木が育つ仕組みを利用した収穫・更新方法が採られるようになった。こうして1967年をピークとして，ブナの素材生産量は減少に転じることになったが，拡大造林が始まる前の水準である50万m³を下回るまで減少したのは1990年頃である。

2. ブナ林の維持機構と天然更新方法

　1970年代以降に拡大造林に替わって行われるようになったブナの天然林施業，特に自然に散布される種子を利用した天然更新方法とは，どのような方法なのだろうか？　それを説明する前に，まず，自然のブナ林がどのような仕組みで維持されているかを見ておくことにしたい。

　成熟した森林では，森林の上層部を構成する樹木が単木的あるいは数本がまとまって群状に枯死したり倒れたりすることよって，林冠（森林の上部空間を覆っている枝葉の層）に空隙ができる。「ギャップ」と呼ばれるこの林冠の空隙（例えば図8.1）は，やがて中下層から成長してきた樹木の樹冠によって修復され，林冠が維持される。そのようなギャップの形成と修復が森林全体で繰

り返される結果，森林は発達段階の異なる小さなパッチがモザイク状に配置された構造を持つことになる。ギャップ形成とその修復による森林の更新・維持の機構はギャップダイナミクスと呼ばれ（山本，1981），日本のブナ林もこのような機構によって再生・維持されていることが明らかにされてきた（Nakashizuka, 1987; Yamamoto, 1989）。

　一般に，森林のギャップダイナミクスにおいて，ギャップを埋めるのは，それまで閉鎖した林冠の下ですでに生存していた実生バンクと呼ばれる稚樹群のほか，土壌中で休眠していた埋土種子や新たに散布された種子に由来する実生，あるいは萌芽などの無性繁殖によって再生した個体である（山本，1981）。ただし，ブナに関しては，種子の休眠は通常ひと冬の越冬によって打破されるため（森，1991），ギャップの下で埋土種子から再生することはないと考えられる。また，ブナの伐根からの萌芽能力のピークは樹齢25～30年にあり（紙谷，1986a），萌芽能力は樹齢約50年を超えると急激に低下する（樫村ら，1952）。そのため，極端な多雪地や風衝地などの特殊な立地に生育している矮性型の個体群（杉田，1988; 谷本，1993）を除けば，ギャップ内でのブナの再生は萌芽などの無性繁殖に依存することは少ないと考えられる（ただし，イヌブナの場合は萌芽による幹の再生能力が高く（Tanaka, 1985; Ohkubo et al., 1988, 1996），アメリカブナでは根萌芽が報告されている（Jones & Raynal, 1986））。したがって，ギャップにおけるブナの再生は，実生バンクや新たな散布種子由来の実生に依存することになるが，林床にササが生育する日本のブナ林ではブナの実生の密度は極めて低い（前田・宮川，1971; Nakashizuka, 1987）。そのため，日本のブナ林の更新にはササがなくなるという条件が必要なようで，ササの一斉枯死がブナの落下種子の生存や実生の定着に重要なはたらきを果たす（Nakashizuka, 1988; Abe et al., 2001）。人為の影響下では，放牧された家畜によるササの摂食もブナの更新を促進する（Nakashizuka & Numata, 1982b）。

　このようなブナ林の維持機構に関する知見にもとづいて，ブナの天然林施業においては，稚樹の定着を促すために，ササなどの林床植生を除去する作業が取り入れられてきた。これは地表処理あるいは地床処理と呼ばれる作業で，ササなどの地上部を刈り払う「刈り払い」や，ブルドーザやバックホウでササを根系ごと取り除く「かき起こし」（「地がき」と呼ばれる場合もある）がある。地表処理を行う時期と林冠木を伐採する時期との関係によって，大きく区分し

て次の2つの方法が提案されてきた。すなわち，種子源となるブナの母樹を残して他の林冠木を伐採した後に地表処理を行う「母樹保残法」(前田・宮川，1971) と，伐採前にまず地表処理を行って実生バンクを形成してから林冠木を伐採する「先行地ごしらえによる前更皆伐更新法」(片岡，1991) である。これら2つの方法のうち，国有林や北海道の道有林などの事業レベルでは「母樹保残法」が実行されてきた。おそらく，伐採と地表処理を連続した工程として行えることと，伐採後の広い空間で地表処理を行う方が作業効率が上がるという事業コストの面から「母樹保残法」が選択されたものと考えられる。

3. ブナ林の天然更新に関する研究小史

日本におけるブナの天然更新方法に関する研究は，1920年代後半，長野営林局が飯山地方に天然下種更新試験地を設定した頃に始まったとされる (片岡，1991)。したがって，今日まで約80年の研究の歴史があることになる。この間，戦争による研究の中断や森林をめぐる政策の変化など社会状況の影響を受けながら，いくつかのエポックを経て発展してきた。ここでは，研究の背景や展開方法などによって第1期 (1930年代)，第2期 (1950年代)，第3期 (1960年代)，第4期 (1970～1980年代) および第5期 (1990年代以降) に分け，それぞれの時期における研究の動向を概観する。林学的な観点からの研究に加えて，特に第4期以降では，ブナの更新の初期過程に関与する多くの生物的・無生物的な要因についての生態学的な研究も取り上げた。

3.1. 第1期 (1930年代)

この時期におけるブナの更新や施業に関する研究は，1920年代後半から国有林全般で推進された択伐天然下種更新施業 (手束，1987) を背景として行われた。択伐とは，立木を単木的あるいは数本まとめて伐採して収穫する方法で，伐採後の更新は自然に散布される種子からの更新，すなわち天然更新に委ねられる。青森・秋田・東京の各営林局においてブナの天然更新と施業に関する調査・研究が行われ，ブナ稚樹の発生と生育，結実の豊凶，種子散布などに関するデータが組織的に収集された (農林省山林局，1942)。一方，青森営林局の渡邊福壽はそれまでのブナ林の施業に関する基礎的研究を総括し，ブナの分布，

植生，樹種構成，成長，更新および施業に関するその時点での知見をまとめている（渡邊，1938）。

3.2. 第2期（1950年代）

この時期には，第1期以降に本州の国有林で推進されたブナ林での傘伐作業や択伐作業を天然更新の面から検証する実証的研究が進められた。傘伐というのは，天然更新のための母樹を林地に残して林冠木を複数回に分けて伐採・収穫し，稚樹が十分に成立してから母樹となっていた木も伐採する方法である。農林省林業試験場青森支場の樫村大助たちは，岩手県黒沢尻営林署管内に林冠の疎開程度と各種の地表処理の効果を調べるためのブナ傘伐作業試験地を設定し，種子の落下量，稚樹の発生などを調査した（樫村ら，1951, 1953, 1954）。その結果，林冠の疎開によって単木あたりの落下種子量が増加することを明らかにし，傘伐作業において更新上必要な保残母樹の密度として胸高直径30 cm以上の母樹を約50本/ha残すことを提案した（樫村ら，1953）。また，地表処理方法と発生稚樹の本数との関係では，無処理，刈払い，表土除去に比べて，かき起こしにおいて多かったことを報告している（樫村ら，1954）。樫村たちによるこれらの一連の報告は，その後の第4期以降に発展してきたブナの天然更新方法のプロトタイプともいうべき手法を提示したという意味で重要である。また，山形大学の菊池捷治郎が集約したブナの種子生産に関する研究成果（菊池，1968）は，その後のブナの天然更新方法に関する研究の基礎をなしたといえるだろう。

3.3. 第3期（1960年代）

1950年代後半からは，拡大造林の進行にともなって天然林の施業が後退したことを背景として，ブナの天然更新方法に関する研究は一時期停滞した。しかし，この時期に，地球上の生物生産力の実態を明らかにするために国際協力のもとで行われたIBP（International Biological Program，国際生物学事業計画：1964〜1974年）を契機として，日本のブナ林についても森林の生産構造や生産量を生態学の観点から明らかにする研究が広範に行われた。ブナ林の生産構造に関しては，山田・丸山（1962），浅田ら（1965），湯浅・四手井（1965）など，生産力に関しては，丸山・山田（1963），丸山（1964），丸山ら（1968），只木

ら（1969）など，一次生産のエネルギー効率に関しては，只木ら（1969），Maruyama（1971）などの報告がある。ブナ林の物質生産に関するこれらの研究は，その後に発展するブナ林の個体群動態や維持機構に関する定量的解析（例えば Nakashizuka & Numata, 1982a; Nakashizuka, 1987; Yamamoto, 1989）を生み出す素地をつくり，ブナ林の更新過程の研究に生態学的な方向性を与えたと言えるだろう。

3.4. 第4期（1970〜1980年代）

ブナの天然更新方法に関する研究が再び活性化するのは 1960 年代の後半からである。その背景には，拡大造林対象地の高標高化に伴う造林成績の低下などにより，天然林施業が再び指向されてきたという現場の情勢変化があるのは言うまでもない。前田・宮川（1971）は，林冠が閉鎖しササなどの林床植生におおわれたブナ林の林床には，ブナの前生稚樹すなわち実生バンクがほとんど存在しないことを明らかにし，前に述べた母樹保残と地表処理とを組み合わせた「母樹保残法」による更新を提案した。その後，ギャップダイナミクスによるブナ林の再生過程ならびにその更新プロセスに及ぼす林床のササの影響が明らかにされたことにより（Nakashizuka 1987; Yamamoto 1989），「母樹保残法」は自然の更新過程を模倣したものとして合理性を持つことがみとめられたと言えるだろう。片岡（1991）の提案した「先行地ごしらえによる前更皆伐更新法」，すなわち伐採前に地表処理を行って実生バンクを形成してから上木を伐採する更新方法も同様に合理的といえる。

その後，「母樹保残法」が適用されたブナの天然更新試験地の初期の成績について，地表処理後の植生回復（柳谷・金，1976; 金・柳谷，1981b），稚樹の発生・消長（柳谷・金，1980; 金・柳谷，1981a）や稚樹の成長（金・柳谷，1982）などの観点から検証された。その結果，母樹の適正な保残と，母樹の結実に合わせた地表処理を行うことによって，更新の初期段階での成否判定基準とされる樹高 30 cm 以上のブナ稚樹が 10,000 本 / ha 以上（柳谷・金，1984），あるいは 50,000 本 / ha 以上（前田，1988）生育するという条件が満たされることが報告された（柳谷・金，1984; 鈴木，1986a, 1986b; 前田，1988; Kudoh, 1994）。

一方では，母樹保残や地表処理などの更新補助作業を実施したにもかかわらず更新の成功していない事例も報告された（鈴木，1986 a; 片岡，1991）。更新

が成功しない原因としては，地表処理と母樹の結実のタイミングの不一致（柳谷・金，1984; 鈴木，1986b），母樹の過伐（谷本，1986），母樹の衰退（海老原ら，1990）など，更新初期に十分な数の種子が散布されなかったことが挙げられている。また，稚樹が発生した後に他の下層植生との競争を緩和するための刈り払いを実施することの必要性も指摘された（柳谷・金 1989; 柳谷ら，1990）。このように1970〜80年代は，ブナ林の更新機構に関する知見からも合理的と見なされる天然更新方法が提案され，その実証試験地において更新初期段階での評価がなされた時期と言うことができるだろう。

同時に，1970〜80年代には，ブナの種子生産特性に関する研究もさまざまな観点から行われた。すなわち，花芽および胚の発育過程（三上・北上，1983），開花過程（橋詰，1975），花粉生産量（橋詰，1975; 板鼻，1990; Saito et al., 1991），花粉の発芽条件（橋詰，1975），果実・種子の発達過程（橋詰・福富，1978; 箕口・丸山，1984），種子稔性と林分状況との関係（橋詰・山本，1974），種子落下量（橋詰ら，1984; 箕口・丸山，1984; 紙谷，1986b; 大久保ら，1989），結実量の林分内での差異（橋詰，1986; 武田，1992），結実の地域的同調性（鈴木，1989），繁殖器官への投資量（河田・丸山，1986; Kawaguchi & Yoda, 1989; Saito et al., 1991），種子−実生期の種生態（広木・松原，1982）などである。一方，ブナの種子生産・更新にかかわる動物相にも注目され始め，散布前の未熟な種子を摂食するハマキガ科のブナヒメシンクイが Komai（1980）によって新属新種として記載された。散布後種子の野ネズミ類（アカネズミ，ヒメネズミなど）による捕食や豊作後の野ネズミ群集の動態に関しても実験や観察が行われ，ブナの豊凶の適応的な意義が捕食圧との関係で議論され始めた（箕口・丸山，1984; 箕口，1988）。

3.5. 第5期（1990年代以降）

ここまでに述べたように，ブナの天然更新方法の研究に関しては，1980年代の終わりまでに方法論の提示・実証試験地の設定と，「母樹保残法」による更新の初期段階での評価がひと通り完了した。それ以降1990年代からの時期は，ブナ林の再生過程のさまざまな局面について，より多様な視点からの詳細な生態学的研究が行われるようになった時期と言えるだろう。地道なフィールドワークの積み重ねと，さまざまな分析・情報処理技術の進歩によって，それ

までは見えていなかった新たな要因やメカニズムが次々と明らかになるとともに，新たな仮説も提示されてきた。

　まず，ブナの更新過程のうち種子散布前の段階，すなわち開花結実過程に関しては，前述したように1970年代の半ばから多くの調査・研究が行われていたが，1990年代以降にはこの過程における種子生産特性の理解が一気に進んだ。その契機は，本書の多くの章（第1, 3, 5章）で触れられているように，開花から結実に至る過程での種子の死亡要因として，ブナヒメシンクイを主とする種子食性昆虫による捕食の重要性が明らかにされたことである（五十嵐・鎌田，1990a, 1990b, 1991, 1992; 駒井，1991; 五十嵐，1992; 寺澤ら，1995; Igarashi & Kamata, 1997）。昆虫研究者の参入によってもたらされたこの知見は，ブナの種子生産特性に関する研究にブレークスルーをもたらし，その後ブナのマスティング（植物の種子生産量が個体群内で同調して年変動を示す現象）の究極要因とメカニズムの解明へと発展した（Yasaka et al., 2003; Kon et al., 2005a, 2005b）。一方では，これらの知見は，ブナの結実豊凶を前の年，あるいは凶作については2年前から予測する手法や，個体の開花・結実量を過去数年について遡って推定する手法の開発といった応用的な成果に結びつき（八坂ら，2001; 小山ら，2001, 2007），天然林施業における母樹の豊作に合わせた地表処理の実施や（小山ら，2000），造林のための地元産種子の効率的な種子採取（八坂ら，2004），さらにはクマなどの野生動物の管理（今，2005）等に活用されつつある。

　一方，種子散布後の段階に関しては，落下種子や実生の生存に及ぼす野ネズミ類の影響に注目した数々の研究が進められた。まず，林床のササの疎密が野ネズミ類の活動の違いを通じてブナ科の動物散布樹種の更新に影響を与えることが野外での実験で明らかにされた（Wada, 1993; Ida & Nakagoshi, 1996）。さらに，秋田県のブナ林においては，1995年に起こったササの一斉枯死（蒔田ら，1995）後の樹木の更新動態が調査され，ササの枯死が，林冠のギャップ形成とともに野ネズミ類による種子・実生の捕食を減少させ，ブナの更新に寄与することが報告された（Abe et al., 2001）。野ネズミ類によるブナ落下種子の捕食は，1つの林分内で見た場合には，落下種子密度が高い場所ほど高い率で起こり，ブナ成木に近いほど被害率が高くなる菌類による種子の死亡とともに，種子散布から発芽までの過程でのブナの林分内での空間分布を均一化する方向に変化

を与える (Tomita et al., 2002)。

　また,冬季の積雪が野ネズミ類による落下種子の捕食に及ぼす影響にも注目され,捕食(持ち去り)率は日本海側の多雪地で低く太平洋側の寡雪地で高いことが指摘された (Shimano et al., 1995; Shimano & Masuzawa, 1998)。ブナの更新初期過程における生存率や死亡要因の地理的な違いに関しては,それまでにない規模の全国的な調査が1993年に行われた。「ナットワーク Nut-work」と呼ばれるこの共同研究では,ブナの分布域のほぼ全域にわたる15か所のブナ林で,開花から種子散布,越冬そして実生発芽に至るまでの種子・実生の生存率が調べられ,冬季の積雪量の多寡が野ネズミ類による種子捕食強度の違いを介して更新初期過程のブナの生存率に影響を及ぼしていることが,列島レベルの地理的広がりで明らかにされた (Homma et al., 1999)。このうち多雪地については,同一林分においても春先の融雪が相対的に早い場所(母樹の根元)では野ネズミ類によるブナ種子の捕食率が高いことが示され,更新初期のブナの生残と分布に及ぼす積雪の影響が確かめられている(石井ら,2007)。一方,寡雪地については,冬季の地表面の乾燥が野ネズミ類による捕食とともにブナ種子の死亡要因となることが示され (Shimano & Masuzawa, 1998),種子の乾燥耐性が産地の積雪環境に応じて異なる可能性が示唆されている (Maruta et al., 1997)。

　このようなブナの更新と冬季の積雪環境との関係に関する研究は,ブナ林の種組成(福嶋ら,1995)やブナ稚樹密度(島野・沖津,1994)が日本列島の脊梁をなす山地の両側(日本海側と太平洋側)で異なる現象,すなわち「ブナ林の背腹性」を,ブナの更新初期過程での生存にかかわる環境要因の面から議論したものである。ブナ林の背腹性に関しては,ブナ自体の環境応答特性の面からも検討が進められ,稚樹の光利用・水利用にかかわる形態的あるいは生理的特性が,多雪地帯産と寡雪地帯産とで明瞭に異なることが明らかにされている(小池ら,1990; 小池・丸山 1998)。

　さらに,樹木の遺伝マーカーの開発と解析およびそれらを用いた樹木集団の遺伝的な変異と構造に関する研究の進展にともない,アロザイム (Takahashi et al., 1994; Tomaru et al., 1997),ミトコンドリア DNA (Koike et al., 1998; Tomaru et al., 1998),葉緑体 DNA (Fujii et al., 2002; Okaura & Harada, 2002) を用いて,日本のブナ集団の遺伝的変異が明らかにされた。これらの研究によって,ブナ林の背腹性に関して遺伝的証拠に基づく議論が可能になるとともに,氷期－後

氷期の気候変動に伴う日本のブナの分布変遷についても遺伝的変異の観点から考察されるようになった（戸丸，2001）。

分子生態学的な手法は，1つの林分程度の空間スケールの研究にも適用され，花粉による遺伝子流動の定量的把握（Hanaoka et al., 2007）や，発芽直後の実生に残る果皮の遺伝子情報を用いた種子親の特定とその後の稚樹の運命の追跡（陶山，2004），種子の重力散布によって形成される遺伝的構造（Kitamura et al., 1997; Takahashi et al., 2000; Asuka et al., 2004, 2005）など，遺伝子やDNAという直接的な証拠を用いたブナ林の更新動態の解明が進められつつある。

樹木のマスティング研究における大きなトピックとしては，Isagi et al. (1997) が提示した個体の資源収支モデルによるマスティング挙動の再現が挙げられる。このモデルでは，個体の年間光合成産物のうち維持・成長に消費された余剰分が樹体に蓄積され，連年の蓄積量がある閾値を超えた場合に，その超えた分だけ花の生産に投資され，さらに一定のコスト比率 Rc で果実生産に投資される。この簡単なモデルによって，ブナの種子生産量の年変動パターン（豊凶の大きな差と不規則な到来間隔）が再現されるとともに，個体群内での開花の総量と個体の結果率との関係をモデルに組み込んだ場合には，個体間での豊凶の同調性も再現された。このモデルは，その後，個々別々にカオス的な経時変動をしながらも相互に影響し合う多くの要素（ここでは樹木個体の結実量）からなるシステムの時空的な動態を記述する理論モデルとして拡張され（Satake & Iwasa, 2000, 2002a），ブナなどの樹木のマスティングの，特に空間的な同調メカニズムに関して，数理生態学の面から鋭い洞察を与えた（Satake & Iwasa, 2002b）。

実際のブナ林の広域における豊凶の同調やその範囲に関しては，東北地方の159～321か所のブナ林で国有林の現場職員によって記録された12年間の豊凶データが解析され，同調の空間パターンの推移が明らかにされるとともに，広域の同調にかかわる気象要因などについて議論された（Suzuki et al., 2005）。ここで構築された広域のブナ豊凶調査システムは「タネダス」と命名され（鈴木，2006），すでにツキノワグマの里への出現パターンとの相関が解析されたり（Oka et al., 2004），種子の安定供給や天然更新の効率化への貢献が期待されている。

一方，天然林施業の技術論としては，「母樹保残法」を主とする天然更新方

法の有効性に関して，実証試験地設定後30年近くが経過した段階での更新状況の調査が行われるようになった（正木ら，2003）。その結果，更新の初期段階ではブナの稚樹の成立密度から判断して更新成功と判断されていた試験区においても，その後の他樹種との競争によってブナが被圧されている実態が報告され，より長期的な視点から更新方法の妥当性を評価する必要性が指摘されている（正木ら，2003；杉田ら，2006）。

おわりに

最後に，もう一度図14.1に戻り，ブナの素材生産量の推移の意味するところを少し考えてみたい。まず，その量的な意味である。この図に示された1915年からの約90年間における素材生産量の合計は，約7,000万 m^3 になる。この量は，日本のブナ全体の蓄積量（材積）から見ると，どの程度に相当するだろうか。林野庁が2002年度に実施した森林資源現況調査の結果によると，日本全国の天然林におけるブナの蓄積は，約1億1,200万 m^3 である（林野庁計画課，2002）。したがって，最近の約90年間におけるブナの素材生産量は，現在のブナの蓄積の約6割強に相当する計算になる。特に，拡大造林期を含む1950年からの40年間（1950〜1989年）の素材生産量約5,500万 m^3 は，現在の蓄積のちょうど半分にあたる。

ブナの素材生産量の推移から読み取ることのできるもう1つの意味は，その急激な時間的変化である。1950年頃から年々増加を続けた素材生産量は，わずか10数年で7倍以上に達し，その後は一気に減少して30年後にはピーク時の1/10の量となった。このように10年オーダーで伐採動向の大きく変化したこの時期のブナ林の取り扱いが，いわゆる持続的な森林の取り扱い方からは程遠いものであったことは言うまでもないだろう。さらに，この図の横軸を左側におよそ100倍伸ばした図を想像していただきたい。横軸の時間軸は約1万年前から始まることになる。縦軸はブナの素材生産量であるから，左に伸ばした部分ではほとんど図にあらわれてこない。横軸の右端1％ほどの部分にパルス的なピークが出現する，そんな図になるだろう。最終氷期が終わってから約1万年をかけて現在の分布域にまで広がったブナ林とその生態系の多くが，20世紀後半のわずか数十年という一瞬に近い時間で消失したり大きく改変されたという意味を，改めて考えてみる必要がある。

ブナ林の急激な消失・改変という森林域の土地被覆の大きな変化が，森林そのものの生態系や周辺の河川・沿岸海域の生態系にどのような影響を及ぼしたかについての研究はほとんど行われていない。20世紀後半に行われたこの急激かつ大きな土地改変が，生態系に及ぼす影響を細部にわたってあるいは包括的に明らかにしておくことは，この時代に生きて森林を取り巻く生態系の調査・研究にかかわる者の責務と言えるのではないだろうか。同時に，最近飛躍的に知見が蓄積されてきたブナ林の更新メカニズムに関する生態学の成果を，ブナ林の再生とその持続的な管理に応用する努力が望まれる。

謝辞

本稿を作成するにあたり，戸丸信弘氏（名古屋大学）と小山浩正氏（山形大学）には引用文献や用語についてご教示をいただきました。ここに記して謝意を表します。

引用文献

Abe, M., H. Miguchi & T. Nakashizuka. 2001. An interactive effect of simultaneous death of dwarf bamboo, canopy gap, and predatory rodents on beech regeneration. *Oecologia* **127**: 281-286.

浅田節夫・赤井龍男・野笹多久男 1965. 北信地方のブナ林の生産機構について 76回日本林学会大会講演集 151-153.

Asuka, Y., N. Tomaru, N. Nisimura, Y. Tsumura & S. Yamamoto. 2004. Heterogeneous genetic structure in a *Fagus crenata* population in an old-growth beech forest revealed by microsatellite markers. *Molecular Ecology* **13**: 1241-1250.

Asuka, Y., N. Tomaru, Y. Munehara, N. Tani, Y. Tsumura & S. Yamamoto. 2005. Half-sib family structure of *Fagus crenata* saplings in an old-growth beech-dwarf bamboo forest. *Molecular Ecology* **14**: 2565-2575.

海老原満・鍛代邦夫・垂水秀樹・片岡寛純 1990. 母樹保残法によって20年経過したブナ母樹の状況 101回日本林学会大会発表論文集 415-416.

Fujii, N., N. Tomaru, K. Okuyama, T. Koike, T. Mikami & K. Ueda. 2002. Chloroplast DNA phylogeography of *Fagus crenata* (Fagaceae) in Japan. *Plant Systematics and Evolution* **232**: 21-33.

Hanaoka, S., J. Yuzurihara, Y. Asuka, N. Tomaru, Y. Tsumura, Y. Kakubari & Y. Mukai. 2007. Pollen-mediated gene flow in a small, fragmented natural population of *Fagus crenata*. *Canadian Journal of Botany* **85**: 404-413.

橋詰隼人 1975. ブナおよびコナラ属数種の開花,受粉,花粉の採集および花粉の発芽について 鳥取大学農学部研究報告 XXVII: 94-107.
橋詰隼人 1986. 自然林におけるブナ科植物の生殖器官の生産と散布 種子生態 **16**: 17-39.
橋詰隼人・山本進一 1974. 中国地方におけるブナの結実 (II) 種子の稔性と形質について 日本林学会誌 **56**: 393-398.
橋詰隼人・福富章 1978. ブナの果実および種子の発達と成熟 日本林学会誌 **60**: 163-168.
橋詰隼人・菅原基晴・長江恭博・樋口雅一 1984. ブナ採種林における生殖器官の生産と散布 (I) 種子の生産と散布 鳥取大学農学部研究報告 **36**: 35-42.
広木詔三・松原輝男 1982. ブナ科植物の生態学的研究 Ⅲ 種子-実生期の比較生態学的研究 日本生態学会誌 **32**: 227-240.
Homma, K., N. Akashi, T. Abe, M. Hasegawa, K. Harada, Y. Hirabuki, K. Irie, M. Kaji, H. Miguchi, N. Mizoguchi, H. Mizunaga, T. Nakashizuka, S. Natume, K. Niiyama, T. Ohkubo, S. Sawada, H. Sugita, S. Takatsuki & N. Yamanaka. 1999. Geographical variation in the early regeneration process of Siebold's beech (*Fagus crenata* BLUME) in Japan. *Plant Ecology* **140**: 129-138.
福嶋司・高砂裕之・松井哲哉・西尾孝佳・喜屋武豊・常冨豊 1995. 日本のブナ林群落の植物社会学的新体系 日本生態学会誌 **45**: 79-98.
Ida, H. & N. Nakagoshi. 1996. Gnawing damage by rodents to the seedlings of *Fagus crenata* and *Quercus mongolica* var. *grosseserrata* in a temperate *Sasa* grassland-deciduous forest series in southwestern Japan. *Ecological Research* **11**: 97-103.
五十嵐豊 1992. ブナ種子の害虫ブナヒメシンクイの生態と加害 森林防疫 **41**(4): 8-13.
五十嵐豊・鎌田直人 1990a. ブナ種子害虫に関する研究 (I) -青森県八甲田山におけるブナ種子の被害- 101回日本林学会大会発表論文集 521-522.
五十嵐豊・鎌田直人 1990b. ブナ種子害虫に関する研究 (II) -ブナヒメシンクイに関する2,3の知見- 日本林学会東北支部会誌 **42**: 156-158.
五十嵐豊・鎌田直人 1991. ブナ種子害虫に関する研究 (III) -連年結実木に対するブナヒメシンクイの加害- 102回日本林学会大会発表論文集 273-274.
五十嵐豊・鎌田直人 1992. ブナ種子害虫に関する研究 (IV) -ブナヒメシンクイの発育経過- 103回日本林学会大会発表論文集 533-534.
Igarashi, Y. & N. Kamata. 1997. Insect predation and seasonal seedfall of the Japanese beech, *Fagus crenata* Blume, in northern Japan. *Journal of Applied Entomology* **121**: 65-69.
Isagi, Y., K. Sugimura, A. Sumida & H. Ito. 1997. How does masting happen and synchronize? *Journal of Theoretical Biology* **187**: 231-239.
石井健・小山浩正・高橋教夫 2007. 多雪地における積雪環境がブナ堅果の生残と稚樹の分布に与える影響-堅果捕食に対する積雪の保護効果の検証- 日本森林学会誌 **89**: 53-60.
板鼻直栄 1990. ブナ花粉の飛散期間と生存期間 日本林学会東北支部会誌 42: 232-234.
Jones, R. H. & D. J. Raynal. 1986. Spatial distribution and development of root sprouts in *Fagus grandifolia* (Fagaceae). *American Journal of Botany* **73**: 1723-1731.
紙谷智彦 1986a. 豪雪地帯におけるブナ二次林の再生過程に関する研究 (II) 主要構成樹

種の伐り株の樹齢と萌芽能力との関係　日本林学会誌 **68**: 127-134.

紙谷智彦　1986b．豪雪地帯におけるブナ二次林の再生過程に関する研究（III）　平均胸高直径の異なるブナ二次林6林分における種子生産　日本林学会誌 **68**: 447-453.

樫村大助・斎藤久夫・貴田忍　1951．ブナ林に於ける傘伐作業試験（第Ⅰ報）林分構造の統計的解析　日本林学会誌 **33**: 265-268.

樫村大助・斎藤久夫・貴田忍　1952．ブナ萌芽林に関する研究（第1報）伐採後の萌芽状況（Ⅰ）　61回日本林学会大会講演集：117-119.

樫村大助・斎藤久夫・貴田忍　1953．ブナ林における傘伐作業試験（第Ⅱ報）種子の落下　日本林学会誌 **35**:282-285.

樫村大助・諏訪玲明・斎藤久夫・貴田忍　1954．ブナ林における傘伐作業試験（第Ⅲ報）稚樹の発生について　63回日本林学会大会講演集 113-115.

片岡寛純　1991．望ましいブナ林の取り扱い方法　村井宏ほか（編）　ブナ林の自然環境と保全，p.351-394．ソフトサイエンス社．

Kawaguchi, H. & K. Yoda. 1989. Carbon-cycling changes during regeneration of a deciduous broadleaf forest after clear-cutting. II. Aboveground net production. *Ecological Research* **4**: 271-286.

河田弘・丸山幸平　1986．ブナ天然林の結実がリターフォール量およびその養分量に及ぼす影響　日本生態学会誌 **36**: 3-10.

菊池捷治郎　1968．ブナ林の結実に関する天然更新論的研究　山形大学紀要（農学）**5**: 451-536.

金豊太郎・柳谷新一　1981a．ブナ皆伐母樹保残作業の更新初期の成績－ササ型植相ブナ林の例　日本林学会東北支部会誌 **33**: 13-15.

金豊太郎・柳谷新一　1981b．ブナ林の伐採跡地における林床植生繁茂の経年変化－ササ型植相について　日本林学会東北支部会誌 **33**: 16-19.

金豊太郎・柳谷新一　1982．ブナ皆伐母樹保残作業の更新初期の成績－落葉低木植相における林床処理とブナ稚樹の消長　日本林学会東北支部会誌 **34**: 199-201.

Kitamura, K., K. Shimada, K. Nakashima & S. Kawano. 1997. Demographic genetics of the Japanese beech, *Fagus crenata*, at Ogawa forest preserve, Ibaraki, central Honshu, Japan. I. Spatial genetic substructuring in local populations. *Plant Species Biology* **12**: 107-135.

小池孝良・田淵隆一・藤村好子・高橋邦秀・弓場譲・長坂寿俊・河野耕蔵　1990．夏期における国産ブナの光合成特性　日本林学会北海道支部論文集 **38**: 20-22.

小池孝良・丸山温　1998．個葉からみたブナ背腹性の生理的側面　植物地理・分類研究 **46**：23-28.

Koike, T, S. Kato, Y. Shimamoto, K. Kitamura, S. Kawano, K. Ueda & T. Mikami. 1998. Mitochondrial DNA variation follows a geographic pattern in Japanese beech species. *Botanica Acta* **111**: 87-92.

Komai, F. 1980. A new genus and species of Japanese Laspeyresiini infesting nuts of beech (Lepidoptera: Tortricidae). *Tinea* **11**: 1-7.

駒井古実　1991．ブナ堅果の害虫　和泉葛城山ブナ林保護増殖調査委員会（編）　和泉葛城山ブナ林保護増殖調査中間報告書，p.108．岸和田市教育委員会・貝塚市教育委員会．

今博計　2005.　ブナとミズナラの堅果生産の豊凶がヒグマに与える影響　モーリー **13**: 22-25.

Kon, H., T. Noda, K. Terazawa, H. Koyama & M. Yasaka. 2005a. Evolutionary advantages of mast seeding in *Fagus crenata*. *Journal of Ecology* **93**: 1148-1155.

Kon, H., T. Noda, K. Terazawa, H. Koyama & M. Yasaka. 2005b. Proximate factors causing mast seeding in *Fagus crenata*: the effects of resource level and weather cues. *Canadian Journal of Botany* **83**: 1402-1409.

小山浩正・八坂通泰・寺澤和彦・今博計　2000.　かき起こしのタイミングがブナ天然更新の成否に与える影響－豊凶予測手法の導入の有効性－　日本林学会誌 **82**: 39-43.

小山浩正・今博計・寺澤和彦・八坂通泰　2001.　ブナの結実予測（Ⅲ）－雌花序痕を使ってどこでもできる予測手法－　日本林学会北海道支部論文集 **49**: 63-65.

小山浩正・八坂通泰・寺澤和彦・今博計　2007.　冬芽調査によりブナ林の2年後の凶作を予測する手法　森林立地 **49**: 35-40.

Kudoh, H. 1994. Regeneration of beech at its northern limit by surface treatment of Chishimazasa-covered areas. *Journal of the Japanese Forest Society* **76**: 84-88.

前田禎三　1988.　ブナの更新特性と天然更新技術に関する研究　宇都宮大学農学部学術報告特輯 **46**: 1-79.

前田禎三・宮川清　1971.　ブナの新しい天然更新技術　創文.

蒋田明史・牧田肇・西脇亜也　1995.　1995年に十和田湖南岸域でみられたチシマザサの大面積一斉開花枯死．*Bamboo Journal* **13**: 34-41.

Maruta, E., T. Kamitani, M. Okabe, & Y. Ide. 1997. Desiccation-tolerance of *Fagus crenata* Blume seeds from localities of different snowfall regime in central Japan. *Journal of Forest Research* **2**: 45-50.

丸山幸平　1964.　ブナ天然林分生産力の変動について．－ブナ林分の生態学的研究（8）－　75回日本林学会大会講演集 168-170.

丸山幸平・山田昌一　1963.　ブナ天然林分の現存量，物質生産量におよぼす立地の効果　－ブナ林分の生態学的研究－　74回日本林学会大会講演集 177-181.

丸山幸平・山田昌一・中沢廸夫　1968.　ブナ天然林光合成総生産量の試算－ブナ林の生態学的研究（17）－　79回日本林学会大会講演集 286-288.

Maruyama, K. 1971. Effect of a latitude on dry matter production of primeval Japanese beech forest communities in Naeba Mountains. *Memoirs of the Faculty of Agriculture Niigata University* **9**: 85-171.

正木隆・杉田久志・金指達郎・長池卓男・太田敬之・櫃間岳・酒井暁子・新井伸昌・市栄智明・上迫正人・神林友広・畑田彩・松井淳・沢田信一・中静透　2003.　東北地方のブナ林天然更新施業地の現状－二つの事例と生態プロセス－　日本林学会誌 **85**: 259-264.

箕口秀夫　1988.　ブナ種子豊作後2年間の野ネズミ群集の動態　日本林学会誌 **70**: 472-480.

箕口秀夫・丸山幸平　1984.　ブナ林の生態学的研究（XXXVI）豊作年の堅果の発達とその動態　日本林学会誌 **66**: 320-327.

三上進・北上彌逸　1983.　ブナの花芽及び胚の発育過程とその時期　林木育種場研究報告 **1**: 1-14.

森德典 1991. 北方落葉広葉樹のタネ−取扱いと造林特性 北方林業会.
Nakashizuka, T. 1987. Regeneration dynamics of beech forests in Japan. *Vegetatio* **69**: 169-175.
Nakashizuka, T. 1988. Regeneration of beech (*Fagus crenata*) after the simultaneous death of undergrowing dwarf bamboo (*Sasa kurilensis*). *Ecological Research* **3**: 21-35.
Nakashizuka, T. & M. Numata. 1982a. Regeneration process of climax beech forests. I. Structure of a beech forest with the undergrowth of *Sasa*. *Japanese Journal of Ecology* **32**: 57-67.
Nakashizuka, T. & M. Numata. 1982b. Regeneration process of climax beech forests. II. Structure of a forest under the influences of grazing. *Japanese Journal of Ecology* **32**: 473-482.
中静透 2004. 森のスケッチ 東海大学出版会.
農林省山林局 1942. 施業参考資料第6号 ブナ林施業法基礎調査経過報告 109-110.
Ohkubo, T., M. Kaji & T. Hamaya. 1988. Structure of primary Japanese beech (*Fagus japonica* Maxim.) forests in the Chichibu mountains, central Japan, with special reference to regeneration processes. *Ecological Research* **3**: 101-116.
Ohkubo, T., T. Tanimoto & R. Peters. 1996. Response of Japanese beech (*Fagus japonica* Maxim.) sprouts to canopy gaps. *Vegetatio* **124**: 1-8.
大久保達弘・丹羽玲・梶幹男・濱谷稔夫 1989. 秩父山地イヌブナ（*Fagus japonica* Maxim.）天然林における堅果落下量と実生の消長 日本生態学会誌 **39**: 17-26.
Oka, T., S. Miura, T. Masaki, W. Suzuki, K. Osumi & S. Saito. 2004. Relationship between changes in beechnut production and Asiatic black bears in northern Japan. *Journal of Wildlife Management* **68**: 979-986.
Okaura, T. & K. Harada. 2002. Phylogeographical structure revealed by chloroplast DNA variation in Japanese Beech (*Fagus crenata* Blume). *Heredity* **88**: 322-329.
林野庁計画課 2002. 森林資源の現況 天然林樹種別蓄積 http://www.rinya.maff.go.jp/toukei/genkyou/tennen-m3.htm.
林野庁 2005. 森林・林業統計要覧 時系列版2005 林野弘済会.
Saito, H., H. Imai & M. Takeoka. 1991. Peculiarities of sexual reproduction in *Fagus crenata* forests in relation to annual production of reproductive organs. *Ecological Research* **6**: 277-290.
斎藤功 1985. ブナ材利用の変遷 梅原猛ほか（著）ブナ帯文化, p.185-199. 思索社.
Satake, A. & Y. Iwasa. 2000. Pollen coupling of forest trees: forming synchronized and periodic reproduction out of chaos. *Journal of Theoretical Biology* **203**: 63-84.
Satake, A. & Y. Iwasa. 2002a. Spatially limited pollen exchange and a long-range synchronization of trees. *Ecology* **83**: 993-1005.
Satake, A. & Y. Iwasa. 2002b. The synchronized and intermittent reproduction of forest trees is mediated by the Moran effect, only in association with pollen coupling. *Journal of Ecology* **90**: 830-833.
島野光司・沖津進 1994. 関東周辺におけるブナ自然林の更新 日本生態学会誌 **44**: 283-291.
Shimano, K. & T. Masuzawa. 1998. Effects of snow accumulation on survival of beech (*Fagus crenata*) seed. *Plant Ecology* **134**: 235-241.
Shimano, K., T. Masuzawa & S. Okitsu. 1995. Effects of snow cover on the seed disappearance of

Fagus crenata Blume. *The Technical bulletin of Faculty of Horticulture, Chiba University* **49**: 111-118.

杉田久志 1988. 多雪山地浅草岳における群落分布に関わる環境要因とその作用機構－ブナの生育状態に着目して－Ⅰ 積雪深と群落分布の関係 日本生態学会誌 **38**: 217-227.

杉田久志・金指達郎・正木隆 2006. ブナ皆伐母樹保残法施業試験地における33年後，54年後の更新状況－東北地方の落葉低木型林床ブナ林における事例－ 日本森林学会誌 **88**: 456-464.

陶山佳久 2004. 母方由来組織のマイクロサテライト分析による樹木種子・果実・実生の種子親特定 日本林学会誌 **86**:177-183.

鈴木和次郎 1986a. ブナ林における天然更新施業の検討－奥只見地域の事例調査から－ 林業試験場研究報告 **337**: 157-174.

鈴木和次郎 1986b. 上部ブナ帯における天然更新施業とその成績－奥鬼怒地域の事例調査から－ 97回日本林学会大会発表論文集 309-311.

鈴木和次郎 1989. ブナの結実周期と種子生産の地域変異（予報） 森林立地 **31**: 7-13.

鈴木和次郎 2006. ブナの生態研究の国内ネットワーク PART1 タネダス：ブナ結実の豊凶を長期・広域で調査する 種生物学会（編）森林の生態学：長期大規模研究からみえるもの，p. 267-272. 文一総合出版.

Suzuki, W., K. Osumi & T. Masaki. 2005. Mast seeding and its spatial scale in *Fagus crenata* in northern Japan. *Forest Ecology and Management* 205: 105-116.

只木良也・蜂屋欣二・栩秋一延 1969. 森林の生産構造に関する研究（XV）ブナ人工林の一次生産 日本林学会誌 **51**: 331-339.

Takahashi, M., Y. Tsumura, T. Nakamura, K. Uchida & K. Ohba. 1994. Allozyme variation of *Fagus crenata* in northeastern Japan. *Canadian Journal of Forest Research* **24**: 1071-1074.

Takahashi, M., M. Mukouda & K. Koono. 2000. Differences in genetic structure between two Japanese beech (*Fagus crenata* Blume) stands. *Heredity* **84**: 103-115.

武田宏 1992. 野々海ブナ林における7年間のブナの結実評価 日本林学会誌 **74**: 55-59.

Tanaka, N. 1985. Patchy structure of a temperate mixed forest and topography in the Chichibu mountains, Japan. *Japanese Journal of Ecology* **35**: 153-167.

谷本丈夫 1986. ブナ林の天然更新 浅川澄彦・黒田義治（編）広葉樹林を育てる，p.10-20. 全国林業改良普及協会.

谷本丈夫 1993. 萌芽によるブナの個体維持機構と立地環境 森林立地 **35**: 42-49.

寺澤和彦・柳井清治・八坂通泰 1995. ブナの種子生産特性（Ⅰ）北海道南西部の天然林における1990年から1993年の堅果の落下量と品質 日本林学会誌 **77**: 137-144.

手束平三郎 1987. 森のきた道 日本林業技術協会.

Tomaru, N., T. Mitsutsuji, M. Takahashi, Y. Tsumura, K. Uchida & K. Ohba. 1997. Genetic diversity in *Fagus crenata* (Japanese beech): influence of the distributional shift during the late-Quaternary. *Heredity* **78**: 241-251.

Tomaru, N., M. Takahashi, Y. Tsumura, M. Takahashi & K. Ohba. 1998. Intraspecific variation and phylogeographic patterns of *Fagus crenata* (Fagaceae) mitochondrial DNA. *American Journal of Botany* **85**: 629-636.

戸丸信弘　2001．遺伝子の来た道：ブナ集団の歴史と遺伝的変異　種生物学会（編）森の分子生態学：遺伝子が語る森林のすがた，p.85-109．文一総合出版．
Tomita, M., Y. Hirabuki & K. Seiwa. 2002. Post-dispersal changes in the spatial distribution of *Fagus crenata* seeds. *Ecology* **83**: 1560-1565.
Wada, N. 1993. Dwarf bamboos affect the regeneration of zoochorous trees by providing habitats to acorn-feeding rodents. *Oecologia* **94**: 403-407.
渡邊福壽　1938．ぶな林ノ研究－ぶな林施業ノ基礎的考察－　興林会．
山田昌一・丸山幸平　1962．ブナ天然林分についての計量生態学的検討（予報）－ブナ林分の生態学的研究－　72回日本林学会大会講演集 245-248．
山本進一　1981．極相林の維持機構－ギャップダイナミクスの視点から－　生物科学 **33**: 8-16．
Yamamoto, S. 1989. Gap dynamics in climax *Fagus crenata* forests. *The Botanical Magazine, Tokyo* **102**: 93-114.
柳谷新一・金豊太郎　1976．ブナ林の伐採跡地における林床植生繁茂量の経年変化－落葉低木型植相について－　日本林学会東北支部会誌 **28**: 80-82．
柳谷新一・金豊太郎　1980．ブナ皆伐母樹保残作業の更新初期の成績－落葉低木型植相ブナ林の例－　日本林学会東北支部会誌 **32**: 66-69．
柳谷新一・金豊太郎　1984．ブナ皆伐母樹保残作業の更新初期の成績－落葉低木型とササ型植相ブナ林の比較　日本林学会東北支部会誌 **36**: 124-127．
柳谷新一・金豊太郎　1989．ブナ天然更新地における林床植生の刈払い回数とブナ稚樹の樹高成長－ササ植相ブナ林について－　日本林学会東北支部会誌 **41**: 128-130．
柳谷新一・金豊太郎・高木勇吉　1990．ブナ天然更新地における林床植生の刈払回数とブナ稚樹の樹高成長－落葉低木植相ブナ林について－　日本林学会東北支部会誌 **42**: 101-103．
八坂通泰・小山浩正・寺澤和彦・今博計　2001．冬芽調査によるブナの結実予測手法　日本林学会誌 **83**: 322-327．
八坂通泰・今博計・長坂晶子　2004．ブナ林の再生に貢献している結実予測技術　北方林業 **56**: 121-123．
Yasaka, M., K. Terazawa, H. Koyama & H. Kon. 2003. Masting behavior of *Fagus crenata* in northern Japan: spatial synchrony and pre-dispersal seed predation. *Forest Ecology and Management* **184**: 277-284.
湯浅保雄・四手井綱英　1965．芦生ブナ林の生産構造と生産量について　76回日本林学会大会講演集 153-155．

おわりに

　八世紀に編纂された日本書紀には、五十猛(いたける)というヒトが天界から樹木のタネを持ち帰り、これを日本中に播いてわが国を青山にしたという記述がある。まるで播種造林を語っているようではないか。伝承とは言え、少なくとも当時すでに「タネから森をつくる」発想があったことが伺える。温暖化対策として森林の再生が期待される現代にこそこの発想は重要となっている。大げさに言えば、本書は、現代の五十猛を目指した研究者たちの物語と言ってもよいのかもしれない。ブナ属の豊凶現象は、世界中の研究者の興味をかき立ててきたので、「なぜ、豊凶が生じるのか？」というファンダメンタルなテーマで1冊の書籍ができるだろう。しかし、私たちは企画当初からそういう書籍にするつもりはなかった。それを意図するならば、他にもっと適任者がいたかもしれない。むしろ、私たちが挑戦したかったのは、五十猛のような「森づくり」伝説をいかに現実のものにできるかというテーマだった。やや極論するならば、豊凶が進化した理由はひとまず横においたとしても、この不可解な現象に現実的な対応策を提案することでブナ林の再生に幾ばくかの貢献ができたことに誇りを持っている。だからこそ「ブナ林再生の応用生態学」なのである。もちろん、その過程で進化生態学や生理学などの知見が、時に発想の源になり、時に裏付けとなってこの応用生態学を根底で支えたのは間違いない。本書は構成の上では、第1部で進化生態学的視点からみた豊凶現象の理解、第2部以降で豊凶予測をはじめとする応用研究が続いている。しかし、実際の研究は必ずしもこの順番で進んだわけではない。むしろ、応用研究から始まり基礎研究に還元された感じさえある。一連の研究の経緯や著者どうしのつながりを振り返ることは、応用的な研究を展開しようとする学生諸君や若手研究者にとっても何かしら参考になるかとも思うので、「おわりに」にかえて簡単に道のりを紹介してみたい。

　ブナの豊凶に関わる成果をまとめたいと思ったのは、北海道立林業試験場道南支場で行われた研究がきっかけとなっている。すべては第5章を担当した寺澤が北海道南部でブナの開花結実調査に着手したことから始まった。本文中でもふれているが、この調査を始めたのは、当時、北海道立林業試験場（以降、道立林試と呼ぶ）で指導的立場におられた菊沢喜八郎氏（京都大学を経て、現在

石川県立大学)による影響が大きい。道立林試では「朝ゼミ」という勉強会が毎週月曜の就業時間前(7:30～9:00)に企画されており，分野を超えた有志が集まって議論をしていた。それは，私たち若手にとって時に血が騒ぎ，時に泣きたくなるほど怖い修業の場だった。函館へ転勤する前の寺澤が参加していた頃の朝ゼミでしばしば話題となっていたのが樹木の繁殖生態である。菊沢氏の研究チームで浅井達弘氏や水井憲雄氏，清和研二氏(現・東北大学)が様々な樹種を対象に開花から結実までの過程を観察していた。寺澤は函館赴任後，ブナでこれを始めたのである。今から思えば，花のステージから観察したことが，開花量と捕食率という豊凶予測の必須条件をとらえるきっかけとなった。その観察データが整い始めたころ，同じく朝ゼミメンバーだった八坂氏が加わった。八坂氏はもともと林学の出身ではない分だけ，むしろ研究を森林施業に活かすことに自覚的であったように思う。その姿勢が「豊凶予測」の技術へと昇華させたと言える。その時の試行錯誤の経緯は第6章に詳しく述べられている。

　道立林試は公設研究機関なので職員は転勤を余儀なくされる。寺澤に代わって派遣された小山は上司から「引き続きブナを研究するように」と命じられたが，正直に言って憂鬱であった。ブナは全国に研究者がいるし，これから赴任する函館ではすでに予測手法が完成していたから，これに付加する余地はなさそうに思えたのだ。そこで決意したのは，ともかく豊凶予測のセールスマンになることだった。現地検討会での説明やマスコミへ投げ込みをしてみた。それがどれだけ功を奏したか分からない。ただ，現場の方の見る目が徐々に好意的になっていったのは実感できた。もともと北海道庁の林業普及指導員や当時の林務署(現・森づくりセンター)の技術職員の皆さんが，何かあれば積極的に取り入れようとする姿勢でいてくださったことが大きかったと思う。1997年には，初めて発表した豊作予測にあわせて早くも試行的なかき起こしが実施された。翌年，その現場で本当にブナが更新しているのか，函館林務署(当時)の皆さんと検証しに行くことになった。その前日の夜は緊張で一睡もできなかった。実際にブナの芽生えを見つけた時には，安堵で地面にしゃがみ込んだものである。この時の嬉しさは今でも忘れられない。「研究が現場で使われることは，論文が出るより嬉しいことだな」と八坂氏がつぶやいたのを思い出した。森づくりの現場で活躍する常本氏(第13章担当)に執筆者として参加していただけたのは，こうした現場とのつながりのたまものと言えるだろう。

現場だけでなく研究者どうしのつながりについても，職場が函館市近郊にあったことは幸いした。函館には自然科学系の研究者が集う自然史研究ネットワーク2000「みなみ北海道」という研究会があり，寺澤はその創設メンバーでもある。私たちはここで，地質，水産，鳥類，プランクトンなど様々な専門家と親交を深める機会を得た。この会には第9章を担当した紀藤氏が中心メンバーとして活躍されていて，私たちはブナの地史的な変遷についても目を向けなければならないことを教えられた。もう1つの成果は，当時，北海道大学水産学部で海岸の生物を研究していた野田氏（第1・2章担当）と出会ったことである。紀藤・野田の両氏とは週末のテニス仲間でもあったのだが，ある日の午後，テニスを終えてから勉強会を企画して2人に第7章のアイデアを聞いてもらったことがある。それから数日後，野田氏は数式を書き殴った紙を握りしめて，私たちの職場の玄関に立っていた。振り返れば，この時の紙切れが本書の第1章の原型だったのだ。そこにはまさに「なぜ，豊凶は進化するのか？」というアイデアが詰まっており，彼によって私たちのテーマはブナの応用研究から樹木進化の基礎研究へと厚みを持ち始めたのである。もっとも，野田氏の直系の弟子は，八坂氏に代わって新しく赴任してきた今氏であろう。だからこそ第1章と第2章は今氏と野田氏の連名なのである。おそらく今氏は歴代担当者の中でも，最もスマートな研究スタイルを持つ若手研究者だが，その今氏が野田氏と出会い，しごかれることで，一連の研究が一挙にハイレベルになった。20年近くにわたりトラップを設置する調査は，単純作業であるだけに継続が難しいのだが，このように歴代の担当者がルーチンをこなしつつも，何かしら新しい発見や方向性を見いだせたことが幸いしたように思える。その後も長坂有氏，長坂晶子氏，小野寺賢介氏，阿部友幸氏に引き継がれ，その度に洗練されて現在に至っている。

　こうして次第に研究が充実してくると，道立林試や函館在住の研究者以外の交流も次第に活発になってきた。その代表が食植性昆虫の研究者として知られる鎌田氏（第3章担当）である。鎌田氏は共同研究の提案に何度か函館まで足を運ばれ，その度に有益な情報をもたらしてくれた。第7章の発展型予測のヒントになった雌花序痕を教えてくれたのは紛れもなくこの人である。この出会いがなければ小山は単なるセールスマンで終わっていたかもしれない。第8章のフェノロジカルギャップも，鎌田氏に与えられた共同研究のルーチンワークを

こなしている時に偶然気づいたものである．さらに，向井氏（第4章担当）との出会いによって，ブナの結実に関わる遺伝的な問題に対して，分子生態学という新しい窓を通して見えてくる事実を知ることができた．

一方，当時，次第に増え始めたブナの植樹に参加したり，種子の貯蔵に関する研究を紹介したりしているうちに，苗木を地域間で移入入することの問題を説明しなければならない事態が多くなってきた．当時は今日ほどこのことが森林造成の現場で問題にされていなかったのである．本気でこの問題を説くためには，ブナの遺伝的，生理的な地理変異に関する知識が不可欠だったが，これらは北海道職員の私たちだけで何とかできる範疇をもはや超えていた．寺澤の呼びかけに全国規模で調査を行っていた研究者達が応えてくれた．すなわち，戸丸氏が第10章において遺伝的な根拠を，小池氏が第11章で生理的な違いに関する最新の成果を紹介することに快諾してくださったのである．これらは基礎的研究としても十分に興味深いが，人工植栽が抱える実際上の問題に対しても，その理論的根拠を与えることで本書の価値を高めていただいた．

このように，様々な偶然と必然の運命に導かれて，本書の執筆に携わっていただいた多彩な背景を持つ著者の皆さんには，それぞれ日常で多忙な研究・教育活動および業務を抱えているにもかかわらず，貴重な時間を割いて原稿を完成していただいた．時に，編者らが要求する厚かましい書き換えにも真摯に応えてくださった．あらためて感謝する次第である．また，元北海道立林業試験場の企画指導部長であった阿部昭彦氏は，豊凶予測が完成に近づいた頃に本としてまとめることを最初に勧めてくださった方である．ただ勧めるだけでなく企画書の作成や出版社への打診など具体的な検討もしていただいた．阿部氏が背中を押してくれなければ，私たちは慣れない出版へと足を踏み込むことができなかっただろう．そして，何よりも森林施業の現場で活動する方々には，常に応援をいただき，その都度取り組むべき課題を教えていただいた．研究成果が実際に活用されたのも，この方々がいたからこそである．とりわけ，当時の函館林務署に勤務されていた小田切博行氏，南出隆司氏，佐々木圭司氏，松前林務署の浜津潤氏には豊凶予測の活用を真っ先に検討していただいた．大沢孝三郎氏をはじめとする林業指導事務所（当時）の皆さんには，現地検討会や種苗業者への説明の機会をセッティングしていただいた．豊凶予測は嫁ぎ先で大事にされる娘のようでもあり，幸せな研究成果である．

また，実際にブナの花や種子の仕分けやカウントに携わっていただいた多くの臨時職員の方々にも感謝したい。彼女たちの黙々とした作業がなければ何も始まらなかった。

　最後に，企画の段階から様々なアイディアや助言をいただきながら，実際には始まるとなかなか原稿の揃わない私たちのペースにねばり強く付き合い，本書の出版に向けてご尽力いただいた文一総合出版の菊地千尋氏には本当に頭が下がる思いである。初めて企画の意図を説明に伺った際に，即座に賛同していただいた菊地さんの顔を今でも忘れることができない。

　さて，日本書紀が五十猛の森づくりを伝えたように，本書はブナ林の応用研究の醍醐味を伝えることに成功しただろうか。そして，なにより私たちは五十猛に少しでも近づくことができただろうか。その判断は読者の皆さんに委ねたい。

2008年元旦
小山浩正
寺澤和彦

執筆者一覧（五十音順）

鎌田直人（かまたなおと）　東京大学 大学院農学生命科学研究科附属演習林　准教授　【第3章執筆】

紀藤典夫（きとうのりお）　北海道教育大学 函館校　准教授　【第9章執筆】

小池孝良（こいけたかよし）　北海道大学 大学院農学研究院　教授　【第11章執筆】

小山浩正（こやまひろまさ）　山形大学 農学部生物環境学科　准教授　【第7・8・12章執筆，編者】

今　博計（こんひろかず）　北海道立林業試験場 森林環境部　研究職員　【第1・2章執筆】

常本誠三（つねもとせいぞう）　北海道水産林務部 総務課　主査　【第13章執筆】

寺澤和彦（てらざわかずひこ）　北海道立林業試験場 企画指導部　主任研究員【第5・14章執筆，編者】

戸丸信弘（とまるのぶひろ）　名古屋大学 大学院生命農学研究科　教授　【第10章執筆】

野田隆史（のだたかし）　北海道大学 大学院地球環境科学研究院　准教授　【第1・2章執筆】

向井　譲（むかいゆずる）　岐阜大学 応用生物科学部生産環境科学課程　教授　【第4章執筆】

八坂通泰（やさかみちやす）　北海道立林業試験場 林業経営部　主任研究員　【第6章執筆】

索引

英数字

2核性花粉→花粉
3核性花粉→花粉

bet-hedging（二股かけ戦略）66
evolutionarily significant unit（ESU）→進化的に重要な単位
IBP→国際生物学事業計画
International Biological Program→国際生物学事業
International Union of Forest Research Organizations→国際森林研究機関連合
IUFRO→国際森林研究機関連合
LTER → Long-term Ecological Research
LTER（Long-term Ecological Research）56
MorishitaのIδ（アイデルタ）指数 148
P-V曲線 227
SLA→葉面積/葉乾燥重量

ア行

アイソザイム 191
アメリカブナ *Fagus grandifolia* 38, 282
アロザイム 191

い

異圧葉 225
維管束鞘 225
遺伝子汚染 124, 206
遺伝子流動 189, 193
遺伝的攪乱 236
遺伝的構造 189
遺伝的固有性 206
遺伝的浮動 189, 193
遺伝的分化 189
遺伝的変異 123, 189
遺伝マーカー 190
イヌブナ *Fagus japonica* 24, 67, 72, 73, 224, 282
陰葉 216

歌オブナ自生北限地帯→ブナの分布北限
エコトーン 176
オーソドックス種子→種子貯蔵
オゾン 230
オルガネラDNA 197

か行

開花コスト 36
開花数の経年配分モデル 28
開花段階 85, 86
開花フェノロジー→フェノロジー
開花抑制 47
開舒 83, 86
皆伐 259
加温処理 45
花芽 109
花芽分化 38
花芽率 110
かき起こし→天然林施業
拡大造林 259, 280
殻斗 96
花粉
　3核性── 75
　2核性── 75
花粉親 74, 75, 76
花粉管の伸長 72
花粉銃 93
花粉受容期 88
花粉制限 pollen limitation 17, 39
花粉同調説→マスティング
花粉飛散期 88
花粉分析 165
果柄痕 132
刈出し→天然林施業
芽鱗痕 133
ガルトネルのブナ林 129, 130, 276
完新世 182
乾燥耐性 227
間氷期 163
　最終── 165
管理単位 208

管理の単位 206
機会(ランダム)分布 147
気孔 225
気候特性反映植生配置説→ブナの分布北限制限要因
気候要因複合説→ブナの分布北限制限要因
気象合図説→マスティング
気象による結実同調説→マスティング
気象による資源同調説→マスティング
規則分布 147
ギャップ 144, 281
　——ダイナミクス 282
　——ダイナミクス理論 145
強光阻害 217
強光利用型 217
凶作年 92, 119
極相種 143
ギルド 62
近交弱勢 72, 76

クライン 190, 194
クレード 202
黒松内低地帯高温説→ブナの分布北限制限要因

系統地理的構造 197
結果率 17, 90, 108
結実コスト 36
結実予測技術 105

公益的機能 120, 255
光合成
　光-光合成曲線 215
　　光量子収率 216
　　コンベキシティー 216
　　初期勾配 216
　　光飽和点 216
　　光補償点 216
　光合成速度 214
　　光飽和の—— 216
　光合成適温 224
降水量制約説→ブナの分布北限制限要因
後伐 270

広葉樹造林 205
光量子収率→光-光合成曲線
国際森林研究機関連合 International Union of Forest Research Organizations (IUFRO) 55
国際生物学事業計画 International Biological Program (IBP) 284
個体群 189
混芽 85
コンベキシティー→光-光合成曲線

さ行

最終間氷期→氷期
最終氷期→氷期
柵状組織 221
ササの一斉枯死 287
蛹越冬 65
サブオーソドックス種子→種子貯蔵
傘伐 284

シードトラップ 19, 54, 92, 95, 128
しいな 71, 98, 111, 249
地掻き→天然林施業
自家受粉 73, 93
雌花序 83, 93
雌花序痕 40, 132
雌花数 99
自家不和合性 self incompatibility 20, 71, 94, 179
　配偶体型—— 75
　胞子体型—— 75
資源収支モデル→マスティング
資源適合仮説→マスティング
自己相関 37
自殖 75
自然受粉 73, 93
自然淘汰 189
弱光利用型 217
充実率 20, 73
集団 189
集中分布 147
樹冠疎密度 267
種子食性昆虫 47

種子採取 120, 250
種子食スペシャリスト 63, 64
種子食性昆虫 24, 53, 100
種子貯蔵 235
　オーソドックス種子 orthodox seed 238
　サブオーソドックス種子 239
　難貯蔵種子 recalcitrant seed 238
　熱帯性難貯蔵種子 239
種子トラップ→シードトラップ
種子分布歴史的沿革説→ブナの分布北限制限要因
種苗の配布区域 205, 206
受粉効率仮説→マスティング
受粉失敗率 20, 26
受粉率 22
初期勾配→光一光合成曲線
植栽 120, 274
植生回復（復元） 205
植生遷移 143
除雄 93
進化的に重要な単位（ESU） 206
人工受粉処理 93

制限酵素断片長多型 197
生物多様性 123
セーフサイト 146
積算気温 88
先駆種 143
前形成 223
前年比 24, 114, 135, 136
　花・種子生産数の—— 114
漸伐 270

創始者効果 196
素材生産量 280

た行

第四紀 163, 187
大量生産の経済説 economy of scale 16
他家受粉 73, 93
択伐 258, 283
　群状—— 258
他殖 75

タネダス 289

地域変異 218
地球温暖化 48, 89
稚樹バンク 145
地床処理→天然林施業
地表処理→天然林施業
虫害 96
　——率 20, 26, 111
中絶 abortion 19, 38
長期大面積試験地 55
地理的変異 190, 236

低温湿層処理 249
適応度 206
天然更新 283
　技術 106, 260
　方法 91, 281
天然林施業 118, 281
　かき起こし 91, 260, 282
　　先行—— 268
　　林内—— 158
　刈出し 274
　先行地ごしらえ 283
　地掻き 91, 282
　地床処理 282
　地表処理 91, 92, 106, 282

等圧葉 225
同調→マスティング

な行

苗木生産 120
ナットワーク 288
ナナスジナミシャク 20, 58
成り年現象 16
難貯蔵種子→種子貯蔵

日最高気温 43
日最低気温 43
日平均気温 43, 88
ニッチ 66, 174
　——境界説→ブナの分布北限制限要因

熱帯性難貯蔵種子→種子貯蔵

ノックダウン法 54
野ネズミ 287

は行

胚 98
配偶体型自家不和合性→自家不和合性
胚珠 72
胚嚢 72
葉の水分特性 227
葉の展開様式 218
繁殖成功度 17
繁殖投資量 36
晩霜害説→ブナの分布北限制限要因

光－光合成曲線→光合成
光飽和点→光－光合成曲線
光飽和の光合成速度→光合成速度
光補償点→光－光合成曲線
氷河時代 163
氷期 163
　最終―― 166

フェノロジー phenology 84, 149
　開花―― 85
　種子の発達―― 68
フェノロジカルギャップ 152
不成績造林地 259
二股かけ戦略→ bet-hedging
ブナ Fagus crenata
　――の移動速度 171
　――の分布北限 169, 173
　　歌才ブナ自生北限地帯 178
　　――制限要因
　　　気候特性反映植生配置説 174
　　　気候要因複合説 175
　　　黒松内低地帯高温説 174
　　　降水量制約説 174
　　　種子分布歴史的沿革説 174
　　　晩霜害説 174
　　　山火事説 174
　　　羊蹄火山群阻害説 174

ニッチ境界説 174
ブナアオシャチホコ 54
ブナキバガ 62
ブナヒメシンクイ 20, 25, 61, 97, 111, 286
ブナメムシガ 60
ブナ林の背腹性 288
分布変遷 187
分布様式 147

ヘテロ接合度 192

膨圧 226
豊凶の同調性→マスティング
豊凶予報 120
飽差 244
豊作年 91, 96, 118
胞子体型自家不和合性→自家不和合性
飽和水蒸気圧 244
母樹 91, 92, 106, 120, 264, 283
母樹保残法 91, 158, 283
捕食者飽食仮説→マスティング
母性遺伝 197

ま行

マスティング masting 16, 35, 77, 101, 113, 287
　究極要因 ultimate factor 15
　　受粉効率仮説 pollination efficiency hypothesis 17
　　風媒仮説 wind pollination hypothesis 17, 18
　　捕食者飽食仮説 predator satiation hypothesis 17, 18, 57, 101, 113
　至近要因 proximate factor 15, 35
　　花粉同調説 39
　　気象合図説 38
　　気象による結実同調説 38
　　気象による資源同調説 38
　　資源収支モデル 36, 289
　　資源適合仮説 35
　同調 38
　豊凶の同調性 98
満開期 88

満開日 89

未熟落果 90, 94
実生バンク 282
ミトコンドリア DNA 197

萌芽 282
森づくりセンター 91, 119

　　　　　　や行

山火事説→ブナの分布北限制限要因

雄花序 83, 93

葉芽 85, 109
葉食性昆虫 58
羊蹄火山群阻害説→ブナの分布北限制限要因

葉内空隙率 221
葉面積/葉乾燥重量（SLA）222
陽葉 216
葉緑体 DNA 200, 201
ヨーロッパブナ *Fagus sylvatica* 38, 71, 76, 77, 108, 129, 223, 240
余剰生産量 36

　　　　　　ら行

落下種子調査 92, 94
卵越冬 63

両全性同株 108
林務署 91, 119

レフュージア 188
連鎖地図 77

ブナ林再生の応用生態学
りんさいせい　おうようせいたいがく

2008 年 3 月 31 日　初版第 1 刷発行

編●寺澤和彦・小山浩正
　てらざわかずひこ　こやまひろまさ
©Kazuhiko TERAZAWA & Hiromasa KOYAMA 2008

カバーデザイン●blitz

発行者●斉藤　博
発行所●株式会社　文一総合出版
〒 162-0812　東京都新宿区西五軒町 2-5
電話●03-3235-7341
ファクシミリ●03-3269-1402
郵便振替●00120-5-42149
印刷・製本●奥村印刷株式会社

定価はカバーに表示してあります。
乱丁，落丁はお取り替えいたします。
ISBN978-4-8299-1071-9　Printed in Japan

実生研究の成果と方法をまとめる

ISBN 978-4-8299-1070-2

森の芽生えの生態学

正木 隆 編

A5判並製　264頁　定価3,360円（本体3,200円＋税）

樹齢数百年を重ねた大木も、そのはじまりは小さな芽生え。幽邃な森も、樹木が生き残らなければ生まれてこない。樹木がその生活の場を得られるかどうかは、芽生えの段階でほぼ決まる。したがって、森林のなりたちや動態を知るうえで、芽生えの生態研究は不可欠といっても良いほどの重要性を持つ。さらに、合理的な森づくりを行うために有用な情報を提供してもくれる。そうした芽生え＝実生研究の実例と、実生を研究するための方法、森づくりへの応用の可能性をわかりやすく紹介する。

contents

はじめに——小さな芽生えの大きな世界
　　　　　　　　　　　　　　　正木 隆

第1部　すべての森林は芽生えからはじまる

山で芽生えを見つめてみよう
第1章　実生の生態からみた多様な樹種の共存機構　　　　　　　　　　正木 隆

森林を再生する埋土種子
第2章　人工林を伐ると多様な植物が生えてくる　　　　　　　　　酒井 敦

第2部　環境に敏感な芽生えの姿

樹木の分布は芽生えで決まる
第3章　地形と実生の関係がもたらす森林の構造　　　　　　　　　　永松 大

タネの大小が森林の神秘を紐解く
第4章　種子のサイズと実生の成長パターン　　　　　　　　　　清和研二

自ら稼ぐか，親のすねをかじるか
第5章　光への応答反応からみた実生の戦略　　　　　　　　　壁谷大介

第3部　芽生えをとりまく生物の世界

種子につく菌が芽生えをまもる？
第6章　種子菌の化学的性質　　山路恵子

地中の巨大なネットワーク
ミニレビュー　菌根と芽生え　山中高史

母樹下になぜカスミザクラの芽生えがないのか？
第7章　発芽前種子の死亡要因
　　　　　　　　　　　　　　林田光祐

第4部　芽生えを研究する方法

芽生え調査の「いろは」と「壺」
第8章　実生の生態のしらべ方とまとめ方
　　　　　　　　　星崎和彦・阿部みどり

芽生えの親はどこにいる？
第9章　実生の親木を特定するDNA分析技術　　　　　　　　　陶山佳久

第5部　芽生えの生態学から森づくりへ

芽生えから種の多様な森をつくる方法
第10章　天然林施業の技術と歴史
　　　　　　　　　　　　　　渡邊定元

熱帯での森づくり
第11章　種子から苗木，そして植林
　　　　　　　　　　　　　　落合幸仁

表示の定価は本体価格に5％の消費税を加算したものです（2008年3月現在）。